高等职业教育“十四五”规划教材

草坪建植与养护

第3版

赵 燕 主编

中国农业大学出版社
·北京·

内 容 简 介

本书是高等职业教育“十四五”规划教材。书中系统地介绍了草坪建植与养护技术以及专用草坪和草坪景观应用的要点。内容包括绪论、草坪学基础、草坪与草坪草的特征和分类、草坪草、草坪建植、草坪养护管理、专用草坪、草坪景观设计和综合技能实训。全书既有必要的理论基础，又有丰富的实践经验；突出了草坪建植与养护技术的实用性和可操作性，同时融入了当前草坪生产与应用的新知识、新技术。书中内容深浅适度、图文并茂、形象直观。

本教材适用于高职高专园林、园艺及农林专业教学使用，也可作为其他人员的培训、自学的参考书。

图书在版编目（CIP）数据

草坪建植与养护 / 赵燕主编. —3 版 .—北京：中国农业大学出版社，2021.8（2024.8 重印）
ISBN 978-7-5655-2575-9

Ⅰ.①草…　Ⅱ.①赵…　Ⅲ.①草坪—观赏园艺—高等职业教育—教材　Ⅳ.①S688.4

中国版本图书馆 CIP 数据核字（2021）第 130694 号

书　　名　草坪建植与养护　第 3 版
作　　者　赵　燕　主编

策划编辑　张　玉　　**责任编辑**　张　玉
封面设计　郑　川　李尘工作室
出版发行　中国农业大学出版社
社　　址　北京市海淀区圆明园西路 2 号　　**邮政编码**　100193
电　　话　发行部 010-62733489，1190　　读者服务部 010-62732336
　　　　　编辑部 010-62732617，2618　　出　版　部 010-62733440
网　　址　http://www.caupress.cn　　**E-mail**　cbsszs@cau.edu.cn
经　　销　新华书店
印　　刷　天津鑫丰华印务有限公司
版　　次　2021 年 8 月第 3 版　　2024 年 8 月第 2 次印刷
规　　格　787×1092　16 开本　13.75 印张　340 千字
定　　价　39.00 元

图书如有质量问题本社发行部负责调换

第3版编写人员

主　编　赵　燕（云南农业职业技术学院）

副主编　郑长艳（黑龙江农业职业技术学院）

徐　荣（北京市园林学校）

苗　苗（河北旅游职业学院）

吴艳华（辽宁农业职业技术学院）

徐凌彦（云南农业职业技术学院）

第2版编写人员

主　编　赵　燕（云南农业职业技术学院）

副主编　郑长艳（黑龙江农业职业技术学院）

徐　荣（北京市园林学校）

张馨月（新疆农业职业技术学院）

吴艳华（辽宁农业职业技术学院）

杨兴芳（潍坊职业学院）

参　编　李　霄（厦门华侨大学）

李永进（河北工程大学）

第3版前言

草坪有净化空气，保持水土，绿化、美化环境等作用。当今世界各国都非常重视城市草坪的建植，英国、法国、德国、美国和澳大利亚等国家的首都，人均草坪面积达 20～170 m^2。近年来，国际上还将草坪覆盖面积作为衡量城市现代化程度的重要标志之一。

随着我国改革开放的不断深入，草坪在改善和建设人类生存环境中的意义和作用已越来越受到人们的普遍关注，尤其是草坪在园林绿化、景观设计中的地位越来越重要，我国草坪业正步入大规模发展的新时期，草坪面积在绿地中的比例越来越大，迫切需要大量的既有一定理论基础，又有较强专业技能的草坪生产、经营和管理的应用型技术人才。

党的二十大报告明确提出了“深化教育领域综合改革，加强教材建设和管理”，体现了对教材建设的高度重视。职业教育教材是落实职业标准、课程教学标准的重要载体，对于培养具备实践能力的技术技能型人才起着重要的支撑作用。《草坪建植与养护》是为适应高校教学工作而编写的专业课教材，是根据教育部高职高专教育培养人才的目标和教材建设要求，在课程教学大纲和课程教材编写大纲审定的基础上编写的。本书在编写过程中注重贯彻能力本位原则、岗位群导向原则、与时俱进原则、适用性原则和启发性原则，尤其是结合了编者多年从事草坪教学工作和积累的实践经验，把南北方草坪建植与养护技术的殊同作了有机的统一，使教材更具有针对性和实用性，突出了学生职业综合能力、专业技术能力的培养和发展需求。教材内容可操作性强，简明实用，便于自学。

全书共八章内容，第一章绪论；第二章草坪学基础；第三章草坪与草坪草的特征和分类；第四章草坪草；第五章草坪建植；第六章草坪养护管理；第七章专用草坪；第八章草坪景观设计。综合技能实训内容教学中可根据具体专业的需求选择。

本书由赵燕担任主编，负责审稿、统稿；郑长艳、徐荣、苗苗、吴艳华、徐凌彦担任副主编。

具体编写分工为：第一章、第五章由赵燕编写；第二章由吴艳华编写；第三章、第四章由徐荣编写；第六章由郑长艳编写；第七章由苗苗编写；第八章及综合技能实训由徐凌彦编写。

本书可作为高职高专园林、园艺、草业、林学、农学类等专业的教材，也可作为其他人员的培训、自学的参考书籍。

编写过程中，我们学习和借鉴了国内相关的文献、教材，由于数目众多，不便一一列举，在此对原作者一并表示感谢。

本教材得以出版，是全体编写人员团结协作、热情奉献以及出版社各位编辑大力支持的结果，在此深表谢意。

尽管我们力求完美，但因经验不足和水平有限，本教材中的疏漏和不妥之处，敬请各位专家和使用本书的师生批评指正。

编　者

2024 年 8 月

第2版前言

草坪有净化空气，保持水土，绿化、美化环境等作用。当今世界各国都非常重视城市草坪的建植，英、法、德、美和澳大利亚等国家的首都，人均草坪面积达 20～170 m^2。近年来，国际上还将草坪覆盖面积作为衡量城市现代化程度的重要标志之一。

随着我国改革开放的不断深入，草坪在改善和建设人类生存环境中的意义和作用，已越来越受到人们的普遍关注，尤其是草坪在园林绿化、景观设计中的地位越来越重要，我国草坪业正步入大规模发展的新时期，草坪面积在绿地中的比例越来越大，迫切需要大量的既有一定理论基础，又有较强专业技能的草坪生产、经营和管理的应用型技术人才。

《草坪建植与养护》是为适应高校教学工作而编写的专业课教材。是根据教育部高职高专教育培养人才的目标和教材建设要求，在课程教学大纲和课程教材编写大纲审定的基础上编写的。在编写过程中注重贯彻能力本位原则、岗位群导向原则、与时俱进原则、适用性原则和启发性原则，尤其是结合了编者多年从事草坪教学工作和积累的实践经验，把南北方草坪建植与养护技术的殊同作了有机的统一，更具有针对性和实用性；突出了学生职业综合能力、专业技术能力的培养和发展需求。可操作性强，简明实用，便于自学。

本书是高职高专教育“十二五”规划建设教材，由赵燕担任主编，郑长艳、徐荣、张馨月、吴艳华、杨兴芳担任副主编，李霄参与相关章节的编写和辅助工作。编写分工为：绪论由李霄编写，第一章由吴艳华编写，第二章由赵燕编写，第三章由张馨月编写，第四章、第五章由郑长艳编写，第六章由徐荣编写。赵燕对全书进行修改定稿。

本书可作为高职高专园林、园艺、草业、林学、农学类等专业的教材，也可作为其他人员的培训、自学的参考书籍。

本教材得以在短期内完成，是全体编写人员团结协作、热情奉献以及出版社各位编辑大力支持的结果，在此深表谢意。

由于编者水平和掌握资料有限，不足之处在所难免，敬请读者批评指正。

编　者

2012 年 4 月

目　　录

第一章 绪论

人类利用草坪最早始于天然草地，人工草坪起源于天然草地，草坪植物则起源于天然嫩草。人类对草坪的认识也是随着时代的发展而不断提高的。随着社会不断进步，人们精神文明和物质文明程度不断提高，草坪作为现代文明的象征被广泛应用，不但发挥着显著的生态效益，而且在园林绿化和其他方面的重要作用也日趋突出，它是园林绿化的三大植物（花卉、树木、草坪）之一。

草坪起源于中国，中国有悠久的种草史。而草坪发展于欧洲，真正兴起于美洲，是绿化美化西方园林最主要的造园材料。在美国，草坪业与通信、汽车一样是其十大产业之一。

特别是伴随着足球、橄榄球、高尔夫球等运动场建设的迅速发展，当今草坪业已成为发达国家的一大产业。

由此可见，草坪在绿化、运动娱乐、生态及环境的改善和建设中的重要地位和作用。

第一节 草坪相关概念

一、草坪

草坪，又称“草皮”，我国古代时期称它为草地。最早的康熙字典里有“草地”“草山”“草坡”“草甸”几个名词，而无“草坪”一称。草坪是近几十年，在我国城市园林绿化建设中，逐渐发展而形成的。“坪”即地坪，而草坪则是用种草方式形成的地坪。1999年在北京召开的全国园林学术会议，专家们正式确定了“草坪”一词，目的在于统一名称，加强管理，方便学术交流与研究。

草坪最早在《辞海》中的解释是：草坪是园林中用人工铺植草皮或播种草籽培养而形成的绿色地面。显然这一解释是不够完善和全面的。我们可根据草坪的现状和发展将其归纳为：草坪，是指多年生低矮草本植物在天然形成或人工建植后经养护管理而形成的相对均匀、平整的草地植被。这一概念包括了3个方面的内容：一是草坪的性质为人工植被；二是其基本的景观特征是以低矮的多年生草本植物为主体、相对均匀地覆盖地面；三是草坪具有明确的使用目的。

（一）草坪概念的演变

1. 自然意义的草坪

于自然场所（山川、野地、道路边等）随处可见的低矮草原和植被。

《大言海》：生长着草本植物的大片陆地。

《广辞苑》：草本植物的生长之地。

2. 古典意义的草坪

起源于人类开始驯养动物的时期，是指草地经家畜采食后留下的低矮整齐的相对平坦的场地，是以大面积禾草稀树平原为特征的自然景观，是受保护的草地。

3. 现代意义的草坪

由人工建植和养护管理，起保护、绿化、美化环境作用，并为人类活动所利用的草地。

《辞海》：草坪是园林中用人工铺植草皮或播种草籽培育形成的整片绿色地面。这在一定意义上道出了"草坪"是人工植被的现代含义。

（二）现代意义的草坪内涵

（1）草坪需要人工进行建植和养护管理。

（2）草坪具有保护、绿化与美化环境等功能。

（3）草坪为人类活动需要建植，为人类活动所利用。

（三）草坪的类型

草坪与人类生产、生活有广泛密切的联系，在园林绿化布景和其他方面的用途广泛。由于草坪科学的不断发展，建植技术的不断提高和创新，并随着人们生产、生活需要的扩大，草坪的应用范围和表现形式亦多种多样。从不同的角度和标准出发，可以把草坪分成不同的类型。

1. 根据草坪的用途分类

（1）游憩草坪　用于供人们散步、休闲、游玩及户外活动的草坪。此草坪多布置于公园、居住小区、庭院及文化休闲广场。这类草坪的建植除了外观要求平整漂亮外，还应要求有耐踩踏和较强的恢复能力。休闲游憩草坪，除了适合与人们直接接触外，外观的色彩、形状也要使人有宁静、舒服的心理感觉。此类草坪无固定形状，一般面积宜宽。为避免感觉单调枯燥，草坪内可种植树群或孤赏树木，点缀石景，草坪边沿配置花木、花带图案等。

（2）观赏草坪　供人们进行园林景观欣赏的草坪。也有称作装饰草坪、造形草坪等。此类草坪不允许人们入内踩踏。从园林布景的整体出发，观赏草坪多用于公园、游园、居民小区、街路、广场、雕塑及喷泉等处。观赏草坪一般要求低矮、茎叶细密。具有鲜亮艳丽花朵的紫云英、红花酢浆草等建成的观赏草坪，观赏效果更佳。

（3）运动场草坪　供体育活动用的草坪。如足球场草坪、高尔夫球场草坪、橄榄球场草坪、网球场草坪及垒球场草坪等。建植此类草坪的草坪草，要求耐踏、耐修剪和极强的恢复能力。同时还应考虑草坪的弹性、硬度、摩擦性及其他方面的性能。一般是采用多个品种混播。

（4）防护草坪　防护草坪指建于坡地、水岸、堤坝、公路和铁路边坡等处，用于固土护坡、防止水土流失的草坪。这类草种的选择，通常要求根系发达、匍匐生长、覆盖度高、草丛茂密，特别要求抗逆力强、适应性广。

（5）飞机场草坪　飞机场草坪指建植于停机坪和机场建筑设施之外空地的草坪。机场草坪的作用大致有防止雨水冲刷，减少扬尘，提高能见度，保持良好环境。建坪要求草坪平坦、坚实、密生、高弹性、粗放管理，应选用繁殖快、抗逆性强、耐干旱、耐瘠薄、耐践踏的草种。

（6）其他草坪 如森林草坪、牧场草坪、停车场的镶嵌草坪、屋顶草坪等。

2. 根据草坪植物的组成分类

（1）单纯草坪 单纯草坪指由一种草坪草种或品种所建植的草坪。其特点是具有明显的单一性，高度、色泽、质地方面均匀一致，常用作观赏草坪，布置在公园、广场、庭院或填充花坛衬托草木或灌木花卉。

（2）混合草坪 混合草坪指由多种草坪草或品种建植的草坪。混合草坪也称混栽草坪。这类草坪从建植到成坪，充分发挥各种草坪草的优势和特点，如夏季生长好的草与冬季抗寒性强的草品种混合；宽叶草种和细叶草种混合；耐踏踩的品种与耐修剪的混合。混合栽培不仅能延长草坪草的绿色观赏期，而且能提高草坪的使用效果和防护功能。

（3）缀花草坪 缀花草坪是草坪铺设的一种新形式，即在草坪上布置一定面积的草本花卉。按照景观效果需要在草坪上疏密有致、自然错落、图案流畅自由地点缀一些花色醒目艳丽的草本花卉。所布置的花卉常用一些多年生的草本植物，如水仙、鸢尾、石蒜、葱兰、韭兰、红花酢浆草、郁金香、萱草、野豌豆等。多用于游憩草坪、观赏草坪。这些开花植物常布置在草坪上的景石、树丛、树群、树节的边沿或在大片草坪上作为远景。

3. 根据树木的组合分类

（1）空旷草坪 草坪上不栽任何乔木灌木。这类草坪通常地形较为平坦、开阔，凸显单纯而气势宏大的景观效果。这类草坪可用于体育活动和游憩休闲。空旷草坪的边沿常布置一些高大常绿的树群、树带或建筑，通过对比来突出草坪空间的开阔和气势恢宏。多用于风景区和大型公园。

（2）稀树草坪 草坪上布置一些单株乔木。这些乔木要求树形圆整高大、枝叶繁茂、树姿优美。树木的覆盖面积为草坪面积的30%～60%。这类草坪多布置在公园、风景区等地，适宜于夏季休闲、读书、野餐等活动。此类草坪要求耐阴性好，细长柔润。

（3）树下草坪 布置在密林地或树群林下的草坪。树木的覆盖面积要达到70%以上。这类草坪草品种要求相当耐阴。多布置在风景区或大型公园中，通常林木设有林间小道，不容游人入内踩踏，以观赏和水土保持为主。

4. 根据园林规划形式分类

（1）自然式草坪 草坪中及周围布置的植物都是自然式的，地形亦为起伏自然。草坪周围的景物、道路、水体和草坪周沿轮廓线均为自然式。多数空旷草坪、游憩草坪、缀花草坪和疏林、林下草坪均为自然式草坪。

（2）规则式草坪 地形平整，呈几何形状的坡地上、庭院中的草坪，或与其相配合的道路、小径、树木等布置均为规划式时，称之为规则式草坪。一般足球场、网球场、飞机场、纪念堂馆、规则式公园、广场、机关单位的庭园及街路上的草坪，多为规则式草坪。

二、草坪草

草坪草是指构成草坪的植物，即能够形成草坪，并能耐受定期修剪和人、物使用的一些草本植物的种或品种。

（一）草坪草和草坪

（1）草坪草　构成草坪的植物，只涉及植物群落。

（2）草坪　代表一个较高水平的生态有机体，它不仅包括草坪草，而且包括草坪草生长的环境部分。

（二）草坪草和地被植物（表 1-1）

表 1-1　草坪草与地被植物的区别

区别	草坪草	地被植物
植物种类	草本植物	草本、木本、藤本、竹类植物
管理方式	修剪、浇水、施肥、除草等，管理要求精细	取其自然株型，管理简单粗放
景观效果	观叶为主	可观花、果、叶、枝等，色彩丰富

三、草坪业

（一）定义

草坪业：包括草坪绿地建造、色彩、流通、经营、管理，草坪人员教育和研究的一门综合产业。

（二）构成要素

（1）研发体系　培育草坪草新品种，开发草坪产品和草坪工程新技术、草坪人才培养教育。

（2）生产体系　生产种子、草皮、草块、草皮卷等草坪初产品并建植、铺设草坪。

（3）服务体系　产品销售、设计咨询、养护管理、售后服务等。

（4）辅助体系　机械、化肥、农药、灌排设备、生长调节剂等的生产、应用和制造。

（三）草坪业的发展

1. 草坪应用发展简史

（1）英国的布丁于 1830 年发明了第一台剪草机。

（2）19 世纪后期，美国最早开始了草坪草及草坪培育的研究，这标志着草坪科学研究的开端。

（3）草坪科学的国际学术组织是国际草坪研究学会，它于 1969 年在英国运动草坪研究所召开首届会议，以后每 4 年召开 1 次。

（4）中国利用草地作为狩猎、娱乐和庭园美化的历史十分悠久。

（5）我国早在公元前 1 000 多年的周朝，就把草列入农经园艺范围。

（6）春秋时代，在《诗经》中就有对草地的描写。

（7）18 世纪，草坪在清朝皇家园林中已占有重要地位，具有相当的规模。

（8）尽管我国利用草坪的历史十分悠久，但在 2 000 年左右的时间内，草坪的应用并没有得到很大的发展。

(9) 鸦片战争后，欧美式的公园草坪、运动场草坪等相继传入中国。

(10) 1949—1978年，我国对草坪的利用处于很粗放的阶段，对草坪的重要性也缺乏认识，草坪规模小，从事草坪生产和经营的人员较少。

(11) 改革开放后，草坪发展也开始了历史的转折点。20世纪90年代以后，草坪行业呈加速发展的趋势。

(12) 1983年中国草原学会草坪学术委员会成立。

2. 世界草坪业的发展状况

草坪生产利用和研究有着悠久的历史。公元前500年，波斯（今伊朗）就用草坪配合花木装饰宫廷院落。公元前350年，英国人把引入的低矮草坪先在一些庭园和修道院里种植，而后建植滚球场草坪。到了16—17世纪，草坪的应用得到了进一步的发展，欧洲一些国家的城镇、乡村都有大量建植，同时，高尔夫球场的建植和一些运动性草坪开始出现。受英国的影响，美国的草坪发展也较早，在中世纪，美国人就用草坪美化房屋四周或种植在城镇的广场或公园内。

1885年，美国康涅狄克州进行了翦股颖和羊茅两属优良品种草种的选育；1890年，罗德岛大学开始了草坪学的研究；19世纪初，草坪学在西方国家逐渐成为热门科学。草坪作为一种文化，已反映在人们生活的许多领域，一些经济和文明发达的国家，都十分重视各类草坪建设和草坪文化的发展。草坪教学、科研及书籍杂志相继出现。20世纪初，很多大学的实验站都开始了草坪科学的研究。第二次世界大战以后，随着美国草坪科学研究的迅速发展，草坪业成了在世界兴起的一门新兴产业。20世纪60年代，草坪草品种的培育改良、草坪专用肥料、草坪专用机具、除草剂、草坪病虫害药剂及草坪养护管理服务等方面都引入了市场。到了20世纪80年代，随着经济和文明的更进一步发展，世界草坪有了飞速的发展，草坪已成为建立绿化走廊、花园城、园林城市及实现大地园林化、创建最适居住城市、创造舒适生活工作环境的重要内容之一。草坪绿地面积的大小已成为衡量现代化城市环境质量和体育运动发展水平的客观标准之一。

目前，草坪业已成为发达国家的一大产业。具体表现在以下几个方面。

(1) 应用现代科学新技术培育新品种　美国和欧洲一些经济发达国家为了提高草坪质量，会将大学、科研机构及一些公司结合起来选育优质草坪草的新品种，运用生物技术、杂交方法等培育出大量的能适应多种生态环境的和株形优美的新品种。美国利用无性系筛选的方法，培育出植株低矮、抗病性强的许多优良的狗牙根新品种，如Tuffy、Ormand、Tufcote、U-3、Tifgreen和Tifdawrf等。近年来，相继在草地早熟禾、多年生黑麦草、高羊茅及细羊茅4个草种中，培育出75个品种在市场上销售。荷兰根据草坪草品种将来的用途，从草坪密度、叶片质地、抗磨损撕裂能力、建植速度及抗逆性（抗寒、抗旱、耐阴、耐盐、耐热等）和色泽等特性的要求，培育出了一系列的优良品种，如在草地早熟禾、苇状羊茅、紫羊茅、硬羊茅、匍茎翦股颖、多年生黑麦草等草种方面，选育出70多个各具优良性状、可供不同用途需要的新品种。

(2) 草坪种子产业　随着环境建设绿化美化的需要，草坪种子繁殖生产、销售等成为草坪业的一个重要部分。欧洲的荷兰、丹麦、瑞典等国，都建有多家规模很大的种子公司，从事草坪草种的选育、建植、管理和草种的销售业务。北欧有两家最大的种子公司，丹麦的

DLF-trifolium A/S公司（丹农公司）和瑞典的Svalof Weibull AB公司。前者主要生产和销售农作物、花卉、牧草和草坪种子，80%是国际贸易，年产值在10多亿美元。被称为“世界草种之都”的美国俄勒冈州是世界上重要的草坪和牧草种子生产基地，世界上60%的草坪和牧草种子产自这里，每年生产的冷季型草种在30万t左右，产值约3亿美元。

（3）草坪生产企业化　草皮卷和种子是经农业生产而非工业加工而成的两种草坪商品。虽然目前种子繁殖是草坪建植的主要方法，但草皮直接铺植在草坪建植中也是很重要的，尤其是运动场（如足球场）的应用。美国早在1992年就有生产草皮的农场1 614个，年销售额达4.71亿美元，仅佛罗里达州草皮生产总面积就超过了2.13万 hm^2。在过去的20年中，美国的草皮产业已增长了近2.5倍。由于草皮生产采用了先进的科学技术和设备，而且商品化草皮的品质有规定评价标准。因此，成坪及出售的草皮质量都很高。

（4）草坪养护服务行业的兴起　草坪管理养护这一服务性行业始于20世纪70年代，到80年代迅速兴起。到1986年时在美国，这一行业已拥有5 500家公司，而仅1986年这一年，其总收入达20亿美元以上。世界上一些发达国家和地区，陆地上除了森林、建筑、农田和高速公路等外，几乎全为绿色覆盖，其中绝大部分为草坪，很少有裸地。公用绿地和私人花园相结合，共同发展草坪绿地。其中草坪大多由专门的公司或个人负责。发达国家的草坪养护服务公司主要为公用绿地草坪提供养护管理，同时也提供专门的草坪养护设备、化学药品、肥料。

（5）其他方面　近年来，一些不同形式的草坪在经济发达国家不断发展。一是屋顶草坪：屋顶草坪的建设面要求平坦、不漏水、空间无遮阴、床土结构要轻，保水保肥性能好，土层在20～30 cm，草种也要匍匐类型或须根较多。二是人造草坪：人造草坪是用塑料化纤产品为原料，用人工方法制成的外形与天然草坪相近似的模拟草坪，其基本结构由基层、缓冲层和模拟草坪层组成，具有承受持久高强度重压和耐践踏的特性。通常有绒面草坪、圆环形卷曲条纹草坪、叶状草坪、透水草坪和充沙草坪等类型。不同类型的人造草坪各有不同的用途，有的用于运动场地，有的用于公共活动场所、商场及宾馆装饰等。英、美、法及日本等经济发达国家，都有草坪公司生产人造草坪。法国的人造草坪制作商已成功地将贴地纺织纤维下垫物直接铺在砾面地基上，建成光滑平整的人造草坪。三是模块移动式草坪：建造草坪时，通过特殊的固定装置将所有模块固定在地面上，模块内填充草坪生长所需的土壤基质及排水系统。草坪建植可以采用种子直播或草皮铺植等。由于模块移动式草坪是由若干个独立的草坪模块组成，除了能快速成坪外，还由于其灵活性，可以随时更换那些损伤严重的部分，同时模块系统底盘设计具有通风、排水、升降温等特性，为草坪草在使用前后的生长提供了良好的环境。

3. 我国草坪业的发展状况

中国的现代草坪业起步较晚。但改革开放后，特别是20世纪90年代以来，我国草坪业已经广泛地用于环保、城建、园林、体育运动、旅游、度假、娱乐、休闲、水土保持等各个领域。

我国的草坪在科研、教育、对外交流、出版等方面也得到了一定的发展。近年来，在草坪草的选种育种、草坪养护、专用草坪的建植与养护、草坪营养与施肥、草坪病虫杂草的防治，以及草坪草的生物学、生态学和物候学、抗性生理学等基础研究方面取得了新的成果。同时，我国从国外引入优质草坪草种100余个，经过各地试种和推广应用，筛选出许多适应中国各地栽植的优良品种。栽植面积较大的有冷季型草坪草类的蓟股颖、草地草熟禾、高羊茅、细羊茅、多年生黑麦草、野牛草等；暖季型草坪草类的狗牙根、结缕草、假俭草等。另外，观叶植物的马蹄金、白三叶等以及耐阴的麦冬，各地也有广泛栽培。

我国拥有多姿多彩的园林草坪植物的种质资源，特别是特有的优良草种结缕草，广布于东部沿海省区，面积约百万公顷，每年可产草种上千吨，除国内利用外，已初步进入国际市场，出口到日本、韩国等。然而，目前中国结缕草资源仍处于野生状态，草种混杂，需要进一步加强结缕草种的驯化选育和保护工作，不断提高结缕草种子的产量和质量。其他如狗牙根、假俭草以及草地早熟禾、羊茅等，都应进行系统选育、保护和新草种培育。总之，我们应该积极有效地合理开发利用植物资源，发展具有中国特色的草坪种子业，改变草坪种子主要依靠进口的被动局面，不仅节省外汇，而且避免种子进口带入病虫杂草的危险。

虽然我国草坪业在近年来取得了很大成绩，但与发达国家草坪业相比，不论草坪应用规模、生产制造、服务项目、科研和教育方面均有较大差距。

目前，我国从事草坪业的单位或公司已有几百家。我国的大、中城市草坪建设发展速度也很快，南方草坪发展速度一直居高不下，北方近年来发展更快。据初步估算，我国每年增加草坪面积在 2 000 万 m^2，全国人工种草 667 万 hm^2，绿地覆盖率由 19.2%增加到 22.1%。但全国发展不平衡，大中城市和沿海开放城市草坪业发展很快，人均绿地面积不断增加。如果以中国城市人均绿地达 10 m^2 目标而论，还要增加目前人均绿地面积的 1 倍，而且即使人均达到了 10 m^2 的绿地面积，也远远不能满足人们对生活环境质量要求的需要。另外，草坪业的迅速发展，也为与草坪有关的行业提供了更多的就业机会，如草坪养护管理者。

不难看出，草坪业不仅包含草坪的利用、美化、运动健身及娱乐设施的建造、管理，而且要求草坪草和其他地被的生产和保护相结合，采用草坪科学技术、业务管理、人才资源开发、草坪产品的生产及养护管理一系列措施，实现草坪产业的商品化。可以说，草坪业是一门综合产业、社会产业、应用产业及经济产业。总之，草坪业是一个前景广阔的综合性产业。

第二节 草坪的功能

草坪作为美化环境、净化空气、调节气温、消减噪声、提供休闲和运动场所，以及保持水土等多种功能的公共绿地，在维护生态平衡、美化生活环境、发展体育运动和交通运输等方面，具有不可替代的作用。

一、美学景观

草坪以其色泽均匀、表面平滑、质地良好和开阔平坦的特性，是园林造景的主要材料之一。草坪与亭台楼阁、山石、水体、树木及花卉映衬组合，可形成优美的景观效果。以草坪作背景的雕塑、喷泉和花坛，生机盎然具有动感。

（1）背景　草坪是园林景观的基调。

（2）主景　草坪具有较高观赏价值，也可以作为园林主景。

（3）配景　草坪能够对其他园林要素（地形、水体、建筑、乔灌木等）起到很好的衬托作用。

二、生态保护

（一）调节小气候

（1）通风透光　在住宅地建植草坪，能够开阔空间，提高建筑物的通风透光机能；草坪地还能缓和太阳辐射，减轻阳光对人眼的伤害，消除视神经疲劳。在校园、工厂、广场等公共场所多植绿色草坪有利于保护视力。

（2）调节温度　草坪草的光合与蒸腾作用要吸收大量的热量，炎热的夏天，太阳射到地面的热量，约50%被草坪吸收；夏季草坪中的地表温度比裸地低8℃左右，高温时间也可缩短2～3 h；冬季温度比裸地高1～4℃。

（3）调节湿度　草坪草通过光合和蒸腾作用强度调整，从而调节环境湿度。在无风状态下，夏季草坪上空湿度比裸地高10%～20%，在平面楼顶铺植草坪，对减缓上层楼房湿度变幅有明显作用。

（二）降低噪声

草坪植物的叶和直立茎具有良好的吸音效果，能在一定程度上吸收和减弱125～8 000 Hz的噪声。根据北京市园林研究所测定，2 m宽的草坪，可降低噪音2 dB左右。据测定，乔灌草结合40 m宽的多层次绿地，可降低噪声10～15 dB。居民区、校园、工矿区、公园周围及道路两侧等处建立乔灌草结合的绿带，一方面可覆盖地表、美化环境，另一方面也有降低噪声的作用。

（三）净化空气

草坪能够覆盖地表，抑制土壤灰尘的形成；草坪能够沉降空气中的粉尘；草坪草可以分解、吸收大气中的一些有毒、有害物质；某些草坪草还可以分泌一定量的杀菌素。

草坪植物能稀释分解、吸收和固定大气中有毒有害物质，通过光合作用转害为利；草坪植物还能吸收NH_3、SO_2、HCl和O_3等有毒有害气体和盐类；草坪还有沉降粉尘使空气达到进一步净化的作用，沉降在草坪上的粉尘和灰尘可随雨水、露水和人工灌水流至土中。据测定，草坪近地层空气含尘量比裸露地面少30%～40%。

许多草坪植物体内含有杀菌素具有杀菌作用，据测算，草坪近地层空气中的细菌含量仅为水泥地面或裸露地面的公共场所的1/3 000。尤其在修剪后，草坪植物受伤时产生杀菌素的作用更趋强烈。其中以禾本科植物中的红狐茅（*Festuca rubral*）杀菌力最强。

（四）保持水土

草坪植物具有致密的根系和繁茂的茎叶覆盖地面，具有良好的防止水土流失和风蚀的作用；草坪植物能固定土壤，减少地表径流，减少大雨冲刷，减少河道及水体泥沙淤积，保护江河水系。

在我们生活中的公路、铁路两侧，河堤边，都能够看到各种形式的水土保持草坪。

三、运动娱乐

草坪质地均一并具弹性，可作为一些体育运动的场地，如足球场、橄榄球场、高尔夫球场和板球场等。由于草坪的特性，给予人们宁静放松的感觉，在自然宽阔的绿色草坪上休闲、娱乐，对陶冶情操、增进身心健康有良好的效果。

（一）游憩活动

促进人的身心健康，翠绿茵茵的草坪给人以静谧的感觉，能够开阔人的心胸，陶冶人的情操。

（二）运动项目

草坪为各类体育锻炼和竞技比赛提供了宜人的载体。

此外，草坪还是建筑与预留地的最适覆地材料。在意外事件突发的紧急状态下，如火灾、地震等突发事情，草坪可起到集散人群的作用。定期修剪的多数禾草也是家畜的良好饲料。

单元作业

简述现代意义上草坪概念的内涵。

单元测验

一、单选题

1. 草坪概念的演变经历了（　　）个阶段的演变。
   A. 4　　B. 3　　C. 5　　D. 2
2. 以下不属于现代意义上草坪内涵的是（　　）。
   A. 人类活动所利用
   B. 家畜采食后留下的相对平坦的场地
   C. 草坪具有保护、绿化与美化环境等功能
   D. 人工建植和养护管理
3. 《草坪学》教学属于草坪业构成要素的（　　）。
   A. 研发体系　　B. 服务体系　　C. 生产体系　　D. 辅助体系
4. 城市立交桥草坪和机场草坪的主要功能在于（　　）。
   A. 降低噪音　　B. 保持水土　　C. 净化空气　　D. 调节小气候
5. 以下哪项不属于草坪草？（　　）
   A. 紫羊茅　　B. 狗牙根　　C. 草地早熟禾　　D. 细叶麦冬
6. 以下哪项不属于草坪草与地被植物的主要区别？（　　）
   A. 管理方式　　B. 植物种类　　C. 景观效果　　D. 园林用途
7. 河堤边草坪的主要功能在于（　　）。
   A. 调节小气候　　B. 保持水土　　C. 净化空气　　D. 降低噪音

8. 人类对草坪的使用主要体现在草坪的（　　）。

A. 生态保护功能　　B. 覆盖地表功能

C. 运动娱乐功能　　D. 美学景观功能

9. 以下不属于草坪调节小气候表现的是？（　　）

A. 调节温度　　B. 调节湿度　　C. 保持水土　　D. 通风透光

10. 以下哪个园林要素构成了整个园林的底色和基调？（　　）

A. 水体　　B. 草坪　　C. 建筑　　D. 乔木

11. 以下不属于草坪的三大功能的是？（　　）

A. 生态保护　　B. 运动娱乐　　C. 美学景观　　D. 覆盖地表

12. 草坪草的主要观赏特性在于（　　）。

A. 观花　　B. 观叶　　C. 观枝　　D. 观果

13. 现代“草坪”的英文专业术语为（　　）。

A. sod　　B. lawn　　C. turf　　D. sward

二、多选题

以下运动场可以用草坪建植的是？（　　）

A. 棒球场　　B. 高尔夫球场　　C. 赛马场　　D. 足球场

三、判断题

1. 草坪和地被植物都是指可用于覆盖地面的草本植物，但两者在植物种类、管理方式和景观效果上又有诸多区别。（　　）

2. 草坪不仅包括草坪草，还包括构成草坪的环境部分，例如草坪草根系生长的表土层也属于草坪的组成成分。（　　）

3. 草坪和地被植物都具有覆盖地表的作用，但是从景观效果来说，地被植物的观赏性更加丰富。（　　）

4. 草坪外观低矮均一，非常适宜作为其他园林要素的背景，而不能作主景。（　　）

第二章　草坪学基础

第一节　草坪草的形态特征

禾本科草坪草是草坪建植中常用的草坪草主体，了解其基本形态结构特征是进行草坪草种识别、草坪建植与养护的基础。下面侧重介绍禾本科草坪草的外部形态特征（图 2-1）。

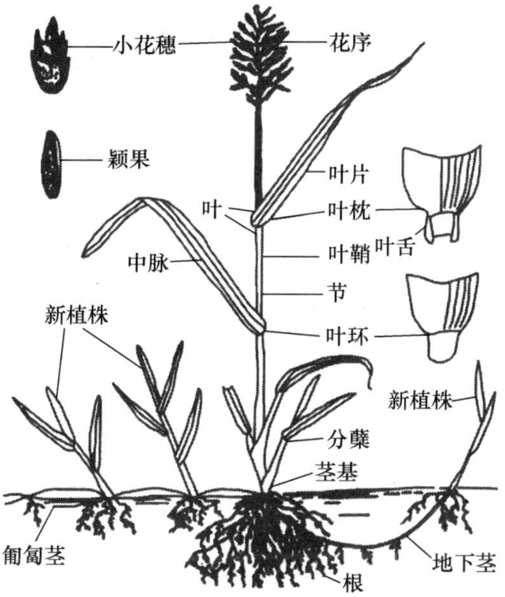

图 2-1　草坪草整株示意图

（引自《草坪建植与管理》，张志国，1998）

一、草坪草的叶

禾本科草坪草的叶为单叶，交互着生于茎的节上，由叶片、叶鞘、叶舌、叶环、叶耳等部分组成。

叶片相对平展，通常呈对折、扁平、内卷等形状，多数形小、细长且密生。叶片中央纵向分布的维管束为叶脉，是水分、养分的输送通道，对叶片起支撑作用。叶片的宽窄直接影响草坪的质量和观赏效果。一般叶片越窄越细，观赏价值越高。叶片的色泽也影响草坪的质量和观赏效果。

叶片基部呈圆筒状紧密包绕茎秆的部分称为叶鞘，呈闭合或开裂状，它起着保护幼芽和茎的生长、增强茎的支持等作用。

在叶片和叶鞘连接处的内侧，即靠近茎秆的一侧，有一膜质片状或纤毛状的突起结构，称为叶舌。它可以防止害虫、水分及病菌孢子等进入叶鞘，也能使叶片向外伸展。叶舌形状因草坪草种类不同而变化。

叶片和叶鞘连接处的外侧，即远离茎秆的一侧，与叶舌相对应的位置上，有一浅绿色或白色的带状结构，称为叶环（或叶枕、叶颈）。叶环具有弹性和延伸性，可调节叶片的伸展方向。不同草坪草品种的叶环在形状、大小、色泽上有明显不同。

有些草坪草在叶舌的两侧，有一对从叶片基部边缘延伸出的膜质耳状或爪状的附属物，称为叶耳。叶耳的有无、大小及形状是识别禾本科草坪草种属的依据。

二、草坪草的茎

禾本科草坪草的茎通常有两种类型。一种是与地面垂直生长的直立茎，另一种是朝水平方向生长的横走茎。

直立茎呈狭长的筒状或管状，有明显的节和节间，节间常中空，节是叶片和腋芽的着生点，由秆节和鞘节两个环组成。

横走茎有两类，一类是位于土壤表面之上的称匍匐茎，另一类是位于土壤表面之下的根状茎。匍匐茎和根状茎具有明显的节和节间，节的部位既能产生新枝条又能产生不定根，所以能利用匍匐茎或根状茎作为无性繁殖材料进行建坪。

三、草坪草的花序和花

禾本科草坪草的花序由若干小穗组成。小穗（图 2-2）为禾本科植物花序的基本单位，具柄或不具柄。每个小穗下边通常具 2 枚颖片，外面的一枚叫外颖，里面的一枚叫内颖，颖以上是一至数朵小花。花外又各有 2 枚苞片，下方外侧一片称外稃，内侧一片为内稃。有少数种类其外稃顶部或背部具芒。苞片和颖片交互着生于果柄上。包在内外稃里的小花通常两性，具 2 枚由花被退化而成的浆片、3 枚雄蕊及 1 枚雌蕊。雄蕊具大型花药，花丝着生在花药的基部或中部。子房上位，1 室，心皮内含 1 个胚珠，子房上有 2 个羽毛状柱头。

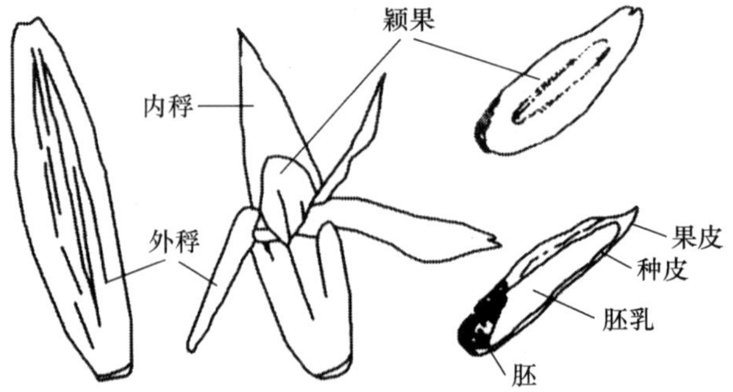

图 2-2　草坪草小穗的组成

（引自《草坪建植与管理》，张志国，1998）

禾本科草坪草的花序通常有 3 种：总状花序、圆锥花序和穗状花序（图 2-3）。

图 2-3 草坪草的 3 种主要花序类型

（引自《草坪建植与管理》，张志国，1998）

总状花序主轴上的小穗有单独花柄，如地毯草、假俭草、巴哈雀稗的花序；圆锥花序由分枝的穗状或总状花序构成，如早熟禾、翦股颖、小糠草的花序；穗状花序的小穗无柄，直接生长于花序的主轴上，如狗牙根、黑麦草、结缕草、冰草的花序。

四、草坪草的种子

禾本科草坪草的果实为颖果，内含 1 粒种子，由于果皮和种皮紧密愈合在一起不易分开，生产中这种果实也叫“种子”，可以直接作播种材料用。颖果内真正的种子含有高度进化的胚，位于颖果基部向外稃的一面，呈圆形或卵形凹陷；与提供营养的胚乳相邻。胚包括胚芽（外有胚芽鞘）、胚根（外有胚根鞘）、胚轴和子叶（盾片）。

五、草坪草的根

禾本科草坪草的根包括由种子萌发时的胚根发育而来的初生根以及着生于茎节上的不定根（次生根）两种类型。一般初生根只在草坪建植当年存在，不定根在种子萌发后会不断形成，数量多而密集，是构成禾本科植物根系的主体。

第二节 草坪草的生长发育

草坪草的生长发育过程可分为营养生长和生殖生长两大过程，它们都受环境条件的影响和制约。了解草坪草的生长发育特点及对环境条件的要求，对合理选择草坪草种类，建设高质量草坪具有重要意义。

一、种子萌发

从草坪建植的角度讲，种子萌发包括种子播入土壤到幼苗出土的全过程，需经历 3 个阶段，即吸胀、萌动、发芽阶段。大致过程是，种子吸水膨胀后，经过一系列反应，胚根首先突破种皮向下生长形成根系，接着胚芽向上伸出地面形成茎叶（图 2-4）。影响种子萌发的环境因素主要是温度、水分和空气，有的植物如假俭草等，还需要光照。

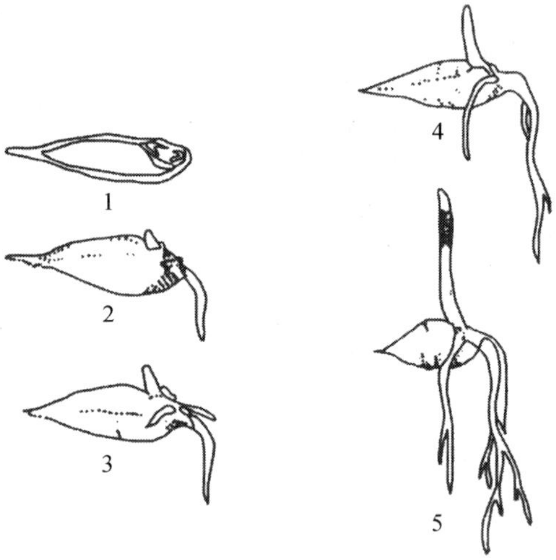

图 2-4　发芽过程示意图

(引自《草坪建植与管理》，张志国，1998)

1. 末端有胚的颖果　2. 长出初生根和胚芽鞘　3. 长出另外的种根

4. 根分枝　5. 第一片叶长出胚芽鞘的顶端

二、幼苗生长

幼苗从第 1 片叶伸出展开起，除了依靠胚乳提供营养外，同时开始进行光合作用，有了自养过程，从而形成了一个能独立生活的植株。

从新枝基部节上产生的不定根是幼苗的另一重要结构，新建植草坪中存在初生根和次生根两种类型的根，随着草坪草的生长发育，初生根逐渐死亡，次生根取而代之。因此，成熟草坪中整个根系基本是由次生根（不定根）构成的须根系。

三、分蘖

禾本科草的分枝称为分蘖。它是从根茎或横支茎上长出来的新茎叶，具有向上或斜上生长的习性，不具有横向生长习性。分蘖是禾本科草类进行无性繁殖的一种形式，也是草坪草的重要特征之一，直接影响草坪草的耐践踏性及坪用价值。禾本科草的分蘖可分为密丛型、疏丛型、根茎型、根茎疏丛型、匍匐茎型。

（1）密丛型　分蘖与不定根自近地面分蘖节或茎节发生，叶鞘往往紧密抱茎，使分蘖与茎平行伸展，形成稠密的株丛。株丛中心接近地表，外围通常稍隆起。直径随年龄增长而增加，往往形成中心凹陷的小草丘。成年株丛的中心，到一定年龄（各草种年限不一）则衰老死亡，而成为“秃顶草丘”，甚至“圈状草丘”，能在通透性不良，甚至完全厌气的土壤中生长。这类草坪草大多数生长缓慢，能形成很密的草丛，寿命也较长。年久草坪变得坑坑洼洼。如羊茅、硬羊茅等。

（2）疏丛型　分蘖通常从地表之下 1～5 cm 处的分蘖节发生，叶鞘常松弛，抱茎不紧密，使分蘖向上倾斜伸出地面，形成疏散的株丛。株丛可能遮蔽或不完全遮蔽地表，丛间缺少联系。能形成草坪，但易破碎。在外力作用下，丛与丛间易下凹形成坑坑洼洼的表面。疏丛型草每年的新分蘖自株丛边缘发生，时间久了，株丛中央会积累相当数量的枯死残余物，不及时梳理不仅影响草坪观赏性，而且容易滋生病虫害。对土壤的通透性要求一般，往往能耐短期的涝、渍。在通透性好的黏壤土、腐殖质土内生育良好。这类草坪草大多苗期生长迅速，但寿命不长，属短期多年生禾草。如黑麦草、苇状羊茅等。

（3）根茎类　根茎在土表下 5～10 cm 间的茎节上发生，大体上按水平方向伸展，节四周生根，直立枝或生殖枝出土长成绿色的苗。苗根发生后，又能形成根状茎，于是地下形成大量根茎组成的根茎网络，地上则形成连片的植株。该类型草坪草要求通透性良好的土壤，一旦表土板结，直立枝与生殖枝出土均受影响，甚至出不了土，即形成不了连片的草坪。

（4）根茎疏丛型　根茎自土表以下的茎节产生分枝，略呈倾斜地水平扩展，节四周生根，节上直立枝形成绿苗。直立枝发生苗根后，一方面可以再发生根状茎，另一方面能进一步分蘖，形成直立枝与生殖枝以及不定根，于是株丛与株丛之间的短的根茎联系，株丛本身呈疏丛型，鉴于根茎型和疏丛型二者外形特点的互补，能形成富有弹性、坚固的草坪。如草地早热禾、加拿大早熟禾等。

（5）匍匐茎型　匍匐茎于地表扩展，其中部分往往为沉积的土覆盖而没入土内。节着地生根，节上的芽发育成直立枝或生殖枝。一旦直立枝形成苗根，又能发生匍匐茎（枝），匍匐茎在地表扩展，节着地生根，这个过程的如此重复，使地表形成致密的草坪。如小花马蹄金、狗牙根等。

四、花序的形成

草坪草花序的形成可分为成熟、诱导、发生、发育 4 个阶段。直到成熟前，草坪草对促进开花的环境条件是不敏感的。在诱导期，植株对特殊环境发生反应，体内发生生理变化。到发生期，某些营养茎转变为花轴。最后发育阶段形成花序并从叶鞘中伸出。

一旦茎的顶部从营养生长阶段转化为生殖生长阶段，就不再产生叶原基，因此，剪去花序能刺激枝条的发育，进而促进叶的生长。除专门生产草种外，一般不让草坪开花，因为开花会破坏草坪均一的外观，降低草坪的质量，并增加修剪的难度。

在正常管理下，定期的修剪使一般草坪草没有足够的时间（约需几周）产生具有发芽能力的种子，但一年生早熟禾是一个例外，它可以在很短的时间内产生能育种子因而具有较强的自繁能力。改良的草坪草新品种在正常的养护管理条件下也不会形成大量的种子，但在种子生产时又能有较高的产量。

五、修剪后的再生

修剪会去掉部分叶组织，对草坪草从生理上说是一种伤害，但因为草坪草有很强的再生能力而很快得到恢复。如高羊茅草坪足球场在旺盛生长季节里，草高 5 cm，修剪到 3 cm，经过 2 d 的生长就可以恢复。草地早熟禾更为迅速，修剪后一周就可恢复原来的高度。再如高尔夫球场的草坪草一年间（3 月末至 11 月上旬）要修剪 100～130 次，尽管进行的是低修剪，但由于草坪草具有极强的再生能力，仍能形成和保持美丽的草坪。

草坪草修剪后再生的原因为：①修剪去掉上部茎、叶片，老茎、叶可继续生长；②经修剪未被伤害的幼叶尚能长大；③修剪促进根基分蘖，产生新的茎、叶；④由于草坪根与修剪后的留茬具有贮藏营养物质的功能，能保障再生对养分的需要，所以草坪是可以频繁修剪的。

任何事物都有两面性，同样，修剪也存在不利的影响。对草坪草而言，修剪毕竟是被强加的外力伤害。修剪改变了草坪草的生长习性，由于分蘖增多，使地上部分密度大大增加，却减少了根和茎的生长。因为产生新茎叶组织需要营养，这就减少了供给根和根状茎生长的养分。同时，植物贮存营养的减少，也会对草坪生长产生不利影响。

第三节　草坪与环境

草坪环境由很多因素组成，主要有气候因素、土壤因素、生物因素等方面。这些因素决定着草坪草的适应性和生长状况，但每种因素对草坪的作用性质和影响程度各有不同。

一、草坪与气候

气候因素中对草坪影响较大的主要有光、温度、湿度和降水。

（一）光

光是植物进行光合作用的能量来源，也是叶绿素的形成条件。光还影响气孔关闭，因而影响呼吸作用，同时还影响大气温度和湿度的变化。光主要通过光质、光照强度、光照长度对植物发生作用。

通常植物在全光范围即在白光下才能正常生长发育，但光谱中不同波长的光即光质对植物的影响是不完全相同的。青、蓝、紫光对植物的加长生长有抑制作用，对幼芽的形成和细胞的分化均有重要作用。红光及红外线能促进茎的加长生长，促进种子及孢子萌发。对光合作用而言，红光作用最大，其次是蓝、紫光。红光还有助于叶绿素的形成，促进二氧化碳的分解与碳水化合物的合成。蓝光有助于有机酸和蛋白质的合成。绿光和黄光多被叶子反射或透过而很少被利用。

绝大部分草坪草为喜光植物，若光照不足，其生长发育将受到影响。植物对光照强度的要求通常用光补偿点和光饱和点来表示。一般植物在很低的光照强度下就可以进行光合作用，但光合强度很低，随着光照强度增加，光合强度也增加，达到一定光强时，光合强度达最大值，以后即使继续增加光照强度，光合强度也不再增加，这种现象叫光饱和现象。开始达到光饱和现象时的光照强度叫光饱和点，在光饱和点以下，随着光照强度降低，光合作用也降低，当光照强度降到一定数值时，光合吸收的 CO_2 与呼吸放出的 CO_2 相等，这时的光照强度叫光补偿点。在光补偿点以上，植物光合作用积累的有机物大于呼吸消耗，有机物积累，植物生长。草坪草中大部分光补偿点为全日照光强的 2%～5%，大部分草坪草单叶的光饱和点可达到全日照光强的 1/3。不同草坪草的光饱和点不同，狗牙根、结缕草等 C_4 植物光饱和点高，而翦股颖、早熟禾等 C_3 植物光饱和点低。植物对光照不足也具有一定的适应性，即耐阴性。草坪草的耐阴性因草种而异，品种间也有差异。在进行林下草坪、疏林草坪及建筑物间草坪的布置时，耐阴性是一个必须考虑的重要因素。

光照长度主要影响植物开花，对植物的营养生长和休眠也起重要作用。一般来讲，延长光照时间会促进植物生长或延长生长期，缩短光照时间会促进植物进入休眠或缩短生长期。

（二）温度

温度是影响草坪草生长发育和分布的关键因素。温度过低，草坪草的生命活动停止，生长受到抑制或处于休眠状态；温度过高，光合作用受到抑制，植株变弱；在适宜的温度范围内草坪草生长旺盛，即草坪草的生长发育对温度的要求有最低、最高和最适温度（温度三基点）之分。不同的草坪草、同一草坪草的不同发育时期及不同的生理过程，其三基点温度是不同的。

一般暖季型草坪草生长的三基点温度较高，耐热性好而抗寒性差，生长的最适温度为25～32℃，最低为10～15℃；冷季型草坪草生长的三基点温度较低，耐热性差而抗寒性好，生长的最适温度为15～25℃，最低可达4℃以下。

通常草坪草在营养生长时期，对温度的要求不严格，适应范围广，而在开花结果期，要求的温度范围窄。草坪草光合作用的三基点温度一般低于呼吸作用的三基点温度。

草坪草的不同器官的三基点温度也不相同，通常根系生长的最适温度比地上部分生长的最适温度要低。

草坪草对不良环境温度有一定的耐性和适应性。当温度继续降低或增高时，对草坪草的危害逐渐加重。超出一定的温度范围，会使草坪草死亡。也就是说，还有两个极限温度，即最高生存温度和最低生存温度。高于或低于极限温度，草坪草不能生存。这两个极限温度值随持续时间的长短而有所变化。若持续时间短，草坪草可耐非常高和非常低的温度，但同样的温度条件，持续时间一长，草坪草可能会死亡。

（三）湿度和降水

湿度和降水的实质是水。草坪草是含水量较高的植物之一，其含水量与草坪草种类、组织器官及生长环境有关。通常冷季型草坪草比暖季型草坪草的含水量高；根的含水量最高，叶中等，茎最低。

湿度对草坪植物生长发育的直接影响不很明显，它主要通过影响病虫害的发生发展而间接地对草坪发生作用。较高的湿度常常是多种草坪病虫害发生和蔓延的有利条件。而降水与草坪植物生长发育的关系十分密切。在自然条件下，降水是草坪植物主要的水分来源。降水对草坪的影响程度，决定于降水量、降水强度和时间分布。降水量是影响草坪植物自然分布的重要因素之一，如野牛草在年降水量300 mm的地区能安全生长，而狗牙根的安全生长则要求年降水量在600 mm左右。高强度的降水，尤其是持续时间较长的降水，常常会引起地面积水，并通过径流、淋溶，加剧土壤板结和养分流失，间接影响草坪植物的生长发育。降水时间在年度内的分布通常是不均匀的，它常与降水强度一起，造成季节性的水旱灾害。

水是植物体的重要组成成分。水也是草坪草种子发芽所必需的。水还能维持细胞膨压，保持草坪草各组织器官的固有姿态，使草坪草具有较高的抗践踏性。

草坪草对水分的吸收与散失，主要通过蒸腾作用来实现。草坪草根系从土壤中吸收的水分，98%以上通过蒸腾散失到空气中。通过蒸腾作用可以降低叶片温度，防止高温伤害。

草坪草对水分不足的耐性和适应性即耐旱性因种类而异，但有控制的适度缺水可以改善草坪草对环境胁迫的抗性。水分过多也会对草坪造成危害。不同草坪草种耐水淹的能力也不同。

二、草坪与土壤

土壤是草坪草生长的基础。草坪草生长过程中所需要的水分和矿质营养主要来自土壤。同时，土壤还对草坪草起着支撑和固定作用。在草坪建植养护过程中，土壤也是可塑性最强的环境因子。

土壤对草坪草生长发育的影响由多种因素如土壤质地、土层厚度、土壤结构、土壤酸碱度、土壤营养含量等的综合作用所决定。

土壤质地不同对土壤的水、肥、气、热和其他理化性质均有很大影响。通常认为，壤质土和沙质土是较理想的建植草坪的土质。但具体考虑选择建植草坪的土质时，最重要的是看草坪的主要用途和功能，例如：对于经常强烈践踏的运动场草坪来说，沙质土壤结合充足的灌溉对草坪草的生长是较适宜的；对于践踏较少的观赏性草坪来说，保水、保肥性较高的壤质土则是较好的选择。

土壤酸碱度可直接或间接地影响草坪草的生长，其影响主要表现在对土壤养分的有效性、土壤微生物活性、草坪草根系生长的影响等方面。大多数草坪草在土壤 pH6.0～7.0 范围内生长良好，但不同草坪草种类对土壤酸碱度的耐性有差异。

三、草坪与生物

草坪是一个小型但复杂的生态系统。草坪群落中，除草坪草以外，还有其他一些植物种类，如树木、花卉、杂草等，也会有许多动物种类（如昆虫、鸟类等）及微生物。在同一空间的各种植物、动物和微生物，与草坪之间的关系比较复杂，大体可以分为有害、有益和互利 3 种。其中，人类活动对草坪草影响最大。人们一方面通过修剪、灌溉、施肥、病虫杂草防治等措施使草坪达到或维持人类所希望的状态，另一方面人类的活动又对草坪产生不良影响，如践踏造成草坪草磨损和土壤紧实，工业和生活排放物污染环境对草坪草的危害等。

单元作业

1. 草坪草修剪后为什么仍可以正常生长？
2. 禾本科草的分蘖类型有哪些？举例说明。
3. 简述草坪草种子萌发及幼苗生长过程。
4. 禾本科草坪草的叶有哪些重要特征？

单元测验

单选题

1. 禾本科草坪草耐频繁修剪的关键部位是（　　）。

A. 根　　B. 叶片　　C. 叶鞘　　D. 茎基

2. 下面禾本科草坪草叶组成部位，能保护幼芽和茎的生长、增强茎的支持作用的是（　　）。

A. 叶鞘　　B. 叶舌　　C. 叶环　　D. 叶耳

3. 禾本科草坪草的花序由若干（　　）组成。

A. 内稃　　B. 颖片　　C. 小穗　　D. 外稃

4. 草坪草花序的形成需要先后经历哪四个阶段？（　　）

A. 成熟、诱导、发生、发育　　B. 成熟、发生、诱导、发育

C. 诱导、成熟、发育、发生　　D. 成熟、发育、诱导、发生

5. 以下草坪草的花序类型中，花序轴有分枝的是（　　）。

A. 总状花序　　B. 圆锥花序　　C. 穗状花序　　D. 伞状花序

第三章　草坪与草坪草的特征和分类

草坪是指多年生低矮植物在天然形成或在人工建植后经养护管理而形成的相对均匀、平整的草地植被。其目的是为了保护环境、美化环境，以及为人类休闲、游乐和体育活动提供优美舒适的场地。它包括草坪植物的地上部分以及根系和表土层构成的整体。

第一节　草坪的特征

一、较强的观赏性

组成我们生活环境的人工和自然要素中，建筑、道路、乔木、灌木、花卉等都是相对独立、分散的，草坪像绿色的地毯，将所有这些要素连接起来，并最终形成一个完美、和谐的整体。草坪与其他的环境要素相结合，具有了更加丰富的表现能力，从而形成优美舒展、富有魅力的景观美。

二、组织景观空间

草坪植物构成了城市绿地系统中的底层空间，给人产生一种视野开阔的舒畅感觉。乔木和灌木在环境中提供了垂直方向的绿色景观，而草坪在水平方向上构成了一片“绿色的地毯”。草坪与树木花草及其他园林景物如雕塑、峰石、建筑小品相配置，草坪会产生起伏、有张有弛的韵律感，可以构成具有层次与景深、亲切自然而又富于变化的空间。

三、较强的适应性

草坪的性质为人工植被。草坪草根系发达、具有强的匍匐茎和地下根茎，不断更新的根系在地下结织成细密的网络，草丛茂密，覆盖度高、适应性强。

第二节　草坪的分类

一、按草坪功能分类

（一）观赏草坪

供人们进行园林景观欣赏的草坪。也有称作装饰草坪、造形草坪等。此类草坪不允许人们入内踏踩。观赏草坪，从园林布景的整体出发，多用于公园、游园、居民小区、街路、广场、雕塑及喷泉等处。观赏草坪一般要求低矮、茎叶细密。

（二）游憩草坪

用于供人们散步、休闲、游玩及户外活动的草坪。此草坪多布置于公园、居住小区、庭院及文化休闲广场。这类草坪的建植要求是除了外观要求平整漂亮外，还应要求有耐踏踩，和较强的恢复能力。休闲游憩草坪，除了与人们直接接触外，外观的色彩、形状也是要使人有宁静、舒服的心理感觉。此类草坪无固定形状，一般面积宜宽。为避免感觉单调枯燥，草坪内可种植树或孤赏树木，点缀石景，草坪边沿配置花木、花带图案等。

（三）运动场草坪

供体育活动用的草坪。如足球场草坪、高尔夫球场草坪、橄榄球场草坪、网球场草坪及垒球场草坪等。建植此类草坪的草坪草，要求耐踩踏、耐修剪和极强的恢复能力。同时还应考虑草坪的弹性、硬度、摩擦性及其他方面的性能。一般是采用多个品种混播。

（四）防护草坪

指建于坡地、水岸、堤坝、公路和铁路边坡等处，用于固土护坡、防止水土流失的草坪。这类草种的选择，通常要求根系发达、匍匐生长、覆盖度大、草丛茂密，特别要求抗逆性强、适应性广。

（五）飞机场草坪

指建植于停机坪和机场建筑设施之外空地的草坪。机场草坪的作用大致有防止雨水冲刷，减少扬尘，提高能见度，保持良好环境。建坪要求草坪平坦、坚实、密生、高弹性、粗放管理，应选用繁殖快、抗逆性强、耐干旱、耐瘠薄、耐践踏的草种。

（六）其他草坪

如停车场草坪、环境保护草坪、镶嵌草坪及与牧养动物结合的草坪等。其作用主要是在一定的范围内保护环境，调节温度和湿度，减低太阳辐射强度，减轻噪音，吸附粉尘，减少污染，或提高观赏价值，增加经济收入等。

二、按草坪植物组成分类

按草坪植物组成分为单一草坪、混合草坪、缀花草坪。

（一）单一草坪

由单一草坪草品种所建植的草坪。其特点是具有明显的单一性、高度、色泽、质地方面均匀一致。常用作观赏草坪布置在公园、广场、庭院或填充花坛衬托草木或灌木花卉。

（二）混合草坪

指由两种及两种以上草坪草种或品种建植的草坪。这类草坪从建植到成坪，充分发挥各种草坪草的优势和特点，如夏季生长好的草与冬季抗寒性强的草坪草品种混合；宽叶草种和细叶草种混合；耐踏踩的品种与耐修剪的混合。混合草坪不仅能延长草坪草的绿色观赏期，而且能提高草坪的使用效果和防护功能。

（三）缀花草坪

指在草坪上布置一定面积的草本花卉。按照景观效果需要在草坪上疏密有致、自然错落、图案流畅自由地点缀一些花色醒目艳丽的草本花卉。所布置的花卉常用一些多年生的草本植物，如水仙、鸢尾、石蒜、葱兰、韭兰、红花酢浆草、郁金香、萱草、野豌豆等。多用于游憩草坪、观赏草坪。这些开花植物常布置在草坪上的景石、树丛、树群边沿或在大片草坪上作为远景。

三、按景观效果分类

按景观效果分为空旷草坪、疏林草坪、林下草坪。

（一）空旷草坪

空旷草坪地形开阔，没有木本植物的草坪，能展示草坪流畅的轮廓线，使人们视野开阔，可领略到自然的草原风光。

（二）疏林草坪

疏林草坪上栽植有单株、双株或丛栽的乔木。置身其间，仿佛到了稀树草原。

（三）林下草坪

林下草坪指基本郁蔽或完全郁蔽的落叶林、混交林下的草坪。需选耐阴性强的草种建立草坪。

第三节　草坪草的特征

（1）生长点低位，并有坚韧叶鞘的多重保护，既能耐修剪和践踏，又有利于越冬。
（2）叶小型、数量多、细长、直立。细而密长的叶是形成地毯状草坪的必要条件。
（3）繁殖力强，禾本科草通常结籽量大，发芽力强，适于群生。
（4）低矮的匍匐型或丛生型生长，覆盖力极强，易形成以叶为主体的毯状覆盖层。
（5）生长旺盛，再生能力强，修剪后恢复快。
（6）无刺无毒、无不良气味、叶汁不易挤出。
（7）适应性强，能适应各类环境并广泛分布。

第四节　草坪草的分类

一、按植物学系统分类

其分类是以植物学上的形态特征为主要分类依据，按照科、属、种、变种来分类，并给予拉丁文形式的命名，如：

早熟禾（*Poa annua* L.）

禾本科（Poaceae）

早熟禾属（*Poa* L.）

（一）禾本科草坪草

该科草类植物占草坪草种类的90%以上，植物分类学上分属于羊茅亚科、黍亚科、画眉亚科。常见的有：早熟禾属、羊茅属、黑麦草属、翦股颖属和结缕草属。

（二）非禾本科草坪草

凡是具有发达的匍匐茎，低矮细密，耐粗放管理，耐践踏，绿期长，易于形成低矮草皮的植物都可以用来铺设草坪，有莎草科、豆科等。

另外，还有其他一些植物，如匍匐马蹄金、沿阶草、百里香、匍匐委陵菜等也可用作建植园林花坛、观赏性草坪植物和造形。

二、按植株形态分类

草坪草的植株高度各异，有的低矮匍匐，有的高大直立。叶片宽窄不同，有的叶宽，质地较硬，有的叶细，质地柔软。

（一）按植株高度分类

1. 低矮型草坪草

植株高度一般在20 cm以下，可以形成低矮致密的草坪，具有发达的匍匐茎和根状茎，耐践踏，管理粗放，大多数采取无性繁殖。如：匍茎翦股颖、野牛草、狗牙根、地毯草、假俭草等。

2. 高型草坪草

植株高度通常在20 cm以上，生长速度较快，直立、丛生型；经常修剪才能形成平整的草坪。如高羊茅、黑麦草、草地早熟禾等。

（二）按草叶宽度分类

1. 宽叶型草坪草

叶宽4 mm以上，叶宽、质地较粗硬，生长强健，适应性强。如结缕草、地毯草、假俭草、高羊茅等。

2. 细叶型草坪草

叶宽4 mm以下，茎叶纤细，质地柔软，可形成平坦、均一、致密的草坪，如：翦股颖、细叶结缕草、草地早熟禾、细叶羊茅及野牛草。

三、按气候与地域分布分类

按草坪草生长的适宜气候条件和地域分布范围可将草坪草分为暖季型草坪草和冷季型草坪草。

（一）暖季型草坪草

暖季型草坪草也称为夏型草，主要分布在长江流域及以南较低海拔地区，最适生长温度为25～32℃。它的主要特点是冬季呈休眠状态，早春开始返青，复苏后生长旺盛。

（二）冷季型草坪草

冷季型草坪草也称为冬型草，主要分布于华北、东北和西北等长江以北的北方地区，最适生长温度范围是15～25℃。它的主要特征是耐寒性较强，在夏季不耐炎热，春、秋两季生长旺盛。

单元作业

1. 草坪按功能分类有哪几种？
2. 列举几项草坪草的特征。

单元测验

一、单选题

1. 按（　　）分类，将草坪草分为暖季型草坪草和冷季型草坪草。
   A. 草叶宽度　　B. 植株形态
   C. 植株高度　　D. 气候与地域分布
2. 暖季型草坪草的最适生长温度为（　　）。
   A. 5～10℃　　B. 25～32℃　　C. 15～25℃　　D. 10～15℃
3. 冷季型草坪草的最适生长温度为（　　）。
   A. 15～25℃　　B. 25～32℃　　C. 10～15℃　　D. 0～10℃
4. 草坪地形开阔，没有木本植物的草坪，能展示草坪流畅的轮廓线，使人们视野开阔，按景观效果分类属哪类草坪？（　　）
   A. 空旷草坪　　B. 疏林草坪　　C. 林下草坪　　D. 观赏草坪
5. 指由两种及两种以上草坪草种或品种建植的草坪，是（　　）。
   A. 单一草坪　　B. 混合草坪　　C. 缀花草坪　　D. 疏林草坪

二、多选题

1. 草坪的特征包括（　　）。
   A. 较强的观赏性　　B. 组织景观空间
   C. 较强的适应性　　D. 不耐践踏和低修剪
2. 禾本科草坪草包括（　　）。
   A. 白三叶　　B. 苔草　　C. 黑麦草　　D. 草地早熟禾

3. 下列哪些是暖季型草坪草？（　　）

A. 高羊茅　　B. 狗牙根　　C. 野牛草　　D. 草地早熟禾

4. 下列哪些是冷季型草坪草？（　　）

A. 翦股颖　　B. 结缕草　　C. 黑麦草　　D. 草地早熟禾

5. 草坪草的特征包括（　　）。

A. 生长点低位，并有坚韧叶鞘的多重保护

B. 无刺无毒、无不良气味、叶汁不易挤出

C. 低矮的匍匐型或丛生型生长

D. 能耐修剪和践踏

第四章　草坪草

按草坪草生长的适宜气候条件和地域分布范围可将草坪草分为冷季型草坪草和暖季型草坪草。

第一节　冷季型草坪草

冷季型草坪草最适生长温度 15～25℃，广泛分布于气候冷凉的湿润、半湿润及半干旱地区，某些种类的分布区可延伸至冷暖过渡地带。主要分布于华北、东北和西北等长江以北的北方地区。

一、冷季型草坪草的一般特性

（1）生长速度快，能快速形成均匀一致、致密的草坪。

（2）枝叶繁茂、软硬适度，具有一定的弹性。

（3）返青早，冬季枯黄晚，绿色期长。

（4）大面积草坪建植容易，可播种繁殖或营养繁殖。

（5）耐寒性较强，在夏季不耐炎热，春、秋两季生长旺盛。

（6）喜肥、喜水，需经常修剪，管理较费工。

二、常见冷季型草坪草

目前世界上常用冷季型草坪草大约有二十种。草地早熟禾、多年生黑麦草、高羊茅、翦股颖和细羊茅都是我国北方地区最适宜的冷季型草坪草种。冷季型草坪草耐高温能力差，但某些冷季型草坪草，如高羊茅、匍茎翦股颖和草地早熟禾可在过渡带或暖季型草坪区生长。草地早熟禾和翦股颖能忍耐较低的温度，高羊茅和多年生黑麦草能较好地适应非极端的低温。

图 4-1　草地早熟禾

（引自《现代草坪建植与管理技术》，黄复瑞、刘祖祺，1999）

（一）草地早熟禾（*Poa pratensis* L.）

草地早熟禾（图 4-1）属禾本科早熟禾亚科早熟

禾属多年生草本植物。又名六月禾，肯塔基蓝草。原产欧洲、亚洲北部及非洲北部，后引种到北美洲，现遍及全球温带地区。

1. 植物学特征

多年生草本，自然株高 20～50 cm，须根发达，有细长匍匐根状茎。秆直立，光滑，圆形，压扁或圆筒状，多分蘖。叶片 V 形偏扁平，宽 2～4 mm，柔软，多光滑，两侧平行，顶部为船形，中脉两侧各脉透明，边缘较粗糙，芽中叶片呈折叠状。圆锥花序卵圆形或塔形，长 12～20 cm。种子细小，长约 0.2 cm，千粒重 0.31～0.37 g。花果期 4—8 月。

2. 生态习性

喜冷凉湿润、光照充足的气候，是寒温带、温带广泛利用的优质冷季型草坪草。气温达 5℃时开始生长，在我国北方一般 3 月中旬返青，12 月气温达－2～5℃时进入枯黄期，全年生长期达 240～280 d。最适宜生长温度为 15～27℃。抗寒能力强，－38℃条件下可安全越冬，但高温高湿环境下易感病，也不能抵抗高温干燥气候。根系主要集中于 15～20 cm 土层中。根状茎繁殖迅速，再生力强，耐践踏，耐低修剪。最喜潮湿，排水良好，肥沃，pH5.6～7.0，中等质地的土壤。在酸性贫瘠的土壤上形成的草皮很差，但能忍受潮湿、中等水淹和 pH7.0～8.7 的土壤。

3. 培育要点

可通过根茎繁殖，也可以种子播种繁殖建坪。温暖地区春、夏、秋均可播种，以春、秋两季播种为宜，北方地区春播宜早，秋播更佳。一般播深 1.0～1.5 cm，播种量 10～15 g/m^2，60～75 d 成坪。喜水、肥，应注意适时灌溉和施肥，特别在北方土壤封冻前和春季返青前应各浇一次透水。修剪高度一般为 2.5～5 cm。易形成枯草层，应适时使用打孔、划条和穿刺等方法来去除。对病虫害有一定抗性，但也易染病。

4. 应用

草地早熟禾质地细软，颜色光亮鲜绿，绿期长，具有较好的耐践踏性，是使用最为广泛的冷季型草坪草，广泛用于家庭、公园、医院、学校等公共绿地观赏性草坪以及高尔夫球场、运动场草坪以及对草坪质量要求中等的各种用途草坪，强大根系以及较强的再生能力使它特别适应于运动场和一些过度使用的场地。可以与其他冷季型草坪草混播，如高羊茅和多年生黑麦草等。

（二）高羊茅（*Festuca arundinaces* Schreb.）

高羊茅（图 4-2）属禾本科羊茅亚科羊茅属，又名苇状羊茅，苇状狐茅、高牛尾草。原产欧洲，后又引入北美和南美。

1. 植物学特征

多年生，丛生型。须根系发达、粗壮，入土较深。茎圆形，通常直立，无毛，坚韧而光滑，株高 60～100 cm，基部红色或紫色。叶片扁平，坚硬，宽 5～10 mm，较粗糙；叶脉明显；花序为圆锥花序，长 20～35 mm，直立或下垂，披针形到卵圆形。种子较大，棕褐色，千粒重 1.73～1.85 g。

图 4-2 高羊茅

2. 生态习性

适宜于寒冷潮湿和温暖潮湿过渡地带生长，最适生长温度 15～30℃，由于抗低温性差，在寒冷潮湿气候带的较冷地区，易受低温伤害。对高温有一定抵抗能力，高温下叶子生长受到限制，但仍能暂时保持颜色和外观一致性。是最耐旱和最耐践踏的冷季型草坪草之一，耐阴性中等。适宜生长土壤范围很广，但在肥沃、潮湿、富含有机质的细壤中生长最好，对肥料反应明显。pH 适应范围是 4.7～8.5，最适 pH 为 5.5～7.5。

3. 培育要点

种子直播建坪，种子较大，发芽率高，播种量为 30～40 g/m^2，建坪速度较快。生长势强，易出苗，一般播种后 5～8 d 出苗，45～55 d 成坪。冬季有冻害地区春播比秋播好。植株达到 10～12 cm 时进行修剪，留茬高度为 4～5 cm。在修剪高度小于 3.0 cm 时，不能保持均一的植株密度，故不能用于需低修剪的草坪。在寒冷潮湿地区的较冷地带，高氮水平会使高羊茅更易受低温伤害。根系深，耐旱，但适当浇灌更有利于生长。

4. 应用

适于生长在寒冷潮湿和温暖潮湿的过渡地带，高羊茅具有寿命长、色泽鲜亮、青绿期长以及耐践踏等优点，适应范围广，然而叶片质地比较粗糙的特性使它不能成为高质量草坪草，一般用于运动场、绿地、路旁、小道、机场以及其他中、低质量的草坪。由于建坪快，根系深，耐贫瘠土壤，能有效地用于斜坡防护，也用于高尔夫球场的低养护区。

（三）多年生黑麦草（*Lolium perenne* L.）

多年生黑麦草（图 4-3）属禾本科黑麦草属植物，又名黑麦草、宿根黑麦草。原产于南欧、北非和亚洲西南部。在世界各地的温带地区均有广泛分布，是最早的草坪栽培种之一。

1. 植物学特征

多年生丛生型草本。具有细弱根状茎，须根稠密，主要分布于 15 cm 表土层。质地柔软，密度良好。茎直立，秆丛生，高 30～60 cm，基部倾斜。叶片扁平，狭长，宽 2～6 cm，长 5～12 cm。叶芽对折，叶尖呈尖形，叶的背面光滑发亮，正面叶脉明显，丛生。扁穗状花序直立，微弯曲。种子较大，无芒，千粒重 1.6～1.8 g。

图 4-3　多年生黑麦草

2. 生态习性

喜温暖、湿润、夏季较凉爽的环境。一般认为多年生黑麦草为短命多年生草。最适生长于冬季温和、夏季凉爽潮湿的寒冷潮湿地区，最适生长温度 18～27℃。不耐炎热，气温在 33℃以上时，生长不良，高于 37℃时，生长严重受损，分蘖枝可枯萎或全株死亡。抗寒性也较差，气温低至 8℃时，生长即受阻，－15℃时就会产生冻害，在北京地区越冬率低于 75%，绿色期 250 d 左右。一些改良多年生黑麦草品种抗低温性有所提高。耐部分遮阴，较耐践踏。适应土壤范围广，要求中性偏酸、含肥较多土壤。对土壤耐湿性中到差，耐盐碱性中等。

3. 培育要点

种子直播建坪，播种量 25～35 g/m²，种子较大，发芽率高，建坪快。若与草地早熟禾或高羊茅等混播，其混播比例一般不超过20%。修剪高度为3.8～5.0 cm，不耐低于2.3 cm修剪。喜水肥。

4. 应用

通常用于混播，建立混合草坪，可起到保护作用和提高成坪速度。多年生黑麦草主要与其他草坪草如草地早熟禾混播使用。多年生黑麦草可用于庭院草坪、公园、墓地、高尔夫场球道、高草区，公路旁、机场和其他公用草坪。还可用作快速建坪及暖季型草坪冬季覆播材料。

（四）匍匐翦股颖（*Agrostis stolonifera* L.）

匍匐翦股颖（图4-4）为禾本科羊茅亚科翦股颖属植物，又名匍茎翦股颖、本特草。原产于欧亚大陆。

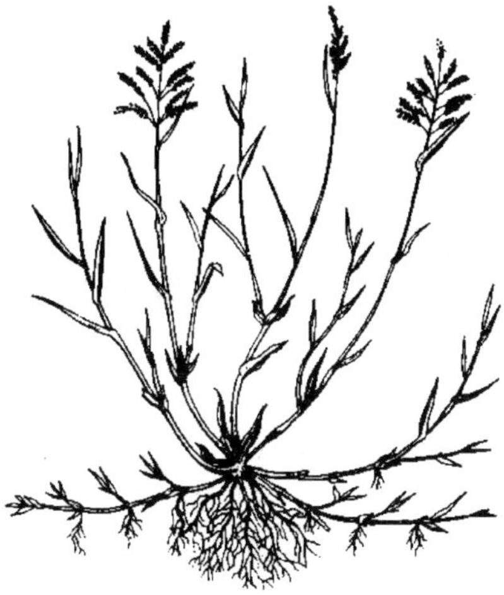

图 4-4 匍匐翦股颖

1. 植物学特征

多年生草本，有发达的匍匐茎，3～6节，长达8 cm，节着生不定根，直立茎基部膝曲或平卧，直立部分高达30～45 cm。叶片线形，长7～9 cm，扁平，宽5 mm，叶片的正面叶脉明显；叶鞘无毛，稍带紫色。圆锥花序开展，卵形，绿紫色，老后呈紫铜色。颖果（种子）长约1 mm，宽0.4 mm，千粒重约0.12 g。

2. 生态习性

干旱、寒冷冬季易失水干枯，需覆盖或经常喷水。春季返青慢，一般能渡过盛夏高温期，但茎和根系可能会严重损伤。一年生根系多，分布相对较浅、较密，匍匐茎横向蔓延能力强，能迅速覆盖地面形成密度较大的草坪。耐低修剪，修剪高度低达3 mm。耐践踏性中等。适宜的排水、浇灌和疾病防治在土壤温度很高时尤其重要。匍匐翦股颖能够忍受部分遮阴，但在光照充足时生长最好。可适应多种土壤，但最适宜于肥沃、中等酸度、保水力好的细壤，最适土壤pH为5.5～6.5。抗盐性和耐淹性较好，对紧实土壤的适应性很差。

3. 培育要点

可通过匍匐茎繁殖建坪，也可用种子直播建坪。因种子非常细小，在播种前，要特别精细地整地，一般播种量为5～8 g/m²。播种可在春、秋两季进行，播种后覆土时，切忌覆土过深。选择匍匐茎栽植时，在我国华北地区4月下旬到9月下旬均可进行。

在修剪高度为1.8 cm或更低时能形成优质的草坪，过高的修剪高度，匍匐生长习性会引起过多枯草层的形成和草坪质量下降。长势与灌溉有很大关系，在干燥、粗质土壤上充分灌溉是非常必要的。

4. 应用

低修剪时，匍匐翦股颖能形成一个细质、植株密度高、均一的高质量草坪，它是高档草坪建植的最佳选择，如高尔夫球场果岭、发球台和球道，保龄球场等。也用于观赏草坪。由于其具有侵占性很强的匍匐茎，故很少与直立生长的冷季型草坪草混播。由于匍匐翦股颖生长快，质地细弱，适于低修剪和精细管理，使得其养护成本极高。

（五）细弱翦股颖（*Agrostis tenuis* Sibth.）

细弱翦股颖（图 4-5）为禾本科羊茅亚科翦股颖属植物，又名洛岛翦股颖。最初生长于欧洲，后来作为草坪草被引种于世界各地的寒冷潮湿地区。

图 4-5　细弱翦股颖

（引自《现代草坪建植与管理技术》，黄复瑞、刘祖祺，1999）

1. 植物学特征

多年生草本，具短根状茎，秆丛生直立，细弱，光滑，高 20～36 cm。叶片窄线形，质厚，长 2～4 cm，宽 1～1.5 mm；圆锥花序近椭圆形，开展。种子细小，千粒重约 0.1 g。

2. 生态习性

喜冷凉湿润气候，抗低温性较好，但不如匍匐翦股颖，春季返青相对慢，耐热和耐旱性较差，冬季色泽好，但夏季气温超过 33℃时，越夏问题突出，如果高温期遇到严重干旱，需注意及时灌溉，否则生长会受到伤害。耐低修剪，能耐受 2～3 cm 修剪，在低刈下产生一个向上、细质、稠密的草坪。再生力强，耐湿。耐阴性一般，不耐践踏。细弱翦股颖适应的土壤范围较广，适应排水良好、沙质、酸性到微酸性的中等肥力的土壤生长。

3. 培育要点

细弱翦股颖主要以种子繁殖，播种前要准备好坪床，因种子细小，应保持良好的墒情。在北方一般为春播，用于高尔夫新建发球台和果领草坪时，播种量为 10～12 g/m^2，球道区为 6～8 g/m^2，在已建成的草坪上补播时，播种量为 2～6 g/m^2。细弱翦股颖出苗和建坪速度快，但再生性较差。为产生一个高质量的草坪，细弱翦股颖需要较高水平的管理，修剪高度一般为 0.75～2 cm。它需要高水平氮。

4. 应用

细弱翦股颖与其他一些冷季型草坪草混播。在高尔夫球场的果岭区常选择它的优良品种作建植材料。也用于高尔夫球道、发球台等高质量的草坪。

（六）紫羊茅（*Festuca rubra* L.）

紫羊茅（图 4-6）属禾本科羊茅亚科羊茅属，又名红狐茅。原产于欧洲、亚洲和北非，广泛分布于世界温带地区。

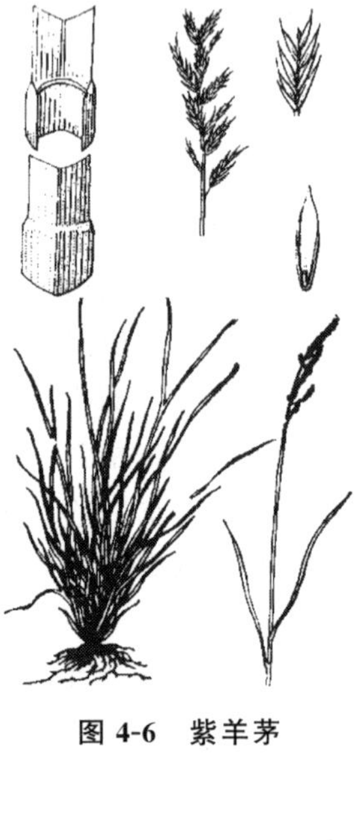

图 4-6　紫羊茅

1. 植物学特征

多年生草本，具短匍匐茎。叶鞘卵圆形至圆形，无毛至被细柔毛，基部红棕色并破碎成纤维状，分蘖的叶鞘闭合；叶片光滑柔软，对折或内卷，宽 1.5～2.0 mm。秆基部斜升或膝曲，红色或紫色。圆锥花序，紧缩，成熟时紫红色。种子细小，千粒重约0.73 g。

2. 生态习性

喜凉爽、湿润气候，抗寒性较强，抗热性差，在北京地区春、秋两季生长良好，但越夏困难，在正常情况下，越夏死亡率达30%～40%。耐阴性比大多数冷季型草坪草强。再生性好，分蘖能力极强，耐践踏和低修剪，修剪后可迅速再生，容易建成稠密而平整的草坪。它能很好地适应于干旱、pH为5.5～6.5的沙壤，不能在水渍地或盐碱地上生长。

3. 培育要点

在春、夏、秋各季均可播种，在寒冷地区春播或夏季播种，在温暖地区，一般以秋播为佳。播后7～9 d可出苗，苗期注意除杂草。只需低水平管理，包括最低水平的氮肥和灌水。修剪高度为2.5～6.3 cm，在遮阴条件下留茬应高一些。极不耐水淹。

4. 应用

由于绿色期长和耐荫蔽，常用于庭园、花坛、公园和疏林观赏草坪。在寒冷潮湿地区，与草地早熟禾混合使用可大大提高草地早熟禾的建坪速度，而在建坪期间，又没有过分的竞争，能够共存。紫羊茅在遮阴处、干燥的沙壤土和管理水平低的地方能够成为优势种。

（七）麦冬［*Ophiopogogon japonicus*（L. f.）Ker-Gawl.］

1. 植物学特征

麦冬（图4-7）是多年生草本植物。根茎细长，匍匐有节，节上有白色鳞片，须根多且较坚韧，微黄色，先端或中部常膨大为肉质块根，呈纺锤形或长椭圆形。叶丛生，狭线形，先端尖，基部绿白色并稍扩大。花茎从叶丛中抽出，比叶短，总状花序，每苞片内着生1～3朵花，花被6，淡紫色，偶有白色。浆果球形，成熟时蓝黑色，种子1粒，球形，蓝绿色或黄褐色。花期7—8月，果期8—10月。

图4-7　麦冬

2. 生态习性

属于一年四季常绿植物，喜阴凉潮湿气候，耐寒，忌强光和高温。在5℃开始生长，30℃可以正常生长，无霜期长。7月见花时，地下块根开始形成，9—10月为发根盛期。对土壤要求疏松肥沃、排水良好、土层深厚的沙质壤土。

3. 培育要点

在寒冷地区春季或夏季栽种，在温暖地区春、夏、秋季均可栽种。栽后浇水3～7 d新栽苗即可恢复，注意除杂草。只需低水平管理，包括最低水平的氮肥和灌水。

4. 应用

根系发达，耐旱，适应性强，可在河坡、路边、树穴、石缝、墙角、花坛边缘、绿篱脚下等处正常生长，具有拓展绿化空间，美化景观，发挥更大生态功能的作用。

（八）崂峪苔草（*Carex giraldiana* Kukenth.）

1. 植物学特征

图 4-8　崂峪苔草

崂峪苔草（图 4-8）是莎草科苔草属多年生常绿草本。株高 20～40 cm，叶色草绿。穗期 5—6 月，穗色黄，6 月种子成熟，熟后自行脱落。绿色期长，3—11 月为旺盛生长期。根状茎木质，匍匐。秆扁三棱形，平滑，基部具淡褐色分裂成纤维状的老叶鞘。叶短于或等长于秆，宽 2～5 mm，边缘粗糙，反卷，淡绿色，稍坚硬。苞片短叶状，具鞘。小穗 3～5 个，彼此远离，顶生 1 个雄性，棒状圆柱形，长 1 cm；侧生小穗雌性，顶端常具雄花，卵形，具 3～5 朵花，长 6～8 mm；小穗柄三棱形。小坚果紧包于果囊中，倒卵形，三棱形，下部棱面凹陷，基部具短柄状；花柱基部膨大，柱头 3 个。花果期 3—5 月。

2. 生态习性

耐阴性强，在浓密的乔、灌木下生长繁茂，形成很好绿色覆盖，但不宜种植于阳光直射处；耐寒，耐旱性强，能有效保持水土；耐瘠薄、无病虫害、适于粗放管理；但耐践踏性较差。在全光照条件下叶色会变黄。

3. 培育要点

可用种子播种，分根繁殖、草皮进行草坪建植。直播一般在晚春初夏进行，播种后应保持土壤湿润。

4. 应用

崂峪苔草草叶修长，向四周下垂，外形美观。可广植于乔灌木之下、建筑物背阴处以及花境、花坛的边缘，或护坡。

第二节　暖季型草坪草

暖季型草坪草在我国主要分布在长江以南地区，在黄河流域冬季不出现极端低温的地区也种植有暖季型草坪草中的个别种，像野牛草、狗牙根、结缕草等。暖季型草坪草生长的最适温度范围是 25～32℃，当温度在 10℃以下出现休眠状态。

一、暖季型草坪草的一般特性

（1）生长低矮、耐低修剪、耐旱、耐热、耐践踏，但它们抗寒能力较差，在低温下容易枯黄褪色。

（2）均具相当强的长势和竞争力，群落一旦形成，其他草很难侵入。

（3）暖季型草坪草多单播，混播草坪很少。

（4）仅有少数种可以获得种子，主要以营养繁殖方式进行草坪的建植。

二、常见暖季型草坪草

（一）普通狗牙根［*Cynodon dactylon*（L.）Rers］

普通狗牙根（图 4-9）属禾本科画眉草亚科狗牙根属，本属约 10 个种，分布于欧洲、亚洲的亚热带及热带。普通狗牙根又名百慕大草、绊根草、爬根草、行义芝、地板根，广泛分布于温带地区。

1. 植物学特征

多年生。植株低矮，生活力强，具有根茎和匍匐茎，匍匐茎的节间长度因品种不同有所变化，分蘖1～5 节，秆平卧部分长达 1 m，节处着地均可生根和分枝，故称“爬根草”。上部茎直立，光滑，细硬，高 10～30 cm。叶扁平线条状，长 3.8～8 cm，宽 1～2 cm，先端渐尖，边缘有细齿，叶色浓绿。芽中叶片折叠，叶舌纤毛状。由于种和品种的差异，叶片质地有粗有细。穗状花序，种子成熟易脱落，具一定的自播能力，千粒重 0.23～0.28 g。

图 4-9　狗牙根

2. 生态习性

喜温暖湿润气候，喜光、耐热，可耐受 43℃高温，但在夏季遇到干旱、炎热天气，容易出现成片匍匐茎嫩尖枯萎现象。不耐寒，易遭受雪霜冻害。在日均温 24℃以上时生长最好；当气温下降到 6～9℃时，生长缓慢；－4～－2℃时，地表上的茎叶枯黄。狗牙根的适应性、生长势和扩展性强，有一定的抗旱、耐践踏能力。耐阴性很差。夏季修剪次数少，耐粗放管理。狗牙根适应的土壤范围很广，但最适于生长在排水较好、肥沃、较细的土壤上。狗牙根要求土壤 pH 为 5.5～7.5。它较耐淹，水淹下生长变慢；耐盐碱性较好。

3. 培育要点

用种子直播、分根繁殖、草皮进行草坪建植。直播一般在晚春初夏进行，播种后应保持土壤湿润。播种量为 10～12 g/m^2，种后 10～14 d 出苗。由于根系较浅，夏季干旱时应注意浇水，冬季草根部应增施薄肥覆盖。匍匐生长习性，决定了相对较少的修剪次数，适宜的修剪高度为 1.5～2.5 cm。夏季修剪次数较少，修剪高度高于 3.8 cm 会使植株直立，茎干生长，引起芜枝层的形成。由于生长快，易结芜枝层。

4. 应用

可以单独使用，也可以与其他暖季型及冷季型草坪草种混合，用于游憩草坪、运动场及高尔夫球场草坪。该草耐践踏性好，再生能力极强，故经球赛践踏的草坪，如能在球赛的当晚立即灌水，1～2 d 后即可复苏。如果能及时施用氮肥，很快便又能茂盛生长，继续使用。狗牙根覆盖力强，也是很好的堤坝护坡草坪。

（二）结缕草（*Zoysia japonica* Steud.）

结缕草（图 4-10）属禾本科画眉草亚科结缕草属。结缕草属分布于非洲、亚洲和大洋洲的热带和亚热带地区。结缕草又名日本结缕草、锥子草、老虎皮草、崂山青，原产于亚洲东南部，主要分布于中国、朝鲜和日本的温暖地带。我国有5个种和变种。有结缕草、细叶结缕草（天鹅绒草）、沟叶结缕草、中华结缕草和大穗结缕草。

1. 植物学特征

多年生草本，须根一般可深入土层30 cm以上，最深可达60 cm，属深根植物。植株直立，茎高12～15 cm。具细长而坚硬的根状茎和发达的匍匐枝，须根细弱。茎叶密集，茎节上产生不定根。幼叶卷曲形，成熟的叶片革质，表面疏生柔毛，背面近无毛。总状花序呈穗状；小穗柄通常弯曲，长可达5 mm；小穗卵形，淡黄绿色或带紫褐色。种子成熟后易脱落，种子表面附有蜡质保护物，不易发芽，播种前需对种子进行处理以提高发芽率。

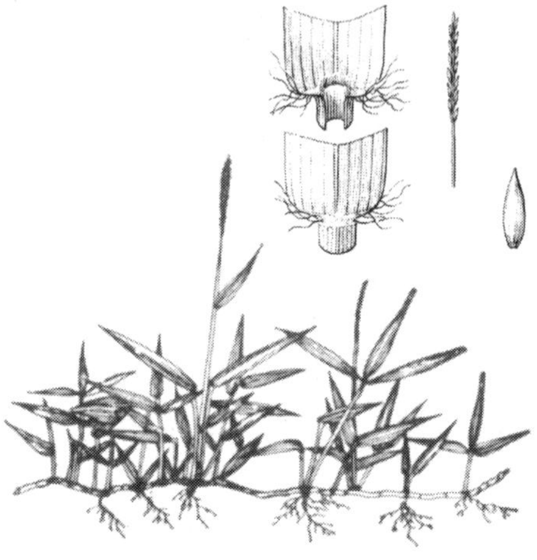

图4-10　结缕草

2. 生态习性

喜温暖湿润气候条件，广泛用于温暖潮湿、温暖半干旱和过渡地带，在暖季型草坪草中属于抗寒能力较强的种，低温保绿性比大多数暖季型草坪草强，在－20℃左右能安全越冬。气温20～25℃生长最盛，30～32℃生长速度减弱，36℃以上生长缓慢或停止生长，但极少出现夏枯现象，在10～12℃时开始褪色，冬季休眠。绿期较短，长江以南有260 d，华北和东北南部地区只有180 d左右。

它靠强大的匍匐茎和根茎蔓生，形成致密的草坪，抗杂草侵入。抗旱性和抗热性极好，虽然较耐寒，但它不能在夏季短或太冷的地方生存。耐阴性好。由于结缕草有强大的根茎，粗糙、坚硬的叶子，故很耐践踏，耐修剪，病害较少。适应土壤范围广，耐盐。最适于生长在排水好、较细、肥沃、pH为6～7的土壤上。不适应排水不好、水渍的土壤条件。

3. 培育要点

所有结缕草的栽培种均可靠短枝、草皮建坪，在生长季内均可进行，成行栽种，行距5～20 cm。结缕草所生产的种子数目不多，且硬实率高，为避免发芽率低，需对种子进行处理，可采用湿沙层积催芽，可用5%氢氧化钠溶液浸种催芽。土壤温度达到20℃以上时适宜播种，播种量15～25 g/m^2，播深0.5～1.0 cm。一般10～25 d可出苗，由于植株尤其是侧枝生长缓慢，结缕草建坪速度很慢，约需2个月。修剪高度为1.3～2.5 cm。由于低矮、匍匐的生长习性，耐低修剪。需水量和需肥量较少。

4. 应用

在适宜的土壤和气候条件下，结缕草形成致密、整齐的优质草坪。结缕草贴地而生，植株低矮，且又坚韧耐磨、耐践踏，具有良好的弹性，广泛用于温暖潮湿和过渡地带的园林绿地、庭园草坪、操场、运动场和高尔夫球场、发球台、球道及机场等。由于结缕草具有极好的弹性和管理粗放的特点，是较理想的运动场草坪草和较好的固土护坡草种。

（三）细叶结缕草（*Zoysia tenuifolia* Willd. ex Trin.）

细叶结缕草（图4-11）又名天鹅绒草、朝鲜芒草、台湾草等。禾本科，结缕草属。主要分布于日本及朝鲜南部地区，早年引入我国，目前已在黄河流域以南等地区广泛种植，是我国栽培较广的细叶型草坪草种。

1. 植物学特征

多年生禾本科草本植物。通常呈丛状密集生长，高10～15 cm，茎秆直立纤细。具地下茎和匍匐茎，秆纤细，节间短，节上产生不定根。须根多浅生。叶片丝状内卷，长2～6 cm，宽0.5 mm。总状花序顶生，穗轴短于叶片，故常被叶所覆盖。花果期6—7月份，花期短。花穗长1 cm，宽1.5 mm，小穗具1朵花，穗状排列。种子小，成熟时易子脱落，采收困难。

图 4-11 细叶结缕草

（引自《现代草坪建植与管理技术》，黄复瑞、刘祖祺，1999）

2. 生态习性

该草喜光，不耐阴，耐湿，耐寒力较日本结缕草差。细叶结缕草与杂草竞争力极强，夏秋生长茂盛，油绿色，能形成单一草坪，且在华南地区夏、冬季不枯黄。

3. 培育要点

该草因种子采收困难，目前各地多采用营养繁殖。采用匍匐茎或分栽繁殖。该草新建的草坪，叶丛平整又密集，似天鹅绒一般十分美丽，但三四年后，草丛逐渐出现馒头状突起，不仅绿期短，有时叶尖枯焦，或因积水发生病害，影响观赏效果。必须定期修剪，以控制草坪高度，并可防止出现球状凸起。在土壤因出现板结而通气不良时，应采用打孔等办法进行通气，使草坪更新复壮。

4. 应用

该草色泽嫩绿，草丛密集，杂草少，外观平整美观，具有良好的弹性，易形成草皮，耐践踏，可用于园林绿地、医院、学校、宾馆、工厂等草坪。也可植于堤坡、水池边、假山石缝等处，固土护坡和保持水土。

（四）马尼拉草［*Zoysia matrella*（L.）Merr.］

马尼拉草（图4-12）又名沟叶结缕草、半细叶结缕草、马尼拉结缕草等俗称台北草、菲律宾草、马尼拉芝、半细叶结缕草。广泛分布于亚洲、大洋洲的热带和亚热带地区，中国福建、广东、广西等地有野生种群。

图 4-12 马尼拉草

1. 植物学特征

马尼拉草属于禾本科多年生草本植物。具横走根茎，须根细弱。秆直立，高12～20 cm，基部节间短，每节具一至数个分枝。叶鞘长于节间，除鞘口具长柔毛外，余无毛；叶舌短而不明显，顶端撕裂为短柔毛；叶片质硬，内卷，上面具沟，无毛，长可达3 cm，宽1～2 cm，顶端尖锐。总状花序呈细柱形，长2～3 cm，宽约2 mm；卵状披针形，黄褐色或略带紫褐色；花期7月。

2. 生态习性

马尼拉草喜温暖、湿润环境，草层茂密，分蘖力强，覆盖度大，抗干旱、耐瘠薄；适宜在深厚肥沃、排水良好的土壤中生长病虫害少，略耐践踏。

3. 培育要点

马尼拉草可使用种子直播方法建坪，也可以利用营养体繁殖，再分株栽植或铺草皮建坪。因果穗稀少，种子成熟后易于脱落，很难采收到大量繁殖用的种子。实际建坪应用中，铺草皮方式最常见。

4. 应用

马尼拉草生长缓慢，具有较高的观赏价值。因匍匐生长特性、较强竞争能力及适度耐践踏性，可广泛用于铺建庭院绿地、公共绿地及固土护坡场合，是中国西南地区常用暖季型草坪草种。

（五）野牛草［*Buchloe dactyloides*（Nutt.）Engelm.］

野牛草（图 4-13）属禾本科画眉草亚科野牛草属（Buchloë Engelm.）。原产美洲，本属仅有 1 种即野牛草，我国有引种。野牛草生长于北美大平原，半干旱、半潮湿地区。

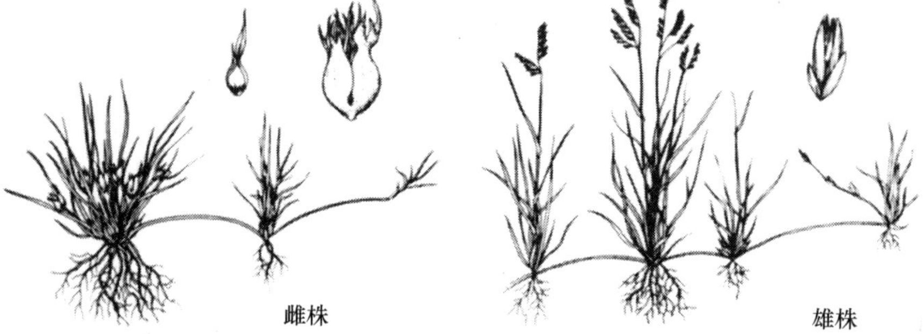

图 4-13　野牛草

1. 植物学特征

多年生草本，具匍匐茎，植株纤细。叶片不舒展，有卷曲变形表现，两面均疏生细小柔毛，粗糙，叶色呈灰绿色。幼叶卷叠式，叶鞘疏生柔毛；叶舌短小，具细柔毛；无叶耳；叶环宽，生有长绒毛。雌雄同株或异株，雄花序有 2～3 枚总状排列的穗状花序，长 5～15 mm，宽约 5 mm，草黄色；雌花序常呈头状，长 6～9 mm，宽 3～4 mm。

2. 生态习性

野牛草适于生长在过渡地带、温暖半干旱和温暖半湿润地区。极耐热，与大多数暖季型草坪草相比，具有耐寒的特性，低温保绿性较好。在北京地区，返青较晚，枯黄早，绿期较短，只有 180～190 d。野牛草的强抗旱性是它最突出的特征之一，能够在年降水量为 256～266 mm 的地区生长良好。野牛草适宜的土壤范围较广。它耐碱，不耐阴。

3. 培育要点

通过营养体或种子直播建坪。由于种子缺乏和昂贵，故常采用分株繁殖或匍匐茎埋压繁殖。由于垂直生长慢，故修剪间隔略长，全年修剪 3～5 次，修剪高度为 2～5 cm。野牛草植株稠密，需肥和需水量都较小，氮肥需要量为每个生长月 0.5～2 g/m^2。很少结枯草层。

4. 应用

野牛草最适合用于温暖和过渡地区的半干旱、半潮湿地带的公园、墓地、运动场、路边和体育场，是管理最为粗放的一种草坪草，非常适宜作固土护坡材料。

（六）假俭草［*E. ophiuroides*（Munro）Hack.］

假俭草（图 4-14）又名蜈蚣草、苏州草。禾本科，蜈蚣草属。原产于中国南部亚热带地区，主要分布于长江流域以南各省区。

图 4-14　假俭草

（引自《现代草坪建植与管理技术》，黄复瑞、刘祖祺，1999）

1. 植物学特征

多年生草本植物。植株低矮，高 10～15 cm，茎秆自基部直立，具有贴地生长的匍匐茎。叶片长 2～5 cm，革质，先端略钝，宽 1.5～3 mm；生于花茎上的叶多退化，顶部叶片常退化成一小尖头着生于叶鞘上；秋冬抽穗开花，总状花序，花穗绿色，微带棕紫色，直立或略弯曲，具长柄，穗长 4～6 cm，单生于枝顶；小穗具短柄，紧贴于穗轴，长约 4 mm；种子入冬前成熟。

2. 生态习性

喜光、耐旱、适宜低矮修剪，较细叶结缕草耐阴湿，不耐践踏，需肥量少，是一种最耐粗放管理的草坪草。对土壤要求不严，在排水良好、土层深厚而肥沃的土壤上生长茂盛。

3. 培育要点

可用种子直播或无性繁殖建坪。目前我国各地仍习惯于采用移植草块和埋植匍匐茎的方法进行草坪建植，一般 1 m^2 草皮可建成 6～8 m^2 草坪。假俭草养护管理的重点是修剪、施肥和镇压。生长旺季可修剪 2～3 次，修剪高度为 3～6 cm，可使草坪保持平整而有弹性。入冬施基肥 1 次，夏秋增施适量混合肥 2～3 次，以增加绿色。在干旱季节需要灌溉。

4. 应用

该草是我国南方栽培较早的优良草坪草种之一。由于株体低矮，茎叶密集，平整美观，绿期长，且具有抗二氧化硫等有害气体及吸附尘埃的功能；因而被广泛用于庭园草坪，并与其他草坪植物混合铺设运动场草坪，同时也是优良的堤坝护坡植物。

（七）地毯草［*A. compresus*（Swartz）Beaduv.］

地毯草（图 4-15）又名大叶油草。禾本科，地毯草属。原产南美洲。

图 4-15　地毯草

（引自《现代草坪建植与管理技术》，黄复瑞、刘祖祺，1999）

1. 植物学特征

多年生草本植物，具匍匐茎。茎秆扁平，节上密生灰白色柔毛，高 8～30 cm。叶片柔软，翠绿色，短而钝，长 4～6 cm，宽 8 mm 左右；穗状花序长 4～6 cm，小穗长 2～2.5 mm，排列于三角形穗轴的一侧。

2. 生态习性

该草适于热带和亚热带气候，喜光，也较耐阴。再生力强，亦耐践踏。对土壤要求不严。由于匍匐茎蔓延迅速，每节均能产生不定根和分蘖新枝，因此侵占力强。此草耐寒性较差，易受霜冻，春季返青早且速度快。

3. 培育要点

该草结实率和萌发率均高，可用种子直播方法建植草坪。也可进行无性繁殖，即在温暖湿润的春夏期间，切取匍匐茎或草块埋植土中，即可生长发芽。条植行距 15 cm，经 70～75 d，覆盖度可达 100%。

4. 应用

在华南地区，为优良的固土护坡植物。可用作公路两侧的草坪。由于该草低矮，耐践踏，较耐阴，在广州常用它铺设草坪和与其他草种混合铺运动场。在成都用它作公共绿地草坪。

单元作业

1. 请说出 5 种常用的冷季型草坪草。
2. 请说出 5 种常用的暖季型草坪草。

单元测验

一、单选题

1. 暖季型草坪草的最适生长温度为（　　）。
   A. 5～10℃　　B. 25～32℃　　C. 15～25℃　　D. 10～15℃
2. 冷季型草坪草的最适生长温度为（　　）。
   A. 15～25℃　　B. 25～32℃　　C. 10～15℃　　D. 5～10℃
3. 匍匐翦股颖适合用作高尔夫球场（　　）的草坪。
   A. 发球台　　B. 果岭　　C. 球道　　D. 高草区
4. 在冷季型草坪草中最能忍受频繁低修剪的草坪草是（　　）。
   A. 高羊茅　　B. 匍匐翦股颖　　C. 多年生黑麦草　　D. 草地早熟禾
5. 在暖季型草坪草中最耐干旱的草坪草是（　　）。
   A. 野牛草　　B. 天鹅绒草　　C. 结缕草　　D. 狗牙根

二、多选题

1. 草地早熟禾主要形态特征为（　　）。
   A. 叶片扁平或对折　　B. 叶尖为船形
   C. 有细长匍匐根状茎　　D. 圆锥花序卵圆形

2. 高羊茅主要形态特征为（　　）。
   A. 丛生型，须根系发达，粗壮，入土较深
   B. 叶片扁平，坚硬，较粗糙；叶脉明显
   C. 圆锥花序
   D. 基部红色或紫色
3. 匍匐翦股颖主要形态特征为（　　）。
   A. 有发达的匍匐茎
   B. 叶片扁平、叶尖为船形
   C. 圆锥花序开展
   D. 叶鞘无毛，稍带紫色
4. 普通狗牙根主要形态特征为（　　）。
   A. 丛生，分蘖力强
   B. 叶扁平线条状，先端渐尖，边缘有细齿
   C. 具有根茎和匍匐茎，节处着地均可生根和分枝
   D. 穗状花序，种子成熟易脱落
5. 结缕草主要形态特征为（　　）。
   A. 具细长而坚硬的根状茎和发达的匍匐枝
   B. 成熟的叶片革质，表面疏生柔毛，背面近无毛
   C. 总状花序呈穗状
   D. 种子表面附有蜡质保护物，不易发芽

第五章　草坪建植

第一节　坪 床 准 备

草坪草生长的外界条件包括气候条件和坪床条件，气候条件是不可改变的，因此，坪床条件的好坏将直接影响草坪草的生长发育状况，从这方面说，它是建坪是否成功的关键。坪床准备工作主要包括场地的清理、翻耕平整、基肥与有机质和石灰的施用、土壤的改良、排灌设施的安装等。如果场地整理完后，遇恶劣天气或其他原因而推迟草坪繁殖，在草坪繁殖前还需对坪床土表做适当的处理，即播前处理。

一、地面清理

主要是尽量清除或减少影响草坪建植和草坪草良好生长的障碍物，如树木、灌丛的清挖，石块、瓦砾等建筑垃圾的清除，田间杂草的防除等。

（一）树木清理

树木包括乔木、灌木以及倒木、树桩和树根。对于乔木或灌木，可以完全或选择性地移走，树桩及树根则应用推土机等挖除，避免残体腐烂后形成洼地，破坏草坪的一致性。

木本植物包括那些活着的乔木、灌木和那些虽然地上部分已经死掉，但仍留在土壤表面的树桩、树根等。对于仍在生长的乔木、灌木，根据景点需要和功能要求适当留下一些，多余的不符合要求的则需进行移栽或将无用的连根拔除，而对于地上部分已死掉的那些仍残留在土壤表面的树桩、树根等则必须全部挖除，以免其在未腐烂时影响草坪草的生长发育，而其在地下腐烂后又会使坪床形成洼地，破坏草坪，还可能引发病害的滋生。

（二）岩石和瓦砾的清理

除去岩石和瓦砾是清理坪床的主要工作，通常应去除坪床面以下不少于 60 cm 内的大石砾、30 cm 内的小石块和瓦砾，并用土填平，否则将形成水分供给能力不均匀现象。

现代草坪绿地的建植多是在建筑工程施工完成之后才开始进行，因此，建坪时的石块、砖块、水泥块、瓦砾等建筑垃圾的清除是必不可少的。对于比较严重的建筑垃圾，如石块、瓦砾太多或太大，必须进行一定深度的挖方和填方，清除的石块可埋于地下 60 cm 处（当然，此处不能栽植高大的乔木），并用土填平，太多了则需移出坪床。一般应清除土壤表层以下 15～20 cm 深的石块和瓦砾，以利于草坪草的生长，避免杂草的入侵。

（三）杂草防治

杂草防除是建坪前坪床清理的一项重要工作，种植前杂草的数量和品种将直接影响和决定草坪建植后的杂草的数量和品种。因此，在草坪繁殖前要尽量将田间杂草去除干净，特别是坪床上难以防除的多年生杂草和莎草科杂草对新建草坪的危害特别严重。杂草的防除可用物理方法，也可用化学药剂处理。

1. 物理防除

指用人工或机械来去除杂草。如拖拉机牵引的圆盘耙、手耙、锄头等，在翻挖土壤的同时清除杂草。

2. 化学防除

指用化学药剂杀灭杂草，常用的化学药剂主要是非选择性除草剂和土壤熏杀剂。除草剂在田间杂草长到 8～10 cm 时施用效果最佳，施用 3～7 d 后即可开始进行土壤耕作，以便于杂草对药剂的吸收和向地下器官的传输。土壤熏蒸剂是将具有高挥发性的农药施入土壤，从而杀死杂草种子的活力或抑制杂草种子的发芽和其营养繁殖体的繁殖，也能杀死土壤中有害的物质，该法效果较好，但其过程烦琐，所需费用比较昂贵，且其要求土壤湿度均匀，土壤温度不低于 15℃，土壤表面还须覆盖薄膜。因此，此法要求有一定的技术难度，使用较少（表 5-1）。

表 5-1　常用于坪床的除草剂和熏蒸剂

类别	名称	特性
除草剂	草甘膦	灭生性内吸型除草剂，施用后 7～10 d 见效，对未修剪和刈割的植物效果最佳，杀灭有根茎的杂草效果较好。施用量为 0.25～0.5 g/m^2，用药后 3～7 d 可播种。
	克芜踪	灭生性触杀型除草剂，施用后 1～3 d 见效，可杀灭植物的地上部分，但对根茎无效。施用量为 0.08～0.12 g/m^2，用药后 1～3 d 可播种。土壤中无残留。
	茅草枯	对禾本科杂草如白茅、香附子、狗牙根、毛花雀稗等效果较好。在禾草生长期每隔 4～5 周施用 1 次。
熏蒸剂	必速灭	颗粒土壤熏蒸剂，在土壤湿度 60%～70%、土壤温度 10℃以上时，消毒最好。将土壤整细整平，用 15 g/m^2 的必速灭撒在土壤中，拌匀，浇透水后覆盖薄膜，3～6 d 后揭膜，再过 3～10 d 播种，此间翻动 1～2 次。
	威百亩	液体土壤熏蒸剂，施用前保持土壤湿润。施用量为有效成分计 2.5～4 g/m^2，施用后 2～3 周方可播种。

对于特别难以一次性清除的杂草，如匍匐冰草、革命草等靠根茎繁殖的杂草，用物理方法或化学药剂都较难防除，通常可采用土壤休闲法防除，休闲是指在夏季坪床不种植任何植物，且定期地进行耙锄作业，以杀死杂草可能生长出来的营养繁殖器官。休闲期越长，杂草清除得就越彻底。

（四）土壤消毒

用熏杀剂进行土壤熏蒸，将高挥发性的农药施入土壤，以杀伤和抑制杂草种子、营养繁殖体、致病有机体、线虫和其他可能引起麻烦的生物有机体等，还可用喷淋法。

二、坪床的翻耕、平整

坪床的翻耕、平整工作主要是为草坪草的生长提供一个疏松、透气的土壤层，提高土壤的持水能力，减少草坪草根系向下生长的阻力，如同农作物耕作一样将表土挖松、耙细。面积较小时，可人工挖或用耕机耕作，但当面积较大时，须进行机械犁耕、圆盘犁耕和耙地等一系列机械操作。当然，耕作时须土壤含水量适中，即土壤湿度适合耕作，以免土壤太湿时易形成泥条，而太干了则不易破碎，从而不能很好地形成适宜植物生长的土壤颗粒。

（一）坪床的翻耕

翻耕的目的是改善土壤的通透性，提高持水能力，减少根系刺入土壤的阻力，增强抗侵蚀和践踏的表面稳定性，翻耕包括犁地和耙地两个步骤。机械翻耕包括犁耕、圆盘犁耕和耙地三个步骤。首先对坪床进行犁耕，使下层土壤松散，但犁的表面不平，常带有犁沟和垄，因此，须对坪床进行圆盘犁耕，这样就能将翻动的下层土壤破碎，从而让表层土与下层土充分混合，以改善土壤结构，平整坪床。如果犁耕后有机残留物埋于土中，在工期允许的前提下，可等其腐烂分解后再行圆盘犁耕。当然，也可拣除这些有机残留物，犁耕后直接圆盘犁耕，从而缩短工期。圆盘犁耕也可用在夏季休闲地去除杂草。耙地则在上述两项工作完成后立即进行，也可等有机残留物分解完后才进行，主要用于平整犁耕和圆盘犁耕留下的沟和垄。

（二）坪床的平整

坪床的平整分两步，第一步是如果有必要，如自然式草坪，需将坪床整成有一定高差的高低起伏的地面，又叫粗整。第二步，则是对第一步后的坪床进行细致的平整，让坪床表面均匀一致，不积水，不形成陡坡等，又叫细整。

1. 粗整

粗整最重要的工作就是挖填方，挖方用于堆起自然山形，填方则用于填于坪床低洼的地方。当然，挖填方后土壤必定会有一定的沉降（视土质不同其沉降大小不等），细土通常下沉 15%（即每米下沉 15 cm 左右），因此，有条件的可每填 30 cm 即行镇压 1 次，也可让填方超过设计高度，让其自然沉降。为了保证土壤的养分储存，挖填方时要尽量保证形成后的坪床表面有 12～15 cm 厚的表层土（即熟土）。

在对坪床进行粗整时，结合挖方填方一起考虑坪床的排水问题，通常地表排水适宜的坡度为 2%，即每米直线距离下降 2 cm，坡向朝向排水沟。若四周均能排水的地面，则设计成中间高、四周低的坪床。在建筑物附近，坡度则应是远离房屋的。总之，要根据具体的地形地势来设计排水方式。

床面的等高处理：通常是挖掉突出和填平低洼部分。

做好地表排水坡度：一般表面排水适宜的坡度约为 2%。

2. 细整

用于平滑地表为种植准备的操作。小面积坪床可用人工平整，大面积坪床则用圆盘耙平整。

细整是在粗整的基础上进一步平整坪床，如果需要紧跟着进行草坪繁殖，可连同草坪基肥、有机质等土壤改良剂一同施入土壤后进行细整，可以人工耙地，也可用机具耙平。在细整前一定要让土壤充分沉降，以免草坪繁殖后出现高低不平的坪床，从而给草坪的养护带来一定的难度，细整也必须在土壤湿度适宜时进行，从而能形成理想的土壤颗粒。

对于有地形起伏的坪床，细整一定要防止陡坡的形成，以避免给养护管理带来困难。如的确不可避免，可修筑阻墙来限制草坪的坡度。

三、土壤改良

理想的草坪坪床土壤应是土层深厚、排水性良好、pH 在 5.5～6.5、结构适中的能供草坪草良好生长和草坪功能发挥的土壤，但建坪的土壤可能一般都不全具有这种特性。因此，必要时须对土壤进行改良，以创造 15～20 cm 深的疏松肥沃的土壤供植物根系良好生长发育。

改良的方法是在土壤中加入腐熟的有机肥或泥炭等改良剂，以调节土壤的通透性及保水、保肥能力。

一般草坪草在壤土上能生长良好，而在沙土和黏重土上则生长不良，因此，对草坪坪床土壤进行改良的措施主要就是向土壤中加入改良剂（在沙土中掺入黏土，在黏土中掺入沙土）。用有机质改良是最好的办法，使用最广泛的改良剂是泥炭，施用量一般以 5 kg/m^2 或覆盖 5 cm 厚为宜，施泥炭在细质土中能减少土壤的黏性，促进土壤颗粒的形成，而施在粗质土中，也能提高土壤的持水能力和养分保持能力，同时，草坪成坪后还可改善草坪的回弹力。其他还有一些土壤改良剂，如秸秆或锯屑，它们腐烂分解后也能起到改良土壤的作用。近年来，应用土壤保水剂也能起到很好的保水、改土作用。但有些土壤改良剂有可能会对土壤的某一方面产生副作用。因此，若需大面积改良土壤，建议向有关专家和科研人员咨询后慎重实施。

对于在建筑工地上直接建植草坪，一般是清除了大量的建筑垃圾后，先铺一层有效的表土层，直到符合要求的土壤表面大致形成为止，再将松软的表土层加厚到 20～25 cm，以满足草坪草根系生长所需。这一过程完全是由其他田园土更换坪床的土壤，同具有特殊要求的草坪，如高尔夫果岭草坪和足球场草坪一样，所换的土也可按需要由特殊土壤混合制备而成。

四、排灌系统设置

水分是草坪草正常生长所必需的物质之一，过犹不及，必须适中。因此，排灌系统的安装对草坪的养护管理非常重要，其准备工作和设施的安装一般在场地粗整之后即开始进行。对于要预埋管道的，为安全和保险起见，可分段进行。一般而言，我国东南部地区以排水为主，而西北部地区以灌水为主。

（一）排水类型

排水类型可分为两类，即地表排水和非地表排水。地表排水可将草坪草根部多余的水分迅速排出；非地表排水的目的是排除土壤深层过多的水分。

1. 地表排水

（1）利用地形或坡度排水　一般公共绿地或较小的绿地，采用地表排水即可达到排水目的。通常使坪床表面保持0.5%～5%的坡度进行排水。如围绕建筑物的草坪，从建筑物到草坪的边缘，视地势，做成1%～5%的自然坡度；足球场等运动场地也应保持0.5%～1%的自然坡度。

（2）明沟排水　对地形较为复杂的坪床，则可根据地形的变化、地势的走向，在一定位置开挖不太明显的沟，或明暗结合的沟，以排出局部的积水。

（3）改良土质　草坪土壤一般以沙壤土为好，因为该土壤既具有良好的排水性，又具有较强的保水性。在草坪建植与养护实践中，常通过掺沙、增施有机肥等措施来增加土壤的通透性，以利于土壤的排水。对板结的土壤，可通过打孔、垂直修剪等措施，来保持草坪土壤的通透性，有利于土壤排水。

2. 非地表排水

（1）暗管排水、鼠道排水　是在地表下挖一些必要的底沟，以排除地下多余的水分。一般城市绿化草坪、运动场草坪，都应设置地下排水系统。（要求特性：强度高，防水性好。）

（2）暗沟排水　这是一种用地下管道与土壤相结合的排水方式。地下水可通过土壤、石头到暗管，最终流到主管排出场地外。排水管的排布常采用网格状、人字形（主干管与支管的连接呈45°左右）或其他形式放置于水的走势位置。排水管放置的深度，依地形地貌、主干管深度、是否有盐碱等因素而定。一般应铺设在草坪下40～90 cm深处，在沿海地区或半干旱地区，因地下水可能造成表土返盐，排水管深可达2 m。排水管的间距5～20 m。常用的排水管有水泥管和陶管，现在广泛应用的是穿孔的塑料管。在排水管放置时，应在其周围放置一些砾石，以防止细土堵塞管道。

（3）盲沟排水　在运动场地上，为使水分迅速排出场地，在种植草坪前，常在场地内，按一定格式，设置盲沟。盲沟的规格是，挖深50～60 cm、宽10～15 cm，沟间距2～3 m，沟底填10～15 cm厚的砾石，其上填10 cm左右厚的细石，细石上覆5～10 cm的粗沙，粗沙上再覆5 cm左右的细沙，最后覆25 cm左右的土壤。

（二）灌溉方式

1. 地面灌溉

（1）人工浇灌　主要是用软管的方式浇水。其水源是用自来水，或是用动力在自然水源中抽水引入坪床。

（2）地面漫灌　主要是用引水或动力抽水等方式，将水引入坪床，进行地面漫灌。地面漫灌的缺点是会使土壤板结，影响草坪草的生长。

2. 喷灌系统

草坪喷灌应用较多，尤其是景观草坪、运动草坪已基本采用。喷灌的形式有三个基本类型，即固定式喷灌系统、半固定式喷灌系统、移动式喷灌系统。

五、施肥和施石灰

（一）施肥

指施基肥，通常施用高磷、高钾、低氮的复合肥。

在土壤肥料不足时，施入一定量的基肥减轻了以后草坪管理的难度。足够的养分是草坪草良好生长的保证，基肥主要是磷肥和钾肥，在土壤有特别需要时也可施入其他的大量元素和微量元素，氮肥在最后一次平整前施用，而且不宜施用过深，以有利于幼苗根系的吸收和防止随水土流失。施肥量可根据土壤测定结果按实际需要来施用，尽量避免施用过多对草坪草造成损伤或造成肥料的浪费。一般每 100 m^2 的土壤表面施 23～45 kg 的复合肥料（N∶P∶K＝1∶2∶1）和 230～450 kg 的有机质，如果施用的肥料中有一部分是缓释性肥料，其用量可加大。

（二）施石灰

根据土壤测定结果，对酸性较强的土壤，可预先在耕作层上施足石灰粉，进行土壤酸碱性的改良。

如果在土壤 pH 不适合所选的草坪草生长发育时，就需要对坪床土壤进行酸碱度改良（表5-2、表 5-3），一般在施基肥的同时可随同施入石灰粉。石灰粉也可在逐年的草坪管理中连同追肥一起施用，以改善逐渐变化的土壤 pH。石灰一般要充分混合到根系可能生长到的地方。

表 5-2　提高 pH 到 6.5 所需的石灰的量　　kg/100 m^2

原土的 pH	沙土	沙壤土	壤土	粉壤土	黏壤土与黏土
4.0	29.3	56.2	78.6	94.2	112.3
4.5	24.9	46.8	64.9	78.6	94.2
5.0	20.0	38.1	51.8	63.0	74.2
5.5	13.7	29.3	38.1	44.9	51.8
6.0	6.9	15.6	20.0	24.9	26.8

表 5-3　降低 pH 到 6.5 所需的硫元素的量　　kg/100 m^2

原土的 pH	沙土	沙壤土	壤土	粉壤土	黏壤土与黏土
8.5	22.5	24.9	27.9	30.8	33.7
8.0	13.7	15.2	16.6	19.5	22.5
7.5	5.3	6.9	8.8	9.8	11.2
7.0	1.0	1.1	1.9	2.5	3.4

在将底肥和石灰粉均匀地撒在粗糙的土表后，可以用旋耕式耕种机将这些物质与土壤充分地混合均匀，旋耕机的机齿一般要调整到合适的深度，旋耕作业在纵横两个方向进行两次，以使之混合充分。

六、播种前土表的处理

不管是否对土壤进行了 15～20 cm 深的改良，播种前均需对土壤表面进行处理，特别是遇恶劣天气或特殊情况时，整完地后间隔了一段时间才开始播种的坪床。如果存在适宜的表土层，则不必施有机质，但是若土壤很硬或下雨后造成了土壤板结，则应施少量的泥炭或腐殖质，再次改良土壤，以便促进种子的萌发和幼苗的定植。为了保证种子或枝条的良好的生长发育，还需在每 100 m^2 的土壤中施入 12.5～23 kg 的氮∶磷∶钾为 1∶2∶1 的化学肥料（其中 50％的氮肥是长效氮）。

所有上述物质在与土壤混合以前应均匀施入土表，但应记住，这些物质在降雨或灌溉之后，可能会向地表深处移动，而不管怎样都不会向其周围扩散。在施入的物质没有扩散到的区域，其土壤是得不到改善的，故形成的草坪质量低劣。避免这种问题发生的较好方法是：先将一半的上述物质按南北方向施入土表，剩下的一半沿东西方向施入；在施肥结束后，应用钉齿耙小心耙地，以使肥料均匀分布到土表，从而使所有物质与表层土壤充分混合。

第二节　草种选择

草坪草种选择是建坪时需要考虑的首要问题，它不仅对草坪建植有重要影响，而且还将关系到未来养护管理的很多问题。

一、草种选择的原则

（1）在特定区域表现出能抗最主要病害的品种。

（2）确保所选择的品种在外观的竞争力方面的基本相似。

（3）至少选择出一个品种，在当地任何特殊条件下，均能正常生长发育。

二、草种选择的要点

由于草种种类繁多，特性各不相同，影响草坪草种或品种选择的因素又很多，可从以下5个方面综合考虑。

（一）适应当地气候条件、土壤条件

主要包括气候适应性和土壤适应性。各类草坪草不同的基因型特性，对外界环境表现出不同的适应性，主要是气候和土壤。气候主要指抗热、抗寒、抗旱、耐淹、耐阴等性能。温度和降雨是影响最大的气候因素。土壤主要指耐瘠薄、耐盐碱、抗酸性等性能。

（二）满足草坪的质量要求

主要由草坪的使用目的来决定，这是草坪草种选择首先要考虑的问题。包括草坪的颜色、质地、均一性、绿色期、高度、密度、耐磨性、耐践踏和再生力等。比如水土保持草坪要求速生，根系发达，能快速覆盖地面，管理粗放；运动场草坪要求耐低修剪，耐践踏，再生能力强；观赏性草坪要求质地细腻，色泽明快，绿色期长。

（三）符合草坪的用途

要了解满足建坪质量要求或草坪使用目的的候选草种。如草种质量、草坪草生长特性、建坪速度、叶片密度、叶片质地、叶片色泽、草种耐阴性、草种耐践踏性等。

（四）了解草坪建植地的微环境

主要是指草坪植物对病虫害的抵御程度。如易感病的草坪草必须经常用杀菌剂进行处理，以预防疾病的发生，否则，轻者使草皮出现枯黄的病斑，影响草皮的均一性和外观；重者，将导致草皮的死亡，造成不可补救的经济损失。

（五）适合的管理水平

主要包括建坪成本与管理费用。而管理水平对草坪草种的选择有很大影响，管理水平包括技术水平、设备水平、经济水平 3 个方面。许多草坪草在低修剪时要求较高的管理技术和管理设备。

三、草种选择的方法

（一）调查法

最常用的调查法是在建坪之初，对该地区的草坪现状进行详尽调查，弄清该地区建坪的常用草种及其对当地条件的适应性和坪用特性表现，根据建坪的要求和建坪条件，选定较为适应当地条件的草种与品种。

（二）试验法

选择几种初步入选的草种，在预建的现场选择有代表性的小块区域，实行小范围、小面积的前期对比试验，经分析对比后择优选用。

四、草种的组合

草坪草种组合是指草坪由一个草种（或品种）单播或由几个草种（或品种）按一定的形式、比例混播。草坪是由一个或者多个草种（或品种）组成的草本植物系统，其组分间、组分与环境间存在着密切地相互促进与制约的相关关系。组分间量与质的改变，亦改变草坪的特性及功能。在草坪实践中通常用单一组分的方法来提高草坪外观质量，从而提高草坪的均一性和美学价值。而更广泛采用的则是增加草坪组分的丰富度，来增强草坪系统对环境的适应性和增加草坪的坪用功能。

（一）草坪的组合

1. 根据草坪草种的组合分类

（1）单播　是指草坪组合中只含一个且只含该种中的一个品种。其优点是保证了草坪最高的纯度和一致性，可造就最美、最均一的草坪外观；缺点是由于遗传背景较为单一，因此对环境的适应能力较差，要求养护管理的水平也较高。

（2）混合　是指在草坪组合中只含一个种，但含同一种中两个以上品种。该组合有较丰富的遗传背景，较能抵御外界不稳定的气候环境和病虫害多发的草坪场合，并具有较为一致的草坪外观。

（3）混播　是指在草坪组合中含两个以上种及品种的草坪组合。其优点是使草坪具广泛的遗传背景，因而具有更强的对外界的适应能力；但其缺点是草坪的一致性较差，常常景观不够理想。

（4）交播　草坪的交播是指在草坪过渡带地区，在暖季型草坪草休眠枯黄前一个月左右，将冷季型草坪草均匀地播种在其中，以填补冬季的绿色，使草坪四季保持绿色。待暖季型草坪草返青时，再通过超低修剪，逐渐削弱冷季型草坪草的生长势，直至枯死，仍由暖季型草坪草取代生长。这种用两种或两种以上的草坪草种，在一年四季中交替生长的播种技术称为草坪的交播技术，也有的称之为草坪的覆播、盖播或补播。其优点是使草坪基本保持四季绿色，并使草坪具广泛的遗传背景，对外界具有更强的适应能力；但其缺点是在两类草坪草交替时，草坪的一致性较差。

2. 依据各草坪草种的数量及作用构成分类

(1) 建群种　又称基本种，是永久性品种，体现草坪功能和适应能力的草种，通常占草坪群落比重的50%以上。

(2) 伴生种　又称辅助种，是草坪群体中第二重要的草坪草种，当建群种生长受到环境影响时，由它来维持和体现草坪的功能和对不良环境的适应，占草坪群落比重的30%左右。

(3) 保护种　一般是发芽迅速、成坪快、少年生的草种。在群落组合中充分发挥先期生长优势，对草坪组合中的其他草坪草种起到先锋和保护作用。

(4) 特殊种　在阴性地区、潮湿地区或其他不良环境下，需要有对这些不良环境有耐性的品种。

(二) 草坪组合的原则

草坪草的混播不是简单地把草坪草种混在一起播种，而是有一定的原则和依据标准。选择混播草种时可遵循以下原则。

1. 目的性

提高草坪抗病性，常把对不同病害抗性较好的草坪草种或品种放在一起混播种。如某些草地早熟禾品种抗褐斑病较好，但抗锈病能力差，秋季易发生锈病，可以选择另外的抗锈病的品种混合建植，从而提高草坪的总体抗病性；疏林下建坪时，由于树木分布不匀，树冠大小、遮阴不同，单一草坪草种很难适应各种场合，因而可在某一主导草种内加入耐阴性草种。

2. 兼容性

不同草坪草混播后形成的草坪应该在色泽、质地、均一性、生长速度等方面相一致。如从美国进口的大多数改良型草地早熟禾品种颜色较深，与老的草地早熟禾品种（如公园等）浅绿色很难一致，混合播种后草坪颜色深浅不一，观赏质量差；很粗和很细的草坪草也不宜混播。

3. 生物学一致性

混播草坪的生态习性如生长速度、扩繁方式、分生能力等应该基本相同。如翦股颖、马尼拉、狗牙根分生能力很强，与其他类型的草坪草如黑麦草、草地早熟禾混播后，最后会出现块斑状分离现象，使草坪总体质量下降；生长太快和太慢的草种也不宜混播，易产生参差不齐的感觉，观赏价值下降。

4. 主导性

在考虑草坪混播时，应该首先确定最终结果是什么，得到的草坪应该以什么样的草坪草为主。如草地早熟禾发芽速度慢，建坪期间管理难度大，较易出现问题，如果用少量的黑麦草（占20%以下）混播，黑麦草先出苗、速生，可以起到保护作用，有利于草地早熟禾在草坪中发芽和出苗，但最终成坪的应以草地早熟禾为主要比例的草坪。

(三) 草坪组合的依据

在草坪混播原则的基础上，主要应依据草坪草的生态特性选择混播品种。其主要依据有：

1. 分生方式与竞争能力

有些草坪草种的分蘖能力和竞争能力很强，参与混播时，所占比例不能太大。如匍匐翦股颖、狗牙根类草坪草地下根茎和地上匍匐茎发达，分生能力特别强，即使播种较少，与其他混播也难以达到预期的目的；高羊茅和黑麦草主要是靠分蘖来扩繁的，其竞争能力是有限度的，要得到以高羊茅和黑麦草为主的草坪必须加大播种量。

2. 叶片质地

草坪草种和品种不同，叶片质地有较大差异，参与混播的草坪草的质地应该接近，否则难以兼容。

3. 遗传色

深浅不一的草坪草种不应混播建坪。一般情况下老的草坪品种色较浅，新品种色较深；从欧洲进口的草坪草的颜色较浅，从美国进口的草种颜色较深。

4. 耐阴能力

草坪草的耐阴性在某些情况下是选择草坪草种的主要依据之一，耐阴性草坪草参与混播，可适应树下及背阴的环境。

5. 其他

其他指标如绿期长短，抗性（抗病、抗旱）强弱、耐践踏等指标，在某些情况下也应该考虑。

(四) 草坪组合中的一些问题

应用过程中遇见的一些案例：

(1) 高羊茅类草坪草与其他类草坪草混播建坪，比例少时草坪常表现出植株高大、丛生，使草坪均匀性及感官质量降级，形成草坪上的“杂草”。

(2) 早熟禾与黑麦草混播，理想的是得到均匀一致的、高质量的草地早熟禾草坪，但在实践中很难达到，原因是管理不当和播种比例不当。

(3) 紫羊茅与黑麦草或早熟禾混播，若在强光、高温、高湿条件下紫羊茅则难以生存，因而，在无遮阳的广场绿地上建植草坪，加入紫羊茅是一种浪费。

(4) 翦股颖与其他类型草坪草混播，易产生斑块状，使草坪观赏质量下降甚至成为杂草。

(5) 暖季型草坪草同冷季型草坪草混播，冷季型草坪草一般很难与暖季型草坪草混播，原因是夏季暖季型草坪草一般生长良好，要求施用足够氮肥，但此时冷季型草坪草则处于不适期，一般不可施用过量氮肥。

(6) 暖季型草坪草间的混播，如马尼拉、结缕草和狗牙根生态习性差异很大，竞争能力有很大不同，在草坪中易分离成斑块状，因而不易混播或混植，否则会严重降低草坪总体质量。

五、种子的质量鉴定

种子质量和质量监督体系是确保市场上获得高品质草坪草商品种子的关键。影响草坪草种子质量的主要因素是种子纯净度和生活力（表 5-4）。

实际的种子发芽和幼苗出土成活常低于实验室测定值，确定播种量时应考虑环境等因素的影响，适当增加播种量。

表 5-4　常见草坪草商品种子质量标准

种名	千粒重/g	最小纯净度/%	最低发芽率/%
多年生黑麦草	1.54	90	90
多花黑麦草	1.98	97	85
紫羊茅	0.74	97	85
草地羊茅	1.78	97	90
高羊茅	2.52	95	90
无芒雀麦	4.05	85	85
匍匐翦股颖	0.06	90	90
小糠草	0.11	92	90
结缕草	0.65		24
地毯草	0.34	92	90
狗牙根	0.37	97	85
百喜草		72	70
白三叶	0.63	95	85

1. 种子纯净度

纯净度指被鉴定种或品种纯种占总量的比例。如果纯净度小于 100%，另外的就是杂质、杂草种子和其他作物种子等。

2. 种子生活力

生活力指在标准实验室条件下活的以及将萌发种子占总种子的比例。

3. 纯活种子的比率

纯净度和生活力的积。

4. 种子标签

附在包装袋上的标签对于评价种子质量具有非常重要的作用。标签上标明了袋内每个草种或栽培品种的重量、种子纯度和杂草种子、作物种子、其他杂质的百分数，这些数据之和必须是 100%。这些数据是通过抽样检测得到的，草坪草种不同抽样的数量也是不同的。

5. 种子监督

种子监督是一项为确保种子质量而对种子田间生产和精选包装进行监视的过程。种子监督机构是独立的、受政府管理的行政部门，对监督过程负有责任，以保证进入市场的草坪种子具有一定的标准。由种子监督机构所定标准的 4 个级别的种子是：

(1) 育种种子 是所有许可种子（商业化种子）的基础，是由育种人员或研究单位提供，作为基础种子的基本种源。

(2) 基础种子 是用育种种子在大田种植生产出来的种子，这类种子包装袋上带有白色许可标签。

(3) 注册种子 是用基础种子在田间生产出来的，主要目的是为了提高供应量，注册种子包装袋上带有紫色许可标签。

(4) 许可种子 消费者购到的是许可种子，是用基础种子或注册种子生产出来的，这类种子包装袋上带有蓝色许可标签。

种子标签的颜色并不能保证种子质量是最好的，但能保证标签上所列的栽培品种是真的。

六、营养繁殖种植材料

1. 草皮块

草皮块要求长 50～150 cm，宽 30～150 cm，带 2 cm 厚的表土，均一、无病虫害。

注意事项：

(1) 减少草皮土壤与建坪地土壤质地差异较大而引起土壤层次形成的问题。

(2) 起草皮后应尽快铺植。

(3) 防止草皮的脱水和伤热现象。

2. 塞植材料

从草坪中抽取或由草皮切条切得圆柱状或块状的部分，适于匍匐茎具旺盛扩展性的草坪草种的增殖。

3. 幼枝和匍匐枝

有些草种如匍茎翦股颖、狗牙根、结缕草等幼枝和匍匐枝也可作为营养繁殖材料，将单个植株或匍匐枝切碎或剁碎制成植物材料。

第三节 建 植 过 程

草坪建植方法概括起来有两大类，即有性（种子）繁殖法和无性（营养体）繁殖法。种子繁殖法又可分为播种法、植生带法、喷播法等；营养体繁殖法又可分为铺植法、直栽法、播茎法等。具体选用何种方法应根据成本、时间要求、繁殖材料、建坪目的等来确定。通常播种法建坪的草坪质量较高，费用较低，但成坪时间长，新草坪的养护管理难度大。密铺法建坪速度最快，能形成瞬时草坪，但费用较高。而具有强匍匐茎和强根茎生长习性的草坪草才可能用播茎法建坪。另外，某些草坪草由于得不到纯正或具有活力的种子，则不能通过种子繁殖法建植。

一、种子繁殖法建植草坪

大部分冷季型草坪草能用种子繁殖法建坪。暖季型草坪草中的假俭草、地毯草、野牛草和普通狗牙根均可用种子繁殖法建植，也可用营养繁殖法来建植；结缕草也常用种子直播建坪。

（一）播种法建植草坪

播种法：即用种子直接播种建植草坪的方法。是比较常用的建坪方法，大多数草坪草均可用种子直播法建坪。

1. 特点

优点：成本低；选择余地大；建坪初期草坪很美观。

缺点：成坪速度慢；初期养护管理强度高。

2. 播种时间

从理论上讲，草坪草在一年的任何时候均可播种。但在生产中，由于种子萌发的自然环境因子气温是无法人为控制的。所以，建坪时必须抓住播种适期，以利种子萌发，提高幼苗成活率，保证幼苗有足够的生长时间，能正常越冬或越夏，并抑制苗期杂草的危害。如冷季型草坪草最适宜的播种时间是夏末，此时土壤温度高，利于种子迅速发芽，只要水、肥和光照不受限制，幼苗就能旺盛生长；暖季型草坪草则在春末和初夏，此时播种可为幼苗提供一个温度适宜的生长发育期。表 5-5 列出了草坪草种子发芽适宜温度范围，供大面积建植参考。

表 5-5　草坪草种子发芽适宜温度范围

（引自《草坪栽培与养护》，陈志一，2000）　℃

草种	适温范围	草种	适温范围
苇状羊茅	20～30	无芒雀麦	20～30
紫羊茅	15～20	沟叶结缕草	30～35
假俭草	20～35	黑麦草	20～30
羊茅	15～25	多花黑麦草	20～30
草地早熟禾	15～30	狗牙根	20～35
加拿大早熟禾	15～30	地毯草	20～35
普通早熟禾	20～30	两耳草	30～35
早熟禾	20～30	双穗雀稗	20～35
野牛草	20～25	百喜草（阔叶品种）	20～35
小糠草	20～30	结缕草	20～35
匍茎翦股颖	15～30	中华结缕草	20～35
细弱翦股颖	15～30	细叶结缕草	20～35

注：参照上表应用时，春播宜取低值，秋播宜取高值，作为各地选择播种适期的标准。

暖季型草坪草发芽温度相对较高，一般为 20～35℃，最适温度为 25～32℃。所以暖季型草坪草必须在春末和夏初播种，这样才能有足够的时间和条件形成草坪。

冷季型草坪草发芽温度为 10～30℃，最适发芽温度为 20～25℃。所以冷季型草坪草适宜播种期在春季、夏末和秋季。在春季日平均温度稳定通过 6～10℃，保证率 80%以上，至夏季日平均气温稳定达到 20℃之前；夏末日平均气温稳定降到 24℃以下，秋季日平均气温降到15℃之前，均为播种适期。秋季播种杂草少，是最好的建坪季节。春季播种杂草多，病虫害多，管理难度较大。但是，在有树遮阴的地方建植草坪时，由于光线不足，会使草坪稀疏或导致建坪失败。在此条件下，春季播种比秋季播种建植要好，因为春季落叶树叶子较小、光照较好。

3. 播种量

播种量取决于种子质量、混合组成及土壤状况。

（1）理论播种量　是以足够数量的活种子确保单位面积上幼苗的额定株数，即每平方厘米有一株成活苗。

（2）实际播种量　是理论播种量加20%左右的损耗。

播种所遵循的一般原则是要保证足够量的种子发芽，每平方米出苗应在10 000～20 000株。根据这项原则，如果草地早熟禾种子的纯度90%，发芽率80%，每克种子4×10^3粒时，每平方米应播3.6～7.2 g种子。这个计算是假定所有的纯活种子都能出苗，而实际上由于种子的质量和播后环境条件的影响，幼苗的致死率可达50%以上，因此，草地早熟禾的建议播种量为6～8 g/m²。特殊情况下，为了加快成坪速度，可加大播种量。

草坪草种子的播种量除了取决于种子质量，还与草种的混合组成、土壤状况以及工程的性质有关。几种常用草坪草种在生产上的参考单播量见表5-6。

表5-6　几种常用草坪草种参考单播量

（引自《草坪建植与管理手册》，韩烈保，1999）　g/m²

草种	正常播种量	加大播种量
普通狗牙根（不去壳）	4～6	8～10
普通狗牙根（去壳）	3～5	7～8
中华结缕草	5～7	8～10
草地早熟禾	6～8	10～13
普通早熟禾	6～8	10～13
紫羊茅	15～20	25～30
多年生黑麦草	30～35	40～45
高羊茅	30～35	40～50
翦股颖	4～6	8
一年生黑麦草	25～30	30～40

混播组合的播种量计算方法：当两种草混播时选择较高的播种量，再根据混播的比例计算出每种草的用量。例如若配制90%高羊茅和10%草地早熟禾混播组合，混播种量40 g/m²。首先计算高羊茅的用量40 g/m²×90%＝36 g/m²；然后计算草地早熟禾的用量40 g/m²×10%＝4 g/m²。

当播种量算出来之后，即可根据需要建植草坪的面积，计算出总的种子需要量。实际种子备量一般取“足且略余5%～10%”为宜。对照实有的种子贮备量，若有多余，满足备补种子，多余的部分可及时转让。若数量不足，缺口又不大，宜做好播种前的种子处理，提高播种质量，争取少损失多出苗；若缺口较大，应及时补足。

4. 播种方法

草坪草播种是把大量的种子均匀地撒在坪床上，并把它们混入 0.5～1.5 cm 的表土层中，或覆土 0.5～1.0 cm 厚。播种过深或覆土过厚，导致出苗率下降；过浅或不覆土，种子会被地表径流冲走或发芽后干枯。一般播种深度以不超过种子长径的 3 倍为准。

播种的技术关键是把种子均匀地撒于坪床上，只要能达到均匀播种，用任何播种方法都可以。一般可把播种方法归纳为人工撒播和机械播种。

（1）人工撒播　很多草坪是用人工撒播的方法建成的。这种方法要求工人播种技术熟练，否则很难达到播种均匀一致的要求。其优点是灵活，尤其在有乔、灌木等障碍物的位置、坡地及狭长和小面积建植地上适用；缺点是播种不均匀，用种量不易控制，有时造成种子浪费。人工撒播大致分以下五步：

第一步，将建坪地划分为若干等面积的块或长条。

第二步，把种子按划分的块数分开。

第三步，把种子播在对应的地块，种子细小可掺细沙、细土，分 2～3 次横向、纵向均匀撒播。

第四步，用细齿耙轻耧或竹丝扫帚轻轻耙平，使种子和表土均匀混合。若覆土，所用细土也要分成相应的若干份撒盖在种子上。

第五步，轻度镇压，使种子与土壤紧密接触。

（2）机械播种　在草坪建植时，使用机械播种可大大提高工作效率，尤其当草坪建植面积较大时，如各类运动场草坪的建植，适宜用机械完成（图 5-1）。机械播种的优点是容易控制播种量、播种均匀、省时、省力；不足之处是不够灵活。

常用播种机根据动力类型可分为手摇式播种机、手推式播种机和自行式播种机；根据种子下落方式可分为旋转式播种机和下落式播种机。经过校正的施肥器可用于小面积草坪定量播种。下面介绍几种比较常用的草坪播种机。

图 5-1　机械草坪播种机

①手摇式播种机　手摇式播种机的工作特点是手摇动排种盘，从料袋下来的草籽经过旋转的排种盘时受到离心力的作用而撒开。手摇式播种机适用小面积撒播草种，且要求操作者行走速度保持一致，手摇动均匀。

②手推式播种机　手推式播种机体积小，重量轻，操作维护方便，播种量可随意调节，撒播均匀。适用于小面积草坪播种、施肥。

手推式播种机又分下落式和旋转式两种。

在使用下落式播种机时，料斗中的种子可以通过基部一列小孔下落到草坪上，孔的大小可根据播种量的大小来调整。由于机具的播种宽度受限，因而工作效率较低（图 5-2）。

旋转式播种机的操作是随着操作者的行走，种子下落到料斗下面的小盘上，通过离心力将种子撒到半圆范围内（图 5-3）。在控制好来回重复的范围时，此方式可以得到满意的效果，尤其对于大面积草坪，工作效率较高。

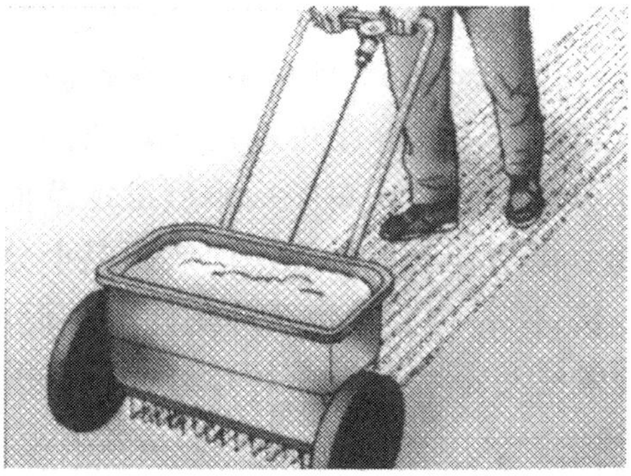

图 5-2　下落式播种机

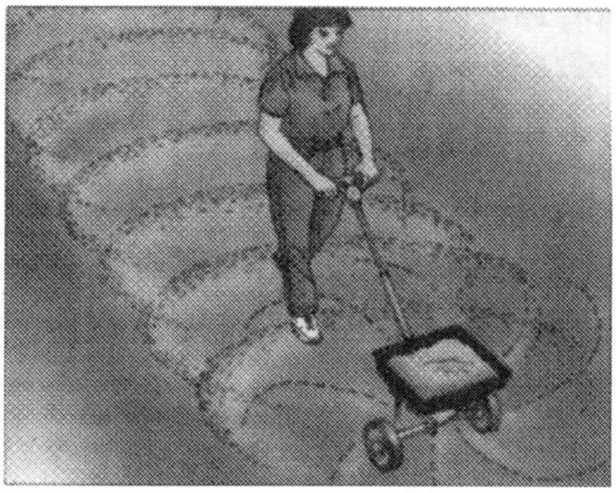

图 5-3　旋转式播种机

③旋耕播种机　简称旋播机，是一种把旋耕和播种作业工作部件组合在一起的联合作业机械。它利用旋耕刀将表层土壤和作物残茬打碎，然后直接进行播种，并利用旋耕刀旋耕起的碎土对种子进行覆盖，而不需要预先耕整地，因此旋耕播种机也是一种免耕（或少耕）播种机具。它的作业质量好，劳动生产率高，有利于降低生产成本、减轻劳动强度。旋耕播种机除了旋耕播种外，也可单独作旋耕机使用。

旋播机的配套动力有手扶拖拉机及轮式拖拉机等。其结构组成主要由旋耕刀滚、种子箱、排种器、镇压轮和传动机构等组成，包括旋耕和播种两大部分（图 5-4）。旋耕部分，旋耕刀的直径一般比较小，多为 300～350 mm，刀滚的转速比普通旋耕机要快一些，以利于打碎土壤，对种子进行覆盖。排种器多用塑料制成的外槽轮式排种器，结构简单、轻巧，工作可靠。

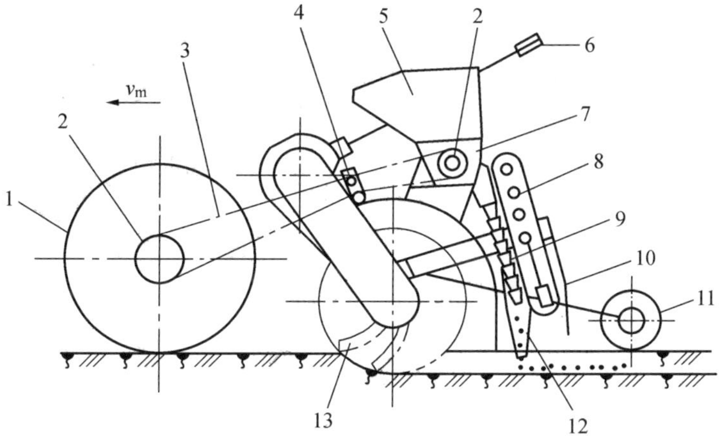

图 5-4　旋耕播种机

1. 拖拉机驱动机　2. 传动链轮　3. 链条　4. 张紧机构　5. 种子箱
6. 变速手柄　7. 排种器　8. 镇压轮调节孔板　9. 输种箱
10. 橡胶挡泥板　11. 镇压轮　12. 播种头　13. 旋耕刀

旋耕机常用调整镇压轮高低的方法改变碎土深度。镇压轮连接板上有多个孔，当把镇压轮连接到不同孔上时，它相对于旋耕刀的位置就不同，从而改变碎土深度。刮土器的位置可上下调节，因此可改变播种深度。

5. 覆盖

对播种建植的草坪来说，覆盖是播后管理中的一项十分重要的内容。

(1) 覆盖的目的　稳定土壤中的种子，防止暴雨或浇灌的冲刷，避免地表板结和径流，使土壤保持较高的渗透性、抗风蚀、保持土壤水分；调节坪床地表温度，夏天防止幼苗曝晒，冬天增加坪床温度，促进发芽。覆盖在护坡和反季节播种及北方地区尤为重要。

(2) 覆盖材料　有些草坪播种后需要覆盖以减少侵蚀和为幼苗萌发提供一个适宜的小环境。常用覆盖材料既可用专门生产的地膜、遮阳网、无纺布、草帘、草袋等，也可就地取材，用农作物秸秆、树叶、刨花、锯末等。北方地区多使用草帘、草袋进行覆盖。一般地膜用在冬季或秋季温度较低时，用于增温和保水。地膜的增温效果很明显，但使用时应注意避免烧苗，一定要把握好通风、揭膜时间。无纺布、遮阳网多用于坡地绿化，既起覆盖作用，又起固定作用。若用农作物秸秆进行覆盖，应注意秸秆中不要含有种穗，若有，可采用熏蒸法杀死种子。秸秆覆盖不应过厚，覆盖面积达 2/3 以上即可，覆盖后用竹竿压实或用绳子固定，以免被风吹走。锯末、树叶等是无法再利用的覆盖物，使用前应先进行发酵，有条件的要进行消毒。

(3) 覆盖方法　小面积：人工铺盖。大面积：机械完成。

(4) 覆盖物的揭除　一般早春、晚秋低温播种时覆地膜，主要目的是提高土壤温度。早春覆盖待温度回升后，幼苗分蘖分枝时揭膜；秋冬覆盖，持续低温可不揭膜，若幼苗生长健壮并具有抗寒能力可揭膜。夏季覆盖（如北方地区）主要起降温保水等作用，待苗出齐后必须揭去覆盖物，以免影响光合作用，但不宜过早，以免高温回芽，选择在阴天或晴天的傍晚揭除覆盖物。护坡覆盖主要目的是防冲刷、保水，若用无纺布、遮阳网可不揭，以增加土壤拉力，防止冲刷。

6. 浇水

出苗前种子吸足水后才能进行一系列的生理生化反应，才能生根发芽。种子发芽后，夏天若水分不足易造成回芽，严重时导致种子死亡。因此，播种出苗阶段应保持坪床土壤呈湿润状态至苗出齐为止。一般来说，在新建坪时浇水要注意以下几个问题：

(1) 一般在播种前 24～48 h 将坪床浇透水 1 遍，待坪床稍干燥，用钉耙重耙后再播种，这样可增加底墒，从而避免播后大量浇水造成冲刷和土壤板结。

(2) 播种后至苗出齐阶段的浇水应坚持小水勤浇，喷水强度要小，以雾状喷灌（自动喷灌或人工喷灌）为好，以免造成种子移动，出苗不匀，或对幼苗造成机械损伤。

(3) 北方习惯在播前不浇水，播后覆盖草帘或草袋，覆盖后第 1 次浇水要浇足，并经常检查墒情，及时补水，直至出苗。

(4) 夏天温度较高时，中午不要浇水，因为这样容易造成烧苗，最好在清早或傍晚浇水。

（二）植生带法建植草坪

草坪植生带是指把草坪草种子均匀固定在两层无纺布或纸布之间形成的草坪建植材料。

植生带法是草坪建植中的一项新技术，在北方应用较多，生产上已经工厂化。

植生带法的优点是：无须专门播种机械，铺植方便，适宜不同坡度地形，种子固定均匀，防止种子冲失，减少水分蒸发等。

不足之处是：费用较高，小粒草坪草种子（如翦股颖种子）出苗困难；运输过程中可能引起种子脱离和移动，造成出苗不齐；种子播量固定，难以适合不同场合等。

1. 植生带的材料组成

（1）载体　目前利用的载体主要有无纺布、植物碎屑、纸载体等。原则是播种后能在短期内降解，避免对环境造成污染；轻薄，具有良好物理强度。

（2）黏合剂　多采用水溶性胶黏合剂或具有黏性的树脂。可以把种子和载体黏合在一起。

（3）草种选择　各种草坪草种子均可做成植生带。如草地早熟禾、高羊茅、黑麦草、白三叶等。种子的净度和发芽率一定要符合要求，否则制作工艺再好，做出的种子带也无使用价值。

2. 加工工艺

目前国内外采用的加工工艺主要有双层热复合植生带生产工艺，单层点播植生带工艺，双层针刺复合匀播植生带工艺。近期我国推出冷复合法生产工艺。各种工艺各有优势和不足，目前都在改进和发展中。加工工艺的基本要求如下：

（1）种子植生带的加工工艺一定要保证种子不受损伤。包括机械磨损、冷热复合对种子活力的影响，确保种子的活力和发芽率。

（2）布种均匀，定位准确，保证播种的质量和密度。

（3）载体轻薄、均匀，不能有破损或漏洞。

（4）植生带的长度、宽度要一致，边沿要整齐。

（5）植生带中种子的发芽率不低于常规种子发芽率的95%。

3. 植生带的储存和运输

（1）库房要整洁、卫生、干燥、通风。

（2）温度10～20℃，湿度不超过30%。

（3）植生带为易燃品，注意防火。

（4）预防杂菌污染及虫害、鼠害对植生带的危害。

（5）运输中防水、防潮、防磨损。

4. 植生带的铺设技术

（1）整地要求　精细整地。做到地面平整，土壤细碎，土层压实，避免虚空影响铺设质量。

（2）植生带的铺设　将植生带展铺在整好的地面上，接边、搭头均按植生带的有效部分搭接好，以免漏播。然后在植生带上覆土，覆土要细碎、均匀，一般厚度为0.5～1 cm。覆土后用磙镇压，使植生带和土壤紧密接触。

（3）苗期管理　植生带铺设完毕后即可浇水，采用微喷或细小水滴设备浇水，做到喷水均匀，喷力微小，以免冲走浮土，每天喷水2～3次，保持地表湿润。至苗出齐后，逐渐减少喷水次数，并适当进行叶面追肥，以促壮苗，40 d左右即可成坪。

（三）喷播法建植草坪

喷播法是以水为载体，将植物种子、纤维覆盖物、黏合剂、保水剂、肥料、染色剂等混合成均匀的浆状物，通过高压把草浆喷到土壤表面，施肥、覆盖与播种一次操作完成。喷播法主要适用于公路、铁路的路基、斜坡、堤坝护坡及高速公路两侧的隔离带和护坡进行绿化；也可用于高尔夫球场、飞机场建设等大型草坪的建植。

由于喷播材料中加入了黏结剂，喷播到地面后不会流动，干后比较牢固，能达到防风、防冲刷的目的；又有保水剂和肥料，能满足植物种子萌发所需要的水分和养分，幼苗期一般不需要浇水施肥。对一些斜坡地地表粗糙，不便进行人工或机械整地，使用常规方法建植达不到理想效果的坡地绿化，却是非常有效的一种方法。但是这种播种方法比较粗放，播后如遇干旱、大雨，都会遭受很大的损失。

1. 喷播设备

主要由机械部分、搅拌部分、喷射部分、料罐部分等组成。一般安装在大型载重汽车上，施工时现场拌料现场喷播。

2. 草浆的原料

草坪喷浆要求无毒、无害、无污染、黏着性强、保水性好、养分丰富。喷到地表能形成耐水膜，反复吸水不失黏性。能显著提高土壤团粒结构，有效地防止坡面浅层滑坡及径流，使种子、幼苗不流失。

草浆一般包括水、黏合剂、纤维、染色剂、草坪草种子、复合肥等，根据情况可选择添加保水剂、松土剂、活性钙等。

（1）水　作为溶剂，把纤维、草籽、肥料、黏合剂等均匀混合在一起。

（2）纤维　纤维在水和动力作用下可形成均匀的悬浮液体，喷后能均匀地覆盖地表，具有包裹和固定种子、吸水保温、提高种子发芽率及防止冲刷的作用。这种纤维覆盖物是用木材、废弃报纸、纸制品、稻草、麦秸等为原料，经过热磨、干燥等物理加工方法加工成絮状纤维。纤维覆盖物一般在平地少用，坡地多用，用量 60～120 g/m^2。

（3）黏合剂　黏合剂以高质量的自然胶、高分子聚合物等配方组成，水溶性好，并能形成胶状水混浆液，具有较强的黏合力、持水性和通透性。平地少用或不用，坡地多用；黏土少用，沙地多用。一般用量占纤维重的 3%左右。

（4）肥料　最好为复合肥，一般用量为 2～3 g/m^2。

（5）染色剂　一般采用绿色，使水和纤维着色，用以指示界限，喷播后很容易检查是否漏播。

（6）活性钙　用于调节土壤 pH。

（7）保水剂　是一种无毒、无害、无污染的水溶性高分子聚合物，具有强烈的保水性能。湿润地区少用或不用，干旱地区用量多些。一般用量 3～5 g/m^2。

（8）草坪草种　一般根据地域、用途和草坪草本身的特性选择草种，采用单播或混播的方式播种。

3. 喷播技术

（1）整地　在杂草较多的地方，要进行化学除草，一般在播前一周采用灭生性除草剂防除。喷播地段坡度不大的地方，可以进行耕作，但旋耕方向要与坡垂直，即沿等高线进行。

要填平较大的冲蚀沟，沙土多的地段还需填土，以保证草坪草的生长需要。天气干旱时，最好在播前喷1次水。

(2) 喷头的选择　根据不同的地形，可以选用不同的喷头。大型护坡工程或对质量要求不高的草坪，可以选用远程喷射喷嘴，其效率高，但均匀性差；小块面积或对质量要求高的草坪，则采用扇形喷嘴或可调喷嘴，近距离实施喷植，效率相对较低，但均匀性好。

(3) 喷播过程　喷播时，水与纤维覆盖物的重量比一般为30∶1。根据喷播机的容器容量，计算材料的一次用量，不同的机型一次用量也不同（表5-7）。一般先加水至罐的1/4处，开动水泵，使之旋转，再加水，然后依次加入种子→肥料→活性钙→保水剂→纤维覆盖物→黏合剂等，搅拌5～10 min，使浆液混合均匀后才可喷播。

表5-7　喷播机一次用料量

机型	种子/kg	复合肥/kg	纤维/kg	覆盖面积/m^2
HD3503	8.4	16.7	33.8	372
HD6003	16.9	33.4	66.8	743
HD9003	25.3	51.5	103.2	1 115
HD12003	33.7	66.7	133.7	1 486

喷播时离心泵把草浆压入软管，从喷头喷出，操作人员要把草浆均匀、连续地喷到地面上。每罐喷完，应及时加进1/4罐的水，并循环空转，防止上一罐的物料依附沉积在管道和泵中。完工后用1/4罐清水将罐、泵和管子清洗干净。

二、营养体繁殖法建植草坪

(一) 特点

优点：能迅速形成草坪，见效快，坪用效果直观；无性繁殖种性不易变异，观赏效果较好；营养体繁殖各方法对整地质量要求相对较低，建坪迅速；养护管理强度小；与杂草的竞争力强；需水量小。

缺点：成本高；重量大，运输量大；有潜在枯草层问题；种或品种的选择余地小；草皮块铲运、种茎加工或铺（栽）植费时费工，成本较高。

(二) 类型

营养体繁殖法包括铺植法、直栽法、插枝条和匍匐茎撒播。除铺草皮之外，以上方法仅限于具有强匍匐茎和强根茎的草坪草的繁殖建坪。

1. 铺植法

铺植法即用草皮或草毯铺植后，经分枝、分蘖和匍匐生长成坪。是成本较高的建坪方法，但它能形成“瞬时草坪”，常采用密铺、间铺和条铺3种方法。

(1) 草皮的生产　草皮是建植草坪绿地的重要材料之一，特点是能快速建成并实现绿色覆盖。随着我国草坪绿化事业的发展，草皮生产规模逐年扩大，成为快速建设绿地的重要手段之一。

①普通草皮的生产　选择靠近路边，便于运输的地块，将土地仔细翻耕、平整压实，做到

地面平整、土壤细碎，最好播前灌水。当土壤不黏脚时，疏松表土。用手工撒播或机械播种。播后用竹扫帚轻扫一遍或用细齿耙轻耧一遍，使种子和土壤充分接触，并起到覆土作用，平后镇压。根据天气情况适当浇水，保持地面湿润，要使用雾状喷头，以免冲刷种子。如果温度适宜，草地早熟禾各品种一般 8～12 d 出苗；高羊茅、黑麦草 6～8 d 出苗。苗期要注意及时清除杂草。长江以南地区草皮生产多采用水田，坪床准备好之后，先灌水，使土壤呈泥浆状，然后撒茎，边撒边拍（图 5-5），使草茎与土壤紧密接触。一般 60 d 左右即能成坪。

图 5-5　播茎法生产草皮

（引自《草坪建植与养护》，鲁朝辉，2006）

当草坪成坪后，有客户需要可立即铲（起）“草”。起草皮之前要提前 24 h 修剪并喷水，镇压保持土壤湿润，因为土壤干燥时起皮难，容易松散。传统的起草皮方法是先在草坪田内用刀划线，把草坪划成长 30～40 cm，宽 20～30 cm 的块，然后用平底铁锹铲起，带土厚度 0.5 cm 左右。每 6～7 块扎成一捆，在卡车上码放整齐运送目的地。若用小型铲草皮机可铲成宽 32 cm 左右，长 1 m 左右的块卷成筒状装车码放，比人工铲草皮省工、省时，但铲草机带土厚（1～2 cm）。有条件可采用大型起草皮机，一次作业可完成铲、切、滚卷并堆放在货盘上等工作，这种机械用于大面积草皮生产基地。

草皮带土厚度要尽可能薄，以减少土壤损失，而且草皮重量轻，易搬动。草皮装载运至建坪现场后要尽早及时铺植，以免草皮失水降低成活率。

②无土草毯的生产　生产无土草坪的场地要求平整，不能坑坑洼洼，具备微喷、遮阴条件的场地最为理想。

隔离布的选择　隔离布最好是空隙在 0.001～0.1 mm 的化纤材料。致密的废旧编织袋是一种经济有效的隔离材料。塑料薄膜在有喷灌条件下也可使用。

基质的配比　为利于无土草坪根系良好生产和集结成坪，要求基质疏松而富含有机质。农作物秸秆、蘑菇废料、木屑、煤渣、珍珠岩等或其中几种按一定的体积配比而成的混合基质，可满足无土草坪生产的需要。基质材料要根据当地情况和经济有效的原则就地取材。

草种的选择　冷季型和暖季型的高羊茅、草地早熟禾、翦股颖、狗牙根、百喜草、马蹄金等草坪草种，按不同季节均可选作无土草坪生产用种。不同草种的用种量视发芽率而定。

管理　播种后，水分以保持基质层湿润不翻白为宜，一般早晚各浇水 1 次。施肥时间和用量视生长情况而定，肥料以速效肥为主。修剪在草高 10 cm 开始进行，按 1/3 原则执行。同时要注意少量杂草的拔除和病虫害防治。

移栽　无土草坪茎叶盖度达到 90%以上时就可移栽。铺植时要做到草坪与土壤的结合，铺后马上浇透水，保湿1周左右即可成活返青，以后进入正常的养护管理。

（2）铺植方法　分为满铺法和间铺法。

①满铺法（密铺法）　满铺是将草皮或草毯铺在整好的地上，将地面完全覆盖，人称“瞬时草坪”，但建坪的成本较高，常用来建植急用草坪或修补损坏的草坪。可采用人工或机械铺设。

机械铺设通常是使用大型拖拉机带动起草皮机起皮，然后自动卷皮，运到建坪场地机械化铺植，这种方法常用于面积较大的场地，如各类运动场、高尔夫球场等。

用人工或小型铲草皮机起出的草皮采用人工铺植。从场地边缘开始铺（图5-6），草皮块之间保留1 cm左右的间隙，主要是防止草皮块在搬运途中干缩，浇水浸泡后，边缘出现膨大而凸起。第二行的草皮与第一行要错开，就像砌砖一样（图5-7）。为了避免人踩在新铺的草皮上造成土壤凹陷留下脚印，可在草皮上放置一块木板，人站在木板上工作。铺植后用磙筒磙压，使草皮与土壤紧密接触，易于生根，然后浇透水。也可浇水后，立即用锄头或耙轻拍镇压，之后再浇水，把草叶冲洗干净，以利光合作用。

图5-6　从边缘开始铺植草皮

图5-7　品字形铺植草皮

（引自《草坪建植与养护》，鲁朝辉，2006）

如草皮一时不能用完，应一块一块地散开平放在遮阴处，若堆积起来会使叶色变黄，必要时还需浇水。

②间铺法　间铺是为了节约草皮材料。用长方形草皮块以间距3～6 cm或更大间距铺植在场地内，或用草皮块相间排列，铺植面积为总面积的1/2。铺植时也要压紧、浇水。使用间铺法比密铺法可节约草皮1/3～1/2，成本相应降低，但成坪时间相对较长。间铺法适用于匍匐性强的草种，如狗牙根、结缕草和蒴股颖等。

（3）铺植法建植草坪的特点　相对于播种法建坪，铺植法具有成坪速度快的优点；但播种材料用量大，运输费用多；另外还要有专门的草皮生产基地。

①铺植时期　黄河以北，可在当地的春季或雨季进行铺植法建坪。黄河以南五岭山脉以北的地区，暖季型草种以当地春季至雨季为佳，冷季型草种则分别以早春和夏末至中秋为好。五岭山脉以南全年可建立草坪，但以雨季为佳。

②材料要求　铺植材料（普通草皮或无土草毯）无论带土与否，都应选择纯净、均匀、生长正常、无病虫害、人工栽植的成坪幼坪。幼龄而生长正常的建植材料是铺植后迅速生长发育的内在因素。

③成活管理　铺植法建坪的关键是草皮的成活率，要为新铺植的草皮创造一个水、气、热协调的环境，尤其是土壤环境。铺设完毕，透水1次，以后土白即灌，少量多次，3片新叶后开始蹲苗。施肥、除杂草、病虫防治等与其他种植方式基本一致。

2. 直栽法

直栽法（塞植）是种植草坪块的方法。最常用的直栽法是栽植正方形或圆形的草坪块，草坪块的大小约为5 cm×5 cm。栽植行间距为30～40 cm，栽植时应注意使草坪块上部与土壤表面齐平（图5-8）。该法适用于匍匐茎和根茎性较强的草坪草种。结缕草常用此法建植草坪，其他多匍匐茎或强根茎的草坪草也可用此法建植。直栽法除了用在裸土建植草坪上外，还可用于把新品种引入现有的草坪中。例如，用直栽法能把草地早熟禾草坪转变成狗牙根或结缕草草坪，通常转换过程非常缓慢。

图5-8　直栽法建坪

（引自《草坪建植与养护彩色图说》，王彩云，2002）

第二种直栽法是把草皮切成小的草坪草束，按一定的间隔尺寸栽植。这一过程可以用人工，也可以用机械完成。机械直栽法是采用带有正方形刀片的旋筒把草皮切成小块，通过机器进行直栽，这是一种高效的种植方法，特别适用于不能用种子建植的大面积草坪中。

3. 插枝条（蔓植）

枝条是单株草坪草或是含有几个节的植株的一部分，节上可以长出新的植株。插枝条法主要用来建植有匍匐茎的暖季型草坪草，如狗牙根、结缕草等，但也能用于匍匐翦股颖。

通常是将不带土的具2～4节的幼枝种在条沟中，沟间距15～30 cm，深5～7 cm。栽植过程中，要在条沟填土后使枝条的一部分露出土壤表面。枝条插完后要立刻磙压和灌溉，以加速草坪草的恢复和生长。此法主要用于具匍匐茎的暖季型草坪草。也可以用上述直栽法中使用的机械来栽植枝条，它能够把枝（而非草坪块）成束地送入机器的滑槽内，并且自动地种植在条沟中。有时也可直接把枝条放在土壤表面，然后用扁棍把枝条插入土壤中。

4. 播茎法

播茎法是把草坪草的匍匐茎均匀地撒在土壤表面，然后再覆土和轻轻磙压的建坪方法（图5-9）。

播茎法在南方地区建坪的过程中运用较多，主要适用于具有匍匐茎的草坪草，常用的草坪草有狗牙根、结缕草、翦股颖、地毯草等。匍匐茎上的每一节都有不定根和不定芽，在适宜条件下都能生根发芽，利用这一生物学特性，可以把草坪草的匍匐茎作为播种材料。播茎法具有取材容易、成坪快、成本低的优点，但种茎的贮运较种子贮运麻烦。

草茎长度以带2～3个茎节为宜，采集后要及时进行撒播，用量为0.5 kg/m^{2}左右。一般在坪床土壤潮而不湿的情况下，用人工或机械把打碎的匍匐茎均匀地撒到坪床上，然后覆

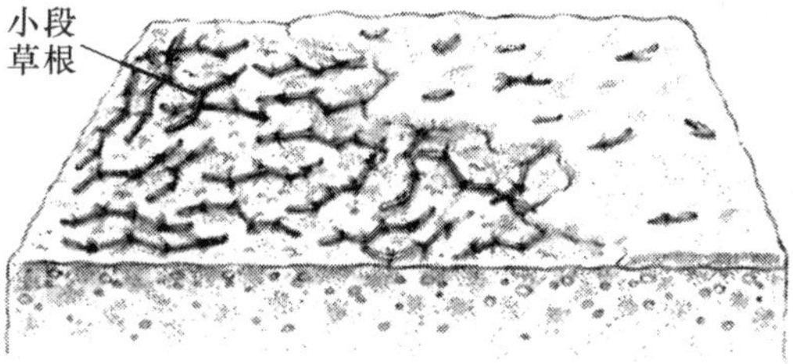

图 5-9　播茎法建坪

（引自《草坪建植与养护彩色图说》，王彩云，2002）

细土 0.5 cm 左右，部分覆盖草茎，或者用圆盘犁轻轻耙过，使匍匐茎部分插入土壤中。轻轻碾压后立即喷水，保持湿润，直至匍匐茎生根。

三、草坪草繁殖新方法

草坪是城市绿化和体育场建设所必需的。传统的“铲”“贴”繁殖系数低，且时间长。在稻麦两熟制地区，利用农作物的接茬空档繁殖草坪草，只需 30 d 左右的时间，就可以形成草坪毯。这样既不影响粮食生产，又可增加收入。下面简要介绍这一技术。

（一）繁殖草坪草的农作物茬口

1. “杂交水稻—草坪草—小麦”茬口

10 月上旬，杂交水稻收割后，将稻田加工成坪床，播种冷季型草坪草，11 月上中旬形成草坪毯，移坪后种小麦。

2. “水稻秧田—草坪草—晚稻”茬口

秧田拔秧后空茬秧板，可直接作坪床播种暖季型草坪草，7 月下旬形成草毯，移坪后栽插晚稻。

3. “油菜—草坪草—单季晚稻”茬口

5 月中下旬，油菜收割后，播种暖季型草坪草，6 月中下旬形成草毯，移坪后栽插单季晚稻。

（二）培植草坪的材料

1. 草坪草营养体的繁殖

农田草坪草繁殖采用无性繁殖技术。要求选择优良的草坪草品种，其营养体经处理后备用。

2. 隔离层材料

农田生产草坪草，要在坪床上铺设隔离层，以阻止草根下扎，促使根部横向生长，达到盘根的要求，以利于形成草毯。

3. 栽培基质覆盖

草坪草营养体的材料，要质地疏松、保水性强、不夹带杂草种子，按比例拌均匀，并配合微量元素。

（三）播种和田间管理

1. 播种

播种量与草坪成毯的时间关系密切，播种时将草坪草营养体撒播在坪床上，及时覆盖栽培基质。

2. 灌溉

农田繁殖草坪草一般采用引水灌溉，灌水速度不超过栽培基质有效的吸水速度，草坪草生长过程中，要保证坪床湿润。移坪前停止灌水，促根炼苗，以利于移坪卷毯。

3. 施肥

一般以氮素营养为主，采取少量多次的施肥方法。为了防止烧坪，应在露水干后施肥，并及时灌水。在有条件的地方可用喷雾方法施肥。

4. 移坪

草坪地上部的覆盖率达 90% 时，其下部的白根已连成片，形成网络层，抓住草坪的匍匐茎可使草坪与隔离层分离，这时便可移坪。移坪时从草坪的一端掀起，用卷席的方法卷成草坪毯，及时运往铺坪地点。一般一亩农田净植草坪草面积 500 m^2。

第四节　新 坪 养 护

草坪草出苗至成坪前的管理都属新坪养护的范围。为了提高成坪速度和质量，同时降低管理费用，主要实施以下管理措施。

一、修剪

依据草坪的种类和计划管理强度，当幼苗有 50% 达到或高于应修剪的高度时，开始第 1 次修剪。一般草坪在草高 8～10 m 时开始修剪较好，球场草坪达 5 cm 时就可修剪，修剪高度为 3～4 cm；草坪修剪应遵循 1/3 原则（详见第六章第三节）。如果修剪时土壤潮湿，剪草机容易在草坪上压出沟或把草坪草幼苗连根拔起，因此，在修剪前应减少浇水，等土壤干燥、紧实后再修剪。剪草机的刀片一定要锋利。

二、施肥

在施足基肥的基础上，草坪草出苗后 7～10 d，应及时首次施好分蘖、分枝肥。以速效肥为主，如尿素 5 g/m^2 左右撒施，施后结合喷灌或浇水以提高肥效和防灼伤。第 2、3 次分枝、分蘖肥视苗情而定。一般可结合首次、二次剪草后施用。追肥施用量宜少不宜多，以“少吃多餐”为原则；施肥一定要保证均匀，否则会引起草坪草生长不均，叶色深浅不一，影响外观。

（1）施肥时间　幼苗呈淡绿色，老叶呈褐色。

（2）施肥种类　N∶P∶K（5∶3∶2）复合肥。

（3）施肥量　5～7 g/m^2。

（4）施肥方法　喷施或撒施。

三、灌溉

（1）刚播种或栽植的草坪　立刻灌溉。

（2）随着草坪草的生长　减少灌溉次数，加强灌溉强度。苗期要适当控制浇水次数，适当蹲苗，可协调土壤水、气条件，促进分枝、分蘖和根系扩展；调整地上部与地下部的生长比例；蹲苗还可预防病害。

具体做法是：以浇透 1 次水为基础，然后任其自然蒸发，至 1/2 坪面土壤变灰白，再浇第 2 次水，至整个坪面土壤几乎变灰白，再浇第 3 次水。随着时间的推移，每次土壤变白后延长 1～2 d 蹲苗时间，直到成坪。若遇大雨，应注意及时排水。

（3）随着草坪草的进一步成熟　结合修剪、施肥、施药等进行。

注意事项：①雾状喷灌；②应持续到土壤 2.5～5 cm 深完全浸润为止；③避免土壤过涝。

四、表层覆土

（一）覆土目的

表层覆土是由匍匐茎型草坪草组成的新建草坪维持在低修剪条件下的一种特殊养护措施，其可以促进草坪草匍匐茎的生长、填平洼地。

表层覆土对于匍匐茎型草坪草组成的新建草坪在修剪条件下的养护非常重要，可以促进匍匐茎不定芽的再生和地上枝条发育。

（二）覆土材料

与坪床土壤质地相同。

表层覆土要注意以下几点：①施用的材料质地和原坪床完全一致，或用土、沙和有机混合物，比例 1∶1∶1 最好。②材料无杂草、无病虫等。③草坪草修剪后再表施土壤，施后用锯刷拖平，避免土过厚将草坪草压在下面，形成秃斑。④表施土壤后进行镇压。

镇压常在剪草、表施土壤后进行，其作用是促进草坪草的分蘖、匍匐茎的伸长，增加坪床整齐度，对抵制杂草也有作用。镇压时不能采用太重或太轻的磙子，一般磙重 60～200 kg。镇压时土壤干湿要适度，可掌握在土表由灰变白的过程中进行。南方多雨潮湿地区要减少镇压次数。

五、杂草、病虫害防治

（一）杂草防治

在草坪成坪前一般不用化学除草。若有少量杂草应随时人工拔除。如人工除草有困难，最早也要到草坪草第 4 叶全展开后才能化学除草。

（1）少量杂草　人工拔除。

（2）大量杂草　化学防除。

（3）夏季一年生禾草和某些阔叶性杂草　播种时施用萌前除草剂；草坪定植后用萌后除草剂。

(4) 马唐及夏季一年生禾草　有机砷制剂，第二次修剪后施用，用量减半。

(5) 邻接草皮块缝中长出的杂草　萌前除草剂，播种后3～4周施用。

(6) 不成片的恶性多年生杂草　草甘膦点施。

(二) 病虫害防治

密切注意病、虫害的发生情况，一经发现应及时对症下药。

1. 病害防治

(1) 预防　控制灌溉次数和草坪群体密度。

(2) 治理　杀菌剂。

2. 虫害防治

蝼蛄常在幼苗期危害草坪，蚂蚁的危害在于移走草坪草的种子。

单元作业

草坪的营养繁殖建坪方法有哪几种，并简述其特点？

单元测验

一、单选题

1. 以下由于播种建坪速度快，常用于混播草坪保护种的是（　　）。

A. 多年生黑麦草　　B. 狗牙根　　C. 地毯草　　D. 匍匐翦股颖

2. 新坪灌溉的原则是（　　）。

A. 少浇水　　B. 少量多次　　C. 见干见湿　　D. 多浇水

3. 暖季型草坪的最佳播种时期为（　　）。

A. 春末　　B. 夏末　　C. 冬季　　D. 初春

4. 冷季型草坪的最佳播种时期为（　　）。

A. 初春　　B. 春末　　C. 冬季　　D. 夏末

5. 对于建坪地酸性太强的土壤，应施用（　　）进行酸碱性的改良。

A. 石膏　　B. 有机肥　　C. 石灰　　D. 泥炭

6. 草坪播种量主要取决于种子质量、混合组成及土壤状况，理论播种量是指以足够数量的活种子确保单位面积上幼苗的额定株数，即每平方厘米有一株成活苗，而实际播种量是理论播种量加（　　）左右的损耗。

A. 30%　　B. 20%　　C. 10%　　D. 40%

7. 以下材料不属于草坪草的营养繁殖材料的是（　　）。

A. 塞植材料　　B. 草皮块

C. 种子　　D. 幼枝和匍匐枝

8. 以下建坪方法成本最高的是（　　）。

A. 塞植　　B. 播种　　C. 铺植　　D. 蔓植

9. 以下草种适宜蔓植建坪的是（　　）。

A. 多年生黑麦草　　B. 草地早熟禾　　C. 紫羊茅　　D. 狗牙根

10. 在坪床准备过程中，以下哪种方法可以最高效地杀伤和抑制杂草种子、营养繁殖体、致病有机体、线虫和其他可能引起麻烦的生物有机体等？（　　）

A. 人工拔除　　B. 土壤熏蒸　　C. 翻耕　　D. 除草剂处理

二、多选题

1. 与传统草坪播种相比，喷播法是指将草坪种子、黏合剂、杀虫剂等几项成分混合成液体，用高压泵喷射到坪床上的一种播种技术，其主要优势在于（　　）。

A. 适用于不规则地带、斜坡或狭窄、沟渠以及窄缝地的草坪建植

B. 草种、肥料在喷播过程中均匀分布

C. 种子发芽快

D. 喷播纤维可以逐渐转变为腐殖质，有利于草种生长

2. 以下属于混播草坪特点的是（　　）。

A. 不同草种间会对光等产生竞争

B. 草坪均一性差

C. 延长草坪的使用寿命

D. 草坪环境适应性较好

3. 以下草种适宜夏末播种建坪的是（　　）。

A. 狗牙根　　B. 结缕草

C. 草地早熟禾　　D. 多年生黑麦草

三、判断题

1. 草坪草的理论播种量是指以足够数量的活种子确保单位面积上幼苗的额定株数，即每平方厘米有一株成活苗，因此实际播种过程中应根据种子的发芽率和成活率等指标进行精准计算，严格按照理论计算值进行精准播种。（　　）

2. 幼坪施肥最好在首次修剪前进行，这有利于充分发挥肥效，促进草坪快速生长。（　　）

3. 草坪建植过程中的草种选择最常用的是调查法，在建坪之初，对该地区的草坪现状进行详尽调查，弄清该地区建坪的常用草种及其对当地条件的适应性和坪用特性表现，根据建坪的要求和建坪条件，选定较为适应当地条件的草种与品种。（　　）

第六章　草坪养护管理

第一节　草 坪 灌 溉

草坪草组织是由80%～90%的水分组成的，含水量下降会引起草坪草萎蔫，如果含水量降至60%时，草坪草就会死亡。在我国，只有极少数地区的天然降水量比较充足、分布也比较适中，可以基本满足草坪对水分的需求，而大部分地区则必须进行灌溉。同时，我国淡水资源比较贫乏，淡水不足的矛盾在植物生长中表现十分突出。草坪管理人员必须了解水、土壤、植物三者间的关系，才能有效地利用有限的水资源，达到既节约用水，又满足草坪草对水分的需求，取得较好的管理效果。

草坪草生长发育的各种生理代谢都离不开水的参与。草坪草主要通过根系从土壤中获得水分。水进入植物体后在蒸腾拉力的作用下经木质部向上运输，满足草坪草植物体生理代谢的需要并通过叶片的气孔散失到外界环境中，蒸腾耗水体现了草坪草对水分的需求量。

了解水在土壤、植物、大气中的运动变化规律，对于指导灌溉、充分利用水资源是非常重要的。大雨或灌溉后，土壤表层所有的空隙都充满了水，这时的土壤水分达到饱和状态。但不久水就会在重力作用下，沿土壤中大孔隙向下移动。如果土壤质地细或结构紧实，渗透作用不好，水就会形成地表径流流失掉或形成积水。水从上层土壤完全渗漏后，土壤含水量达到田间持水量。土壤上层的水保留在小孔隙里，成为土壤颗粒周围的水膜。此时土壤含有植物可以利用的最大量水分。随后由于蒸散作用土壤含水量下降到田间持水量以下。土壤水分85%的损失是由于蒸发引起的。由于这些损失，可利用的水量连续减少，直到下雨或灌溉后，土壤含水量再增加为止。

土壤持水能力和质地也有直接的关系。作为一般的规律，黏土的持水量约为壤土的2倍、沙土的4倍或更多。在生长季节，生长在粗质地土壤上的草坪比细质地土壤上的需水量大，因为它排水和蒸发失水都比较多。

一、确定草坪是否需要灌水

（一）植株观察法

当缺水时，草坪首先出现膨压改变征兆，表现出不同程度的萎蔫，进而失去光泽，变成青绿色或灰绿色，此时需要灌水。

（二）土壤含水量检测法

用小刀或土壤探测器分层取土。当新建草坪地表 2～5 cm 的土壤完全干燥；成熟草坪土壤上层干至 10～15 cm 时，草坪就需要灌水。

（三）土壤含水量速测法

用土壤水分速测仪快速测定根层土壤含水率。当土壤含水率小于田间最大持水量的 70％以下时就应尽快灌水。

（四）蒸发器法

当放置在草坪上的蒸发器中的水分减少 25％～35％时则需立即灌水。

二、草坪灌水时间

一天之中何时灌溉，要根据灌溉方式来确定。如果应用间歇喷灌（雾化度较高），顶着太阳灌溉最好，不仅能补充水分，而且能明显地改善小气候，有利蒸腾作用、气体交换和光合作用等，有助于协调土壤水、肥、气、热，利于根系及地下部营养器官的扩展。若用浇灌、漫灌等，需看季节，晚秋至早春，均以中午前后为好，此时水温较高灌后不伤根，气温也较高，可促进土壤蒸发、气体交换，提高土温，有利于根系的生长；夏季则以晨昏为好，特别是黄昏浇水，水的利用率高，草坪生长快。但草坪整夜处于潮湿状态，易引起病害，对草坪造成伤害，一般认为以早晨灌溉为宜。

在具体时间的安排上，应根据气温高低、水分蒸发快慢、水源的供给或其他条件来确定，气温高，蒸发快，则浇水时间可晚些，否则宜早些，做到午夜前草坪地上部茎叶能处于无明水状态为准，防止草坪整夜处于潮湿状态导致病害发生，还可采用诸如经常向草坪喷施杀真菌剂的预防措施，施行晚上浇水。晚上浇水、除具有灌水蒸发损失量小的优点外，还为排水提供了较长的时间，有利于第二天草坪草的利用。

三、草坪灌水量

影响草坪每次灌水量的因素很多。它受草种和品种、土壤质地、养护水平、气候条件等多个因子的影响。

一般暖季型草坪草比冷季型草坪草需水量少，因为暖季型草坪草的光合系统效率高，而且根系比冷季型草坪草发达，对逆境的抗性强；同样的草坪草种，养护水平高的，灌水量大，草坪草生长较好；不同质地的土壤需水量不同，一般情况下，黏土的持水量约为壤土的 2 倍、沙土的 4 倍或更多。但黏土的排水性差，渗透率低，所以壤土是比较理想的土壤质地；此外，我国幅员辽阔，各地气候条件差异较大，南方降雨量大，北方则普遍干旱。不同的季节降水也不均匀，因此，不同的气候条件下，不同的季节里，草坪的蓄水量也不同，需要根据具体情况合理地制定灌溉计划，正确地灌水。

一般情况下，灌溉应使土壤湿润到 10～15 cm 深处，减少灌溉次数，增加灌水量可获得最佳效果。

四、草坪灌水方法

（一）地面灌溉

地面灌溉常采用大水漫灌和用胶管浇灌等多种方式。这种方式常因地形的限制而产生漏水、跑水和不均匀灌水等现象，对水的浪费也大。而且往往由于不能及时灌水、过量灌水或灌水不足，难以控制灌水均匀度，对草坪的正常生长产生不良影响。

（二）叶面喷水

叶面喷水是对草坪进行短时间的浇水。目的在于补充草坪草水分亏缺、降低植物组织温度和除去叶子表面的有害附着物。

叶面喷水的用水量很少，一般在中午草坪刚刚发生萎蔫时进行。通常，每天喷 1 次水就足够了。但在极端条件下，如夏天烈日炎炎的中午，应增加喷水的次数。高强度修剪的草坪如高尔夫球场的果岭，通常在清晨喷水，冲洗掉露水和叶尖吐水。轻度喷水使叶面洁净而容易变干，减少了病害的发生，从而保证了修剪的质量。近些年来，在高尔夫球场的果岭管理中，清晨喷水已基本上取代了以前用拖绳和拖杆去水的老办法，主要原因是喷水的效率高并且很经济。

叶面喷水是草坪建植过程中的重要环节。为了避免脱水，对刚刚种植的草坪包括草皮、种子、插枝等喷水，直到根系下扎。建植后 1～3 周内，每天喷一到几次水是必须的。而后灌溉的频率应减少，增加每次浇水的强度，直到完全成坪。

另外，草坪草遭受病虫害时，喷水有助于草坪草的存活和恢复。夏季斑病会破坏草坪草的根系，使其地上部枯萎，同样蛴螬啃食草根，也会降低其吸水的能力。喷水对于受损的草坪群体发育新根，恢复正常生长是非常重要的。

（三）喷灌

在草坪管理中，最常采用的是喷灌。喷灌不受地形限制，还具有灌水均匀、节省水源、便于管理、减少土壤板结、增加空气湿度等优点，因此，喷灌是草坪灌溉的理想方式。

五、草坪节水措施

促使草坪草根系向土壤深处生长以提高其抗旱性是实现节水型草坪的根本路径。为此，在草坪建植与养护过程中可采取以下措施：

（1）建坪时，尽可能选用耐旱的草种或品种，增施有机肥和土壤保水剂，提高建坪土壤的保水能力。

（2）秋季对草坪进行打孔，清除枯草层，之后表施土壤，每年至少施用一次磷肥以提高草坪草根系活力。

（3）干旱季节适当提高留茬高度，减少草坪修剪次数，少量的草屑可留在草坪中。

（4）干旱时期应减少氮肥施用量，并施用富含钾的肥料以增加草坪草的耐旱性。因高比例的氮肥，使草坪草生长很快，叶片多汁，需水较多。

（5）灌溉前，注意天气预报，看是否将要下雨，据此可决定是否延迟灌溉或减少灌溉量。

（6）少用除莠剂，有的除莠剂会对草坪草的根产生一定的伤害，影响草坪草生长，降低草坪草的抗旱能力。

第二节　施　　肥

一、草坪草必需的营养元素

在草坪草的生长发育过程中，有 16 种元素被认为是完成其生命周期所必需的，称为草坪草必需的营养元素。它们分别是碳（C）、氢（H）、氧（O）、氮（N）、磷（P）、钾（K）、钙（Ca）、镁（Mg）、硫（S）、铁（Fe）、锰（Mn）、铜（Cu）、锌（Zn）、硼（B）、钼（Mo）、氯（Cl）。旺盛生长的草坪植株含有 75%～85%的水分，其余 15%～25%的矿物质主要由这 16 种营养元素组成的有机化合物构成。其中碳（C）、氢（H）、氧（O）主要来自空气和水，其余 13 种元素都主要靠土壤供给。土壤养分指的就是这些主要依靠土壤供应的必须营养元素。表 6-1 列出了常见草坪植物体内必须营养元素的含量范围及有效形态。草坪草的生长对每一种元素的需求量有较大差异，通常按植物对每种元素需求量的多少，将营养元素分为 3 组，即大量元素、中量元素和微量元素。无论是大量、中量还是微量营养元素，只有在适宜的含量和适宜的比例时才能保证草坪草的正常生长发育。根据草坪草的生长发育特性，进行科学的、合理的养分供应，即按需施肥，才能保证草坪各种功能的正常发挥。

表 6-1　草坪草生长所需要的营养元素

分类	元素名称	化学符号	有效形态
大量元素	氮	N	NH_4^+，NO_3^-
	磷	P	HPO_4^{2-}，$H_2PO_4^-$
中量元素	钾	K	K^+
	钙	Ca	Ca^{2+}
	镁	Mg	Mg^{2+}
	硫	S	SO_4^{2-}
微量元素	铁	Fe	Fe^{2+}，Fe^{3+}
	锰	Mn	Mn^{2+}
	铜	Cu	Cu^{2+}
	锌	Zn	Zn^{2+}
	钼	Mo	MoO_4^{2-}
	氯	Cl	Cl^-
	硼	B	$H_2BO_3^-$

草坪草生长过程中，对氮、磷、钾的需求量比其他 10 种元素要大，它们是草坪草生长的重要矿质养分，故称为大量元素。

（一）大量元素

1. 氮素营养

（1）氮素的含量与分布　氮是草坪草生长除碳、氢、氧外需求量最多的元素。对于健康生长的草坪植株，其含量通常为3%～5%，在草坪草生长发育过程中，氮是叶绿素、氨基酸、蛋白质、核酸及其他物质的主要构成成分，对草坪草的生长发育至关重要。比较而言，氮素比其他15种元素更易缺乏，因为氮素不易被固定于土壤，受淋溶和挥发作用影响，大量氮素被损失掉。氮是施肥项目中最关键且施用量最大的养分。草坪草幼嫩器官和种子中含氮量较多，茎秆特别是老茎秆中，含氮量较少。

（2）氮素吸收与代谢　在土壤溶液中，氮素是以NH_4^+和NO_3^-形式被草坪草吸收，并直接进入有机氮库。其他形式的氮在被吸收之前需转化为NH_4^+或NO_3^-。对于多数草坪来说，草坪草吸收的氮虽部分来自土壤有机质分解，但更主要的是来自肥料的施用。NO_3^-是植物利用最普通的化学态，因其带负电，不能贮藏在土壤中的阳离子置换位上，很容易被滤掉。因此，在沙壤土上常进行大量灌水的草坪，将修剪草屑移出的草坪，氮肥如果供应不及时极易造成缺氮。

草坪草氮素的代谢过程大体上是：氮素的吸收→氨基酸的形成及其转化→可溶性含氮化合物的合成及储藏→蛋白质和核酸的生成和分解。根据草坪草的种类差异，氮素的代谢过程与草坪的品质，包括耐踏压性、抗病性、耐旱性、颜色、生长速度及对环境刺激的反应性等密切相关。

（3）氮素缺乏与过多　在草坪草生长过程中，氮素主要是促进草坪草茎叶的生长和维持草坪健康的颜色，不仅直接影响根、茎的生长、草坪色泽和密度，而且对抗高温、抗寒、抗旱和抗病性的大小，草坪草受损后恢复潜力的高低以及草坪群体构成等都有重大影响。当氮缺乏时草坪草的生长会受到抑制，植株矮小，色泽褪绿转黄，分蘖减少，密度下降，茎短而纤细，草坪变得稀疏、细弱、抗性下降，草坪不但易被杂草侵占，还易感染某些草坪病害，如币斑病、锈病、红丝病等。当氮素缺乏时，下部老叶首先褪绿，进而变黄，逐渐向上部发展，生长受阻，叶长和分蘖的减少使单个植株长势变弱，草坪密度明显下降。如果氮素继续缺乏，叶色变为淡紫色，随之坏死，极大影响草坪质量。

过量施氮也会给草坪造成很大的伤害。施氮过量使细胞壁变薄、茎叶组织多汁、纤维化程度降低，养分贮存减少，植株徒长，易倒伏，草坪抗性和耐践踏性下降；由于密度过大造成荫蔽，影响光合作用，叶片中碳水化合物降低，蛋白质含量增加，叶片呈暗绿色，感病性增强，易导致叶斑病、褐斑病、镰刀霉病、叶瘟病等病害的发生。草坪施氮过多常引起地上部生长过旺、修剪次数增多，增加管理成本；同时草坪草的根及根茎生长也会受到抑制，使根系下扎深度和扩展范围缩小，影响水分和养分的吸收。因此缺氮和氮过量均对草坪产生不利影响。

氮的营养水平也影响草坪内的群体构成。例如草地早熟禾和紫羊茅组成的草坪，在高氮水平下草坪中以草地早熟禾为主，而在低氮营养下则以紫羊茅为主。同一草种不同品种混播的草坪也会出现类似的情况。如不同品种混播的草地早熟禾草坪，Merion较喜欢高氮肥力，在高氮水平下表现突出，而Kenblue在低氮水平下表现更佳。因此保持适宜的氮素营养水平十分必要。

通常氮肥使用计划可按每平方米的施氮量表示，但土壤化验不能决定施氮肥的比率，因此除了进行组织化验外，草坪管理者必须根据实际观察并参照当地草坪专家介绍的一般比率制定施肥计划。是否需要施用氮肥，可根据植物的颜色、密度、修剪下的草量及草坪的整体外观来决定。草坪失去应有的绿色，草坪管理者会想到施肥，但应先考虑草坪缺绿是否是由于环境影响（高温、高湿、干旱）或病虫害所致。密度稀疏并有杂草的草坪常常是由于氮肥不足引起的，有效氮少也会使草坪生长缓慢，剪草量少。

2. 磷素营养

（1）磷素的含量与分布　在草坪草组织中，磷含量一般为 0.15%～0.55%，平均 0.3%～0.4%，草坪草利用磷的量低于氮和钾，但不同草坪草对有效磷含量的要求不同，草地早熟禾含量最高，而地毯草、海滨雀稗、狗牙根相对较低。据报道，结缕草叶片中含 0.05%～0.1%的磷为正常含量。另外不同种类的草坪植物及同种植物的不同生育期和不同器官中磷的含量差别很大，喜磷植物高于一般植物，生育前期高于生育后期，幼嫩器官高于衰老器官，叶片高于根系，根系高于茎秆。

磷在植物体内起着重要的作用。它不但是细胞质遗传物质的组成元素，在植物新陈代谢过程中，磷还起到能量的传递（以 ATP 形式）和贮存作用。大量的磷集中在幼芽、新叶以及根顶端生长点等代谢活动旺盛的部位。因此，在草坪草生长过程中，有效磷供应充分会促进草坪草根和根茎的生长，使草坪草生长迅速，分蘖增多，提高草坪的抗寒、抗旱和抗践踏能力。磷能促进根系的早期形成和健康生长，对于新建植草坪来说更为重要。因此，在建植草坪时应施足磷肥，且应施在离种子较近的土层，以保证草坪的快速建植成坪。

（2）磷素吸收与代谢　植物对磷的吸收主要是以 $H_2PO_4^-$ 形式，其吸收过程受环境 pH 影响较大，一般在土壤 pH 6～7 和草坪草快速生长阶段吸收最快。与在植物体内正好相反，磷在土壤中移动性较差，不易从根层中淋失。但是，当磷肥施入土壤后极易转化为难溶形态使其有效性降低。不过，可溶性磷与难溶性磷之间存在着动态平衡，当有效磷库因植物吸收而降低时，一些难溶性磷则以相当的速度转化成可溶性磷来维持作物的正常生长。有研究表明，如剪下草屑不移出草坪的话，只要前 1 次磷肥施用充足，可以在较长时期内不再增施磷肥。如果连续施用大量磷肥，磷可以在土壤中积累到较高水平，但也不致影响草坪草生长。如紫羊茅和草地早熟禾的生长可在土壤磷水平高达 1 700 kg/hm^2 时也未受伤害。但研究表明，当土壤中有效磷含量过高时，会造成植物过早老化，并引起锌、铁、镁等元素缺乏，使草坪变得粗糙，失去使用和观赏价值，同时，对杂草的防除效果也有影响。因为在利用无机砷制剂防除一年生杂草的地方，随土壤有效磷浓度的提高，杂草根系吸收砷的量会下降。有效磷水平越高，就需要更高量的砷才能得到理想的除草效果。因此，土壤中有效磷含量不应过高，以便在较低的砷水平下得到较好的杂草控制效果，节省开支。

磷是植物细胞核的重要成分，它对细胞分裂和植物各器官组织的分化发育特别是开花结实具有重要作用，是植物体内生理代谢活动必不可少的一种元素。核酸、核蛋白对蛋白质的合成和性状的遗传起着重要作用，而磷是构成这些成分的元素，是生命现象的基础。

（3）磷素缺乏与过多　在草坪建植过程中，土壤基质含磷量低（一般认为＜5 mg/kg）时，草坪草在苗期即可表现出缺素症状。对于大多数成熟草坪，当草坪草叶片组织中磷含量为 0.08%时，植株缺磷症状已相当明显。春季返青后生长缓慢，植株矮小，不分蘖或分蘖少，叶形狭长，叶面积小，叶身稍呈环状卷曲，叶色暗绿苍老，当磷供应不足时，磷由老叶向新叶移动，较老叶片先呈深绿色，后呈紫色或红色，叶脉基部和整个叶缘变成紫色。但磷素缺乏时，不同的草坪草反应略有差异。对草地早熟禾草坪（品种 Merton），叶尖由紫色→暗红色→整个叶片变红→叶尖死亡→整个叶片死亡。而对于狗牙根草坪，草坪草叶片表现是由深绿色变为灰绿色，但茎生长受阻较轻。

植物体内的磷含量与磷营养水平密切相关，磷肥能明显提高植物体内含磷量及各种形态磷的比例，还能提高可溶性磷的含量。一般土壤中有效磷含量低于 34 kg/hm^2，全磷低于 0.08%时需要施用磷肥。但多数草坪植物处于潜在缺磷阶段时，在外貌上很难诊断，当表现明显缺磷症状时，早已造成缺磷危害。探求草坪植物潜在的缺磷临界指标，在草坪建植和管理上非常重要。

磷素营养过多不仅造成草坪植物生长期缩短，成熟期提早，植株矮小，分蘖减少，而且引起锌、铁、镁等元素缺乏，叶片呈现缺绿症，从而造成草坪粗糙，影响草坪植物的品质。

3. 钾素营养

（1）钾素的含量与分布　草坪草对钾的需求仅低于氮，草坪组织中钾含量为 0.9%～4.0%，多为 2%～3%。钾以离子态水溶性无机盐方式存在于细胞及组织中，不作为特殊的有机化合物存在，在植物体中的分布与蛋白质的分布一致，多数分布在茎、叶部分，在生长快速的幼嫩部位含量会更高，但当植物接近成熟时，含量显著降低。

钾在大量化合物合成（如氨基酸、蛋白质、碳水化合物等的合成）中起重要作用，在许多生理过程中起到了调节与催化剂的作用（如调节植物呼吸、蒸腾、促进酶系统的活化）。钾是维持草坪健康生长必不可少的养分，能够促进细胞壁的形成，使植物对冷、热及霜冻的抗性增加。在促进根与根茎的生长发育，提高草坪抗旱、抗寒、抗热能力和增强草坪草抗病性与耐践踏能力等方面，钾的作用十分重要。钾还能够提高氮的吸收和利用，对平衡氮磷营养起一定作用。

（2）钾素吸收与代谢　钾通常以 K^+ 形式被草坪草吸收，并以离子态水溶性无机盐的方式存在于细胞及组织中。当土壤中钾含量高时，植物可吸收高于自身需求量很多的过量钾，并贮存在草坪草组织中，这种现象通常被称为钾的“奢侈吸收”。在这种情况下，如将草屑移出草坪，同时也会有大量的钾随之带出。在土壤中，钾含量变化较大。虽然土壤中全钾量较高，但多为黏土矿物固定态钾，对植物生长是无效的，仅有少部分存在于土壤溶液中的有效钾才可被草坪草吸收利用。由于在土壤中由无效钾向有效钾的转换是一个缓慢的过程，而钾盐又易溶于水，也易于从土壤中淋失，尤其是在沙性土壤中，淋溶损失比黏重土壤更为严重。因此，在草坪生长季节施入钾肥时也应本着少量多次的原则，特别是在沙性土壤上更应如此。

（3）钾素缺乏与过多　钾素缺乏初期，全部叶片叶色暗，无光泽，呈蓝绿色，叶片柔弱下垂，倾斜方向更加水平，用手摸时叶片发软。下部老叶片的叶尖和叶片脉间变黄，接下来叶尖卷曲、枯萎。一般在生长后期才表现出来症状，先从下部叶片出现症状，逐渐向上发展，中部叶片发展最快，往往还会因氮素的过多而加重。钾供给不足时，草坪草的氮代谢和碳水化合物的平衡被打破，蛋白质合成受阻，氨基酸等水溶性含氮化合物含量上升；水分含量提高，淀粉等高分子碳水化合物的合成停止，易溶于水的低分子糖类含量增高，这样就为病原菌活动提供了适宜的寄主。此外，缺钾还可导致细胞壁变薄和易损，使草坪在修剪后更易为病原菌提供理想的侵入场所。当钾在植物体内浓度增加时，植物的吸水和持水等功能得以合理的协调，植物细胞壁增厚，叶片挺拔，减少萎蔫，从而增加草坪的耐践踏性。同时，在较高的钾含量下，草坪草还减少了褐斑病、币斑病、红线病、镰刀霉斑病、斑点病等病害的发生。有研究表明，草坪草叶片组织内氮、钾比例为 2∶1 时是适宜含量水平，过多的钾也会影响植物对钙、镁及其他养分的吸收。

（二）中量元素

1. 钙

（1）钙素的含量与分布　在草坪草组织中，钙含量多为0.2%～0.5%，含量较高，仅次于氮和钾。钙主要存在于草坪草的叶片和茎中，是细胞壁的重要组成成分，并大量存在于分生组织中。

钙以果胶酸钙的形态构成细胞壁的中胶层，使细胞紧密连接成组织，使植物有一定的机械强度。充足的钙供应可促进根的生长，尤其是根毛的生长和发育。钙还具有中和细胞内有毒有机酸的功能，可协调细胞液的生理平衡，对钾和镁的吸收也有影响。

（2）钙素吸收　草坪草对钙的吸收通常以 Ca^{2+} 的形式。在不同母质、不同质地土壤中钙含量变化很大。质地粗、渗漏强的土壤中钙的含量偏低。钙对土壤酸度和土壤结构有强烈的影响，它可改善土壤结构，增强土壤通透性与持水性能。由于钙是石灰的主要成分，可使土壤 pH 升高，从而影响其他养分的有效性。

（3）钙素缺乏　钙是植物体内不易移动的元素之一，当钙缺乏时，首先出现在幼嫩叶片，叶片边缘变为红棕色，并逐渐延伸到中脉。但缺钙的表现常随植株年龄而异，在较老的植株上，首先是脉间部分变为红棕色，接着变为淡红色，再变为玫瑰红色，最后叶尖枯萎。缺钙常易导致草坪草感染红丝病和枯萎病。

2. 镁

（1）镁素的含量与分布　在草坪草组织中，镁含量一般为0.11%～0.7%，不同草坪草含量有差异。匍匐翦股颖平均为0.7%，草地早熟禾为0.4%，紫羊茅则为0.29%。在草坪草生长过程中，镁是叶绿素分子的重要组成成分，叶绿素含镁2.7%，是草坪草生长和绿色保持所必需的营养元素。镁还是许多酶的活化剂，参与一些酶的合成，可促进二氧化碳的固定、糖的酵解及脂肪的代谢，并参与植物体内磷的转运，有助于对磷的吸收。镁在植物体内活动性相对较强，可以由老叶转移到幼嫩组织再被利用。虽然在茎尖和根尖部位有镁的累积，但通常镁在叶片中的含量是最高的。

（2）镁素吸收　镁在土壤中以 Mg^{2+} 的形式被草坪草吸收。它在土壤中不如 Ca^{2+} 含量高，也不如 Ca^{2+} 对土壤的理化性状影响大。Mg^{2+} 虽然被土壤胶体吸附，但并不增加土壤的团聚性，相反浓度过高还会引起凝聚作用下降。

（3）镁素缺乏　缺镁后草坪草的色泽变化是失绿，叶片脉间缺绿黄化，严重时出现坏死斑点，但缺镁先发生在下部的老叶，开始叶片呈带状樱桃红色，最后直至叶片坏死。

3. 硫

（1）硫素的含量与分布　在草坪草组织中，硫的含量与磷较为接近，但硫在植物体内多均匀分布。在草坪草生长过程中，硫是合成蛋白质和核酸不可缺少的组成成分，没有硫，植物则不能利用氮。硫参与硫胺素、生物素、辅酶 A 及铁氧化蛋白等的组成与代谢活动，还是许多酶的组成成分。因此土壤缺硫蛋白质合成受阻，抑制光合作用、固氮作用、脂肪代谢和氮素代谢，会直接影响草坪草生长，对于草地早熟禾会增加粉霉病的发生。

（2）硫素吸收　硫主要以 SO_4^{2-} 形式被草坪根系吸收，还有部分以 S^{2-}、SO_3^{2-} 及含硫的有机化合物被吸收，少量以气体 SO_2 的形式通过叶片吸收进入植物体。虽同为中量元素，硫在土壤中的数量较钙、镁要低得多。土壤溶液中的可溶性硫酸盐和土壤复合体上的吸附态硫是草坪植物利用硫元素的主要来源，大多数的硫含在有机质中，必须待有机质分解后硫才有效。因此，表层土壤含硫量较底层高。

（3）硫素缺乏　在匍匐翦股颖和紫羊茅草坪中，缺硫与缺氮症状相似。先由上部幼叶发生，叶片由灰绿转为黄绿，叶缘枯萎，最后整个叶片枯死。

（三）微量元素

微量元素主要包括铁、锰、铜、锌、硼、钼、氯等7种元素。草坪植物需要量虽少，但其营养作用仍很重要，缺乏时会影响草坪植物的正常发育。由于植物需求量低，大多数土壤中一般不缺乏。但如果受土壤磷水平、土壤有机质含量过高、枯草层积累过厚及土壤紧实、排水条件太差等环境条件的影响，就会使某些元素在土壤中的溶解性下降，对植物有效性降低，从而导致某些元素的缺乏，进而影响草坪植物的正常生长代谢。但是，如土壤中微量元素浓度过高，对草坪生长也会造成毒害，尤其是锰、铜、锌、硼。

1. 铁

在植物体内铁的含量不高，且难以移动。铁是细胞色素氧化酶、过氧化氢酶等的组成成分，在所有的微量元素中，草坪最易表现缺乏的是铁，尤其是土壤pH＞7的地区。虽然铁不是叶绿体组成成分，但却是合成叶绿素所必需的。因此，草坪色泽受组织中有效铁水平的影响，当铁缺乏时最初表现是生长旺盛的叶片和幼嫩叶片脉间变黄（这与缺氮症状很相似，但缺铁首先出现在幼叶上）。如继续缺铁，叶片变白或象牙白色，并扩展到老叶片，但一般叶片不坏死。施用铁肥可以在24～48 h内得到反应，在碱性土壤中，一般采用叶面喷施，硫酸铁和螯合铁对缺铁很有效。

2. 锰

草坪草组织中锰的含量相当低。锰是某些羧化酶、脱氢酶、氧化酶的组成成分，不但参与叶绿素合成，还参与植物体内的一些氧化还原反应，能促进生殖器官的发育。在土壤中锰的有效性受溶解度制约，在酸性、排水性差或紧实的土壤中有效锰的含量较高，碱性或渗漏的土壤易发生缺锰。缺锰导致草坪草叶子下垂，叶片脉间失绿（似缺铁），并有些小的坏死斑点布满叶片，继续缺锰，整个叶片失绿、萎蔫、卷曲。

3. 锌

草坪草组织中锌的含量极低，含量高则会产生毒害（尤其对匍匐茎）。锌是碳酸酐酶的组成成分。锌在表层土壤中含量较高，但在板结、频繁灌溉及碱性的土壤条件下有效性降低。由于锌参与植物中某些生长促进物质的合成，能够促进草坪草的快速生长。因此，生长受阻是缺锌的首要症状。缺锌伴随着幼叶变薄、皱褶，同时叶片色泽变暗，脱水。在狗牙根草坪中，由于渗出液结晶，草坪草叶片上常出现白斑。

4. 钼

草坪草对钼的需求极低。钼在植物叶片和生长旺盛的部位含量较高，是硝酸还原酶、固氮酶的组成成分，在土壤中上层较下层含量高。碱性土壤条件下，钼的移动性增大，有效性提高。钼作为某些酶的辅酶，对草坪草生长有一定影响。当钼缺乏时，下部的老叶褪绿变灰，脉间有黄色斑点，最后叶片坏死，生长受阻。

5. 硼

在植物体内硼是难移动元素。在土壤中硼的有效性受土壤反应影响很大，在强淋溶的酸性土壤和在碱性土壤条件下，硼的有效性均较低。缺硼时草坪草生长点的发育受阻，叶片脉间失绿、变红。在狗牙根草坪中出现过缺硼现象，但在草地早熟禾与匍匐翦股颖草坪中很少发生。

6. 氯

草坪草对氯的需求较低，而植物体内氯的含量却很丰富，一般没有缺乏现象。

二、肥料的类型

按肥料的种类和性质可分为有机肥料和无机肥料。

（一）有机肥料

有机肥料含有大量的有机物质和营养元素，养分全面，肥效长，有保肥和缓冲作用，是良好的土壤改良剂，可改善土壤水气状况、提高土温，改善土壤特性。常见有机肥料见表 6-2。

表 6-2　常见有机肥肥分含量（占鲜重%）

	有机物	氮（N）	磷（P_2O_5）	钾（K_2O）
人粪尿	5～10	0.5～0.8	0.2～0.4	0.2～0.3
人粪	20	1.0	0.50	0.37
猪圈粪	25.0	0.45	0.19	0.60
马厩肥	25.4	0.58	0.28	0.53
牛栏粪	20.3	0.34	0.16	0.40
羊圈粪	31.8	0.83	0.23	0.67
鸡粪	25.5	1.63	1.54	0.85
鸭粪	26.2	1.10	1.40	0.63
兔粪	—	0.78	0.30	0.41
堆肥	15～25	0.4～0.5	0.18～0.26	0.45～0.70
沟泥	9.37	0.44	0.49	0.56
草木灰	—	—	2.10	4.99
豆饼	—	7.00	1.32	2.13
芝麻饼	—	5.80	3.00	1.30
花生饼	—	6.32	1.17	1.34
鱼杂肥	69.84	7.36	5.34	0.52
泥炭	76	1.81	0.39	0.26

注：引自原北京农业大学编《肥料手册》。

（二）无机肥料

无机肥料的种类很多，不同的无机肥在草坪土壤中的变化及其对草坪植物发挥肥效的条件各不相同。无机肥料又称化学肥料，简称化肥，主要成分是无机化合物，具有养分含量高、大多易溶于水、易被植物根系吸收利用、肥效快但不持久、养分易损失等特点，过量施用会对植物、土壤、水质和生态环境产生不良影响。常见化肥养分含量见表 6-3。

表 6-3 常见化肥养分含量 %

肥料名称	主要成分	含氮量（以 N 计）	含磷量（以 P_2O_5 计）	含钾量（以 K_2O 计）	酸碱性
氨水	NH_4OH	12～16	—	—	碱性
碳酸氢铵	NH_4HCO_3	17	—	—	弱碱性
硫酸铵	$(NH_4)_2SO_4$	20～21	—	—	弱酸性
氯化铵	NH_4Cl	24～25	—	—	弱酸性
硝酸铵	NH_4NO_3	33～35	—	—	弱酸性
尿素	$CO(NH_2)_2$	44～46	—	—	中性
石灰氮	$CaCN_2$	20	—	—	碱性
过磷酸钙	$Ca(H_2PO_4)_2 \cdot H_2O$	—	12～18	—	酸性
重过磷酸钙	$Ca(H_2PO_4)_2 \cdot H_2O$	—	约 45	—	弱酸性
钙镁磷肥	—	—	12～20	—	碱性
硫酸钾	K_2SO_4	—	—	48～52	中性
氯化钾	KCl	—	—	50～60	中性
氨化过磷酸钙	$NH_4H_2PO_4+CaHPO_4^+$ $(NH_4)_2SO_4$	2～3	14～18	—	中性
硝酸磷肥	$CaHPO_4+NH_4H_2PO_4+NH_4NO_3$	20	20	—	—
磷酸二氢钾	KH_2PO_4	—	24	27	酸性
硝酸钾	KNO_3	13	—	46	中性
氮钾复合肥	$(NH_4)_2SO_4+K_2SO_4$	14	—	16	中性

注：引自原北京农业大学编《肥料手册》。

按营养成分，无机肥可分为氮肥、磷肥、钾肥、复合肥及微量元素肥料。复合肥料含有一定比例的氮磷钾中的两种或三种，三种都含有的又称完全复合肥料。

1. 氮肥

氮是草坪施肥首要考虑的营养元素。氮肥是草坪管理中应用最多的肥料。按照化肥中氮素存在的主要形态，可分为铵态氮肥、硝态氮肥、酰胺态氮肥、长效氮肥等四大类。

（1）铵态氮肥　铵态氮肥中的氮素是以铵（NH_4^+）离子的形式存在的，如碳酸氢铵、硫酸铵、氯化铵等。这类肥料的共性是易溶于水，在土壤中以 NH_4^+ 形态存在，可直接被土壤胶体吸附或被植物直接吸收利用，肥效快但不持久。在土壤中易被硝化细菌转化成硝态氮而随水流失或下浸。铵态氮在碱性土壤上表施，很容易造成氨（NH_3）的挥发损失，并对草坪草造成“氨中毒”。

（2）硝态氮肥　氮素以硝酸根（NO_3^-）离子的形态存在，如硝酸铵、硝酸钾、硝酸钠、硝酸钙等，其中硝酸铵兼有铵态氮肥、硝态氮肥两类肥料的双重特性。硝态氮肥的共性是极易溶于水，以硝酸根离子的形态存在于土壤中，可直接被草坪植物吸收利用。因 NO_3^- 不易被土壤胶体所吸附，故随水移动性大，易造成淋失或下浸到缺氧的土壤还原层，在反硝化细菌的作用下形成 N_2O、NO、N_2 等气体，造成氮素损失。同时，这类肥料极易吸湿、易燃、易爆；贮运中应特别注意防潮、防火、防爆，不要与易燃物混存。过量施用硝态氮肥会污染土壤、水质与环境，破坏农业生态平衡，因此，要注意硝态氮肥的施用量、施用时期和施用方法。

(3) 酰胺态氮肥　氮素以酰胺态存在的氮肥，如尿素、石灰氮等。这类肥料施入土壤后，须经水解转化为铵态氮后才能被植物吸收，故肥效较铵态氮肥和硝态氮肥略慢。所含有的副成分或转化后的产物对植物有毒害作用。

以上三类都属于速效氮肥，它们多数是由大气中的氨与其他化合物反应而成。

速效氮肥具有以下特点：①高水溶性；②施用后草坪草反应迅速；③养分的有效性受温度影响较小；④可以溶解在水中作为叶面喷施；⑤施用后残效较短；⑥易于以 NO_3^- 的形式淋失；⑦易产生烧苗；⑧每单位纯氮的价格较低。由此可以看出，速效氮肥有优点也有缺点。其高水溶性可以快速有效地被草坪草根系吸收（只要土壤水分适宜），但施用后易造成草坪草徒长，肥效的持续期也短。因此，如想利用速效肥来获得均匀一致的草坪草生长，最好采用少量多次施肥。

(4) 长效氮肥　长效氮肥是近 15～20 年来才研制和生产的缓慢释放氮素营养的缓效肥料，此类肥料中有一定比例的氮可不立即溶解于水，这些氮素要经过微生物的分解或一些物理化学过程才能释放出来供给植物需要。长效氮肥包括天然有机物和合成的缓释氮肥两大类。天然有机物主要有活性废弃物、饼肥、有机肥，发酵后的残渣等；天然有机氮源中的氮包含在复杂的有机化合物中，在水中不易溶解，其氮的释放依赖于微生物对有机化合物的分解以及温度的变化。因此，在温度适宜微生物活动条件下，某些氮源氮素释放较快，但当温度低于 10℃时分解受到抑制。所以，在春季希望草坪快速返青时，应用此类肥料效果不太理想。此种肥料除含氮以外，还常含有一定量的磷和钾及微量元素。合成的缓释氮肥有 UF（尿甲醛）、IBDU（异丁叉二脲）、SCU（硫包衣尿素）、PCU（塑膜包衣尿素）等，是由尿素与其他物质经过化学合成或物理合成的方法形成的缓慢释放氮素的肥料。

缓效氮肥的共同特点是：①释放肥效的速度缓慢；②水溶性较低；③叶片灼烧力低；④每单位纯氮的成本较高；⑤氮素渗漏损失较低；⑥残效持久。

2. 钾肥

钾肥的种类不如氮肥和磷肥多，产品也较少。用于草坪的钾肥多数是通过钾盐开发后再经过处理所得。目前常用的钾肥有：氯化钾、硫酸钾和硝酸钾等。氯化钾由于价格相对较低，应用更为广泛，但一次用量过高可对植物产生灼烧。硫酸钾是草坪施肥的最理想钾源，不但供钾更为平稳，在钾施入的同时还可增加土壤硫的含量，但较氯化钾贵。硝酸钾含有13%的氮，水溶性高，由于其运输和贮藏不如前两者方便，应用不太广泛。此外，农村广泛存在的草木灰，由于含钾量高，通常也作为钾肥施用。常用钾肥理化性状见表 6-4。

表 6-4　常用化学钾肥的主要理化性状

肥料名称	主要成分的化学分子式	养分含量（以 K_2O 计）	酸碱度	溶解性	物理性状
硫酸钾	K_2SO_4	48～52	中性	水溶性	—
氯化钾	KCl	50～60	中性	水溶性	—
窑灰钾肥	K_2SO_4，K_2CO_3，KCl	8～12	碱性	水溶性	吸湿性强
	K_2SiO_3，K_2AlO_3			弱碱溶性	结块
钾镁肥	$K_2SO_4 \cdot MgSO_4$，$NaCl$	33	中性	水溶性	吸湿性强
钾钙肥	—	4～5	强碱性	水溶性	—

由于钾较易淋失以及植株的“奢侈吸收”，钾的施用也不可一次用量过高。目前，有报道将钾做成胶囊来减缓钾的释放，但未见生产上的应用效果报道。

3. 磷肥

大多数磷肥源于磷矿石，矿石经磨碎、分选，再用酸处理后则成磷肥。如过磷酸钙、重过磷酸钙等，肥料中不但含有磷，还含有大量的可溶性钙和一定量的镁、硫等元素。磷酸二氢铵、磷酸二氢钾也是常用的化学磷肥。骨粉是商业上常用的有机磷源，其中磷的释放依赖于对有机物质的分解。由于磷肥施入土壤后有效磷易被固定、且在土壤中难以移动，为提高磷肥的施用效率，不宜于建坪前过早施入磷肥或施到离根层较远的地方。有条件的地方可于草坪施入磷肥前先打孔后施用，以利于磷肥进入根层。

磷肥按溶解性可分为水溶性磷肥、弱酸溶性磷肥，难溶性磷肥。草坪绿地常用磷肥的重要理化性状见表 6-5。

表 6-5　常用化学磷肥的主要理化性状

肥料类型	肥料名称	主要成分的化学分子式	养分含量（以 P_2O_5 计）/%	酸碱性	溶解性	物理性状
水溶性磷肥	过磷酸钙	$Ca(H_2PO_4)_2 \cdot H_2O$	12～18	酸性	水溶性	吸湿性、腐蚀性
	重过磷酸钙	$Ca(H_2PO_4)_2 \cdot H_2O$	45 左右	弱酸性	水溶性	吸湿性强、易结块
弱酸溶性磷肥	沉淀磷酸钙	$CaHPO_4 \cdot 2H_2O$	27～40	中性	弱酸溶性	
	钙镁磷肥	$Ca_3(PO_4)_2$	14～20	带碱性	弱酸溶性	吸湿性强
	钢渣磷肥	$Ca_4P_2O_9 \cdot CaSiO_3$	5～14	碱性	弱酸溶性	
	脱氟磷肥	$2Ca_3(PO_4)_2 \cdot Ca_4P_2O_9 \cdot H_2O$	15～20	碱性	弱酸溶性	
	偏磷酸钙	$Ca(PO_3)_2$	60～70	中性	易水解	易潮解结块
酸溶性磷肥	磷矿粉	$Ca_5(H_2PO_4)_3 \cdot F$ 及其同晶置换物	>14	中性	强酸溶性	
	骨粉	$Ca_3(PO_4)_2$	22～33	中性	强酸溶性	
	含磷风化物	$Ca_5(H_2PO_4)_3 \cdot F$ 及其同晶置换物	0.4～3.0	中性	酸溶性	

4. 钙、镁、硫肥

钙是许多化合物的主要组成成分。白云质石灰岩中含有钙也含有镁，但在土壤中镁的溶解性较低。一般情况下，钙、镁、硫肥很少单独施入，在氮、磷、钾肥施用时，常顺便加入土壤中。如过磷酸钙（含 0.3% Mg）、硫酸钾（含 0.6% Mg）、硝酸钙（含 1.5%Mg）等，许多复混肥虽未在标签中注明，但常含有一定量的镁和硫。

在常用的草坪肥中含有大量的硫，如硫酸钾、硫酸铵。在城区因大量燃料燃烧，大气中的 SO_2 也可被草坪草直接吸收或被土壤吸附。

5. 微量元素肥料

多数情况下，微肥的施用是不必要的。一方面土壤中的含量虽然少，但亦足够；另一方面这些元素常伴随其他肥料的施用进入土壤。只要草坪草未表现出缺乏症状，过多的微肥施用常常是有害而无益的。

目前，在市场上见到的草坪肥多为混合肥料。理想的草坪专用肥不但是按照草坪草生长的不同需求合理地调整氮、磷、钾等元素的比例，还会含有适量的水溶性氮与一定量的非水溶性氮，合理控制氮素的释放，以保证草坪既有较快的肥效反应，也有较长的肥效。如需添加微量元素，在混合肥料中，Fe、Mn、Cu、Zn 可以硫酸盐的形式加入。有的还将杀虫剂、杀菌剂等掺入肥料中，使得非专业草坪管理人员在应用上更为方便。

三、施肥量的确定

（一）施肥量确定依据

（1）草坪草本身的需肥特性不同，需肥量不同。一般说来，每个生长季冷季型草坪草的需氮量为 20～30 g/m^2，改良的草地早熟禾品种与坪用型多年生黑麦草需氮量较此值稍高，而高羊茅和细羊茅略低些。暖季型草坪草比冷季型草坪草的需氮范围要宽。改良狗牙根需氮量最高，通常为 20～40 g/m^2，而假俭草、地毯草和巴哈雀稗平均需要 10～20 g/m^2，结缕草和钝叶草居中，见表 6-6。

表 6-6 不同草坪草种形成良好草坪所需氮量比较

冷季性草种	每年需氮量/(g/m^2)	暖季性草种	每年需氮量/(g/m^2)
细羊茅	3.0～12.0	美洲雀稗	3.0～12.0
高羊茅	12.0～30.0	普通狗牙根	15.0～30.0
一年生黑麦草	12.0～30.0	改良狗牙根	21.0～42.0
多年生黑麦草	12.0～30.0	结缕草	15.0～24.0
草地早熟禾	12.0～30.0	沟叶结缕草	15.0～24.0
普通早熟禾	12.0～30.0	假俭草	3.0～9.0
细弱翦股颖	15.0～30.0	野牛草	3.0～12.0
匍匐翦股颖	15.0～39.0	地毯草	3.0～12.0
冰草	6.0～15.0	钝叶草	15.0～30.0
		格兰马草	3.0～9.0
1/3 仲春；1/3 初秋；1/3 仲秋		1/3 早春；1/3 晚春；1/3 仲春	

注：冷季型草坪建议用 2-1-1～3-1-2 或相近比例的复合肥料；暖季型草坪建议用 4-1-2～4-1-3 或相近比例的复合肥料。养分比例是指肥料中的 N、P_2O_5、K_2O 所占的份数比。

（2）草坪生长土壤的肥力状况不同，需肥量不同。可根据土壤测试结果确定施肥的数量和比例，按需配方施肥。

（3）草坪使用目的和强度不同，需肥量不同。运动场草坪较庭院草坪需要更多的肥料，尤其是高尔夫球场的匍匐翦股颖和狗牙根等需求量更高，如高质量的狗牙根草坪施肥量可高达 50～80 g/m^2。对于低要求养护管理的草坪每年施肥量要低得多，有的草坪每年仅施 5 g/m^2。

另外草坪肥料的施用量还受到以下一些因素的影响，如：①气候状况（温度、降雨等）；②草坪光照情况；③生长期长短；④土壤特性（质地、结构、紧实度、pH）；⑤灌溉水平；⑥草屑是否移出等。

（二）施肥量确定方法

1. 草坪植物营养诊断法

可分为形态诊断和植物分析诊断，两种方法在草坪生产中广泛应用。根据植物的外表和生长状况，参照植物特定的缺素症判断可能缺乏的营养元素。这就需要草坪管理者有特别丰富的实践经验，否则，对各种营养元素缺素症与因气候、土壤、病虫害等引起的症状不易加以区分。

2. 土壤测定法

用合适的提取剂提取土壤有效成分，根据草坪植物的相对生物量水平或外观价值，把土壤有效养分含量划分成不同等级，对草坪各种元素的需要量加以确定，能够更科学、更准确地施肥。

3. 土壤与植物分析相结合法

把土壤和植物分析有机地结合起来，按照草坪植物生育期间所需要的养分数量和土壤速效养分含量进行施肥，使之平衡。还要补充一部分肥料来培肥地力，既保证草坪的健壮，又提高肥料的利用率。

草坪推荐施肥时，氮的施用量最大，并且施肥量多少通常以氮的用量为基础。磷、钾养分的丰缺常与草坪质量、发病率及草坪在胁迫条件下的抗性有关。

氮肥施用量常根据草坪色泽、密度和草屑的积累量来定。色泽褪绿转黄且生长稀疏、长满杂草的草坪；生长缓慢、草屑量很少的草坪是需要补氮的征兆。施肥时如选用的是速效氮肥，一般每次用量不超过 $5\ g/m^2$ 为宜，并且要施肥后立即灌水。但如果选用缓效氮肥，一次用量则可高达 $15\ g/m^2$。

钾肥和磷肥的施用量常根据土壤测试来确定。一般情况下，施肥中 $N:K_2O$ 之比经常选用 2∶1 的比例。磷肥（以 P_2O_5 计）的施用对于众多成熟草坪来说，每年施入 $5\ g/m^2$ 即可。对即将建植草坪的土壤来说，可根据土壤测试结果适当提高磷肥用量，以满足草坪草苗期根系生长发育的需要，有利于快速成坪。

微量元素肥料在草坪草组织测试未发现缺乏时很少施用（除铁外），但在碱性、砂性或有机质含量高的土壤易发生缺铁。草坪缺铁可以喷 3% $FeSO_4$ 溶液，每 1～2 周喷施 1 次。如滥用微量元素化肥，既使用量不大也会引起毒害，因为施用过多会影响其他营养元素的吸收和活性的大小。通常，防止微量元素缺乏的较好方式是保持适宜的土壤 pH 范围，合理掌握石灰、磷酸盐的施用量等措施。

至今为止，还没有一种肥料具有草坪需要的所有理想特性，它们往往具有某些优点，同时又有某些不足。这就需要草坪管理人员在草坪生长季制定施肥计划时，要根据草坪养护管理中的经验和各种肥料用量的综合影响因素，将几种不同类型的肥料或不同肥源结合起来应用才能达到满意的效果。

四、施肥时间和次数

草坪适宜的施肥时间和次数，受草坪植物特性、土壤理化性状和气候条件等因素的影响，一般来说，当温度和水分状况均适宜草坪草生长的初期是最佳的施肥时间，而当有环境胁迫或病害胁迫时应避免施肥。

(一) 暖季型草坪施肥计划 (氮肥)

暖季型草坪草冬季几个月里处于休眠状态，失去叶绿素变成枯黄色，光合作用停止，不能合成碳水化合物，一切生命活动处于基本停止状态。在打破春季休眠之后，以晚春和仲夏时节施肥较为适宜。一般情况下，暖季型草坪在一个生长季节可施肥两三次，第 1 次施肥可选用速效肥，一般建议纯氮用量为 0.488 kg/hm^2，盛夏生长速度达到高峰。可在秋季施一次缓释肥，避免草坪因缺肥而缺绿。但夏末秋初施肥要小心，以防止寒冷来临时草坪草受到冻害。

(二) 冷季型草坪施肥计划 (氮肥)

春季轻施、秋季重施较为适宜，仲夏应少施肥或干脆不施。晚春施用速效肥应十分小心，这时速效氮肥虽促进了草坪草快速生长，但有时会导致草坪抗性下降而不利于越夏。这时如选用适宜释放速度的缓效肥可能会帮助草坪草经受住夏季的胁迫。表 6-7 为可参考冷季型草坪施肥计划。

表 6-7 冷季型草坪草氮肥使用计划 (Nick Christians，1998)

施肥时间	施肥量(N)/(kg/hm^2)	施肥时间	施肥量(N)/(kg/hm^2)
3—4 月	0.244～0.367	8 月	0.489
5—6 月	0.244～0.367	9 月	0.489
6—7 月	足够防治缺绿即可	深秋	0.489～0.733

理想的施肥方案应该是在草坪的整个生长季节根据草坪对施肥的反应，及时调整肥料的施用。实践中，草坪施肥的次数或频率常取决于草坪养护管理水平。

(1) 低养护管理草坪 (1 年只施 1 次肥)　冷季型草坪草秋季施用。暖季型草坪草初夏施用。

(2) 中等养护管理草坪　冷季型草坪草春、秋季各施用 1 次。暖季型草坪草春季、仲夏、秋初各施用 1 次。

(3) 高等养护管理草坪　在草坪草快速生长的季节，无论冷季型、暖季型草坪草最好每月施 1 次。

当施用缓效肥时，施肥次数可根据肥料缓效程度及草坪反应做适当调整。

五、施肥方法

由于单株草坪草的根系占面积较小，所以施肥均匀是草坪施肥的关键。均匀施肥需要合适的机具和较高的技术水平。目前，草坪施肥方法主要有颗粒撒施、叶面喷施和灌溉施肥 3 种方式。

(一) 颗粒撒施

一些有机或无机的复混肥是常见的颗粒肥。小面积的草坪可以用人工撒施。但要求施肥人员特别有经验，能够掌握好手的摆动和行走速度才能做到均匀一致。

大面积的草坪绿地可以用施肥机具进行撒施，施肥机有手推式施肥机和拖拉机驱动施肥机。手推式施肥机主要用于较小面积草坪绿地的施肥，拖拉机驱动施肥机，一般用于大面积的草坪绿地，有各种型号。

根据颗粒撒施方式又分为下落式施肥机和旋转式施肥机。

(1) 下落式施肥机，料斗中的化肥颗粒可以通过基部一列小孔下落到草坪上，孔的大小可根据施用量的大小来调整。对于颗粒大小不匀的肥料应用此机具较为理想，并能很好控制用量。在无风时，施肥可呈行条带，不均匀。有的机器为防止这一问题用小板拦截，分散下落的肥料。漏施或重施是本类机具所共同存在的问题。由于机具的施肥宽度受限，因而工作效率较低。但若操作适当，下落式施肥机施粒状肥应也可达到比较均匀的效果。

(2) 旋转式施肥机的操作是随着人员行走，肥料下落到料斗下面的小盘上，通过离心力将肥料撒到半圆范围内（图 6-1）。在控制好重复范围时，此法可得到令人满意的均匀度。尤其对于大面积草坪，工作效率较高。但颗粒大小不同的化肥混施时，分布是不均匀的，较轻的颗粒散的远，较重的颗粒则散的近，将会影响施肥效果。

（二）叶面喷施

可溶性好的肥料或液体肥料，在低施肥量（$<15\ \mathrm{kg/hm^2}$）的情况下，可用叶面喷施的方法，大量的养分可以直接被草坪叶面吸收。施用量低的情况下（N 或 Fe$<5\ \mathrm{kg/hm^2}$），应用叶面施肥的方法一般不会造成叶片烧伤。应用这种方法，多数化肥可从叶面流至根系，增加根系吸收肥量，许多大面积草坪施肥时可以采用。同时可与农药混合一起施用，这样既可节省肥料，又可提高效率（图 6-2）。

图 6-1　旋转式施肥机

图 6-2　液体施肥机

（三）灌溉施肥

利用灌溉系统将施肥与灌溉同时进行，肥料经过喷头喷施到草坪上。目前仅在高养护管理水平下，如高尔夫球场上用到。主要是因为灌溉系统覆盖不均一，如在浇水时，一个地方浇的水可能是另一个地方的 2～5 倍时，同样化肥的分布也是这样的。但在灌水频繁地区或肥料养分容易淋失需要频繁施用化肥的地方，灌溉施肥是非常受欢迎的。如果采用灌溉施肥，灌溉后应立即用少量的清水洗掉叶片上的化肥，以防止烧伤叶片。同时漂洗灌溉系统中的化肥以减少对机具的腐蚀。

第三节 草坪修剪

修剪，又称剪草、轧草或刈割，是指为了维护草坪的美观或者为了特定目的使草坪保持一定高度而进行的定期剪除草坪草顶端部分的工作，它是保证草坪质量的重要措施。

一、修剪功能

通常情况下，草坪应定期修剪。修剪的主要功能有：

(1) 在草坪草能忍受的修剪范围内，修剪会使叶片的宽度变窄，提高草坪的质地，使草坪更加美观。草坪修剪得越短，草坪越显得均一、平整和美观。以适应人们游览活动的需要，提高草坪的坪用价值和经济价值。

(2) 修剪可以保持草坪草在一定高度下生长，促进草坪草新陈代谢和根基分蘖，利于匍匐茎的伸长，增加草坪密度和平整度，色调鲜绿，植株健壮。

(3) 修剪可以改善草坪通气性，减少病原体和虫害发生。

(4) 因为双子叶杂草生长点位于植株顶部，单子叶杂草生长点位于植株基部，通过周期性修剪，可以抑制双子叶杂草生长，降低单子叶杂草竞争力。防止杂草种子的形成，减少杂草的种源。

(5) 多次修剪，根基分蘖加强，草坪弹性增强，使草坪的运动性加强，同时又增强了草坪的耐磨性能。

(6) 入冬前合理修剪草坪，可以延长暖季型草坪的绿色期，增强冷季型草坪的夏季越夏能力。

二、修剪原理

修剪会去掉部分叶组织，对草坪草从生理上说是一种伤害，但因为草坪草有很强的再生能力而很快得到恢复。如高羊茅草坪足球场在旺盛生长季节里，草高 5 cm，修剪到 3 cm，经过 2 d 的生长就可以恢复。草坪草的再生部位主要有：①剪去上部叶片的老叶可继续生长；②未被伤害的幼叶尚能长大；③基部的分蘖节可产生新的枝条；④由于根与留茬具有贮藏营养物质的功能，能保障再生对养分的需要，所以草坪是可以频繁修剪的。

任何事物都有两面性，同样修剪也存在不利的影响。对草坪草而言，修剪毕竟是被强加的外力伤害。修剪改变了草坪草的生长习性，由于分蘖增多，使地上部分密度大大增加，却减少了根和茎的生长。因为产生新茎叶组织需要营养，这就减少了供给根和根状茎生长的养分。同时，植物贮存营养的减少，也会对草坪生长产生不利影响。

三、修剪高度

修剪高度是指草坪修剪后留在地面上的草坪草茎叶的高度，又叫“留茬”。一般草坪草适宜的留茬高度为 3～4 cm。

（一）修剪高度的影响因素

修剪高度常受草坪草种及其品种、草坪质量要求、环境条件、发育阶段、草坪利用强度等多因子的影响。

1. 草坪草种类及其品种

一般的草坪草种及其品种根据其生长特性，都有其适宜的耐修剪高度范围，见表6-8。

表6-8 常见草坪草的参考修剪高度

暖季型草坪草	修剪高度/cm	冷季型草坪草	修剪高度/cm
普通狗牙根	2.1～3.8	匍匐翦股颖	0.5～1.3
杂交狗牙根	0.6～2.5	细弱翦股颖	0.8～2.0
地毯草	2.5～5.0	绒毛翦股颖	0.5～2.0
假俭草	2.5～5.0	普通早熟禾	3.8～5.5
中华结缕草	1.3～5.0	草地早熟禾	3.8～5.7
沟叶结缕草	1.3～3.5	多年生黑麦草	3.8～5.1
细叶结缕草	1.3～5.0	一年生黑麦草	3.8～5.1
野牛草	2.5～7.5	苇状羊茅	4.4～7.6
雀稗	5.0～7.5	细叶羊茅	3.8～6.4
钝叶草	3.8～7.6	硬羊茅	2.5～6.4
		紫羊茅	3.5～6.5

耐修剪高度范围是草坪草能忍耐的最低和最高修剪高度之间的范围。高于耐修剪高度范围，草坪草变得稀疏、蓬松、柔软、匍匐，草坪质量不良。低于耐修剪高度范围，草坪草发生茎叶剥离或剪去过多的绿色茎叶，老茎裸露。也就是说，高修剪的草坪，根系深，草坪密度低；低修剪的草坪，草坪草根系浅，但草坪密度高。

2. 草坪的质量要求

草坪的使用要求是影响修剪高度的最重要因素，运动场草坪常常将修剪高度控制到需要的高度才能进行活动；而普通绿地草坪没有必要修剪到运动场草坪的高度，护坡和水土保持绿地甚至可以不修剪。

3. 环境条件

环境条件是决定草坪修剪高度的重要因子。潮湿多雨季节或地下水位较高的地方，留茬宜高，以便加强蒸腾耗水；干旱少雨季节应低修剪，以节约用水和提高植物的抗旱性。当草坪草在某一时期处于逆境时，应提高修剪高度，以提高草坪抗性使草坪度过逆境。例如：早春或晚秋的低温阶段，提高暖季型草坪的修剪高度，可以增强其抗寒性；当病虫害、践踏及其他原因造成草坪受伤害时，可延缓修剪或提高留茬；局部遮阴的草坪生长较弱，修剪高度提高有利于复壮生长。

4. 发育阶段

草坪草不同发育阶段的特性是确定修剪高度的重要因子之一。在休眠期和生长期开始之前，可剪得很低，并及时清除修剪物，对草坪进行全面清理，以减少土表遮阴，达到提高土壤温度、降低病虫害等寄生物宿存侵染的机会，促进草坪快速返青和健康生长。

5. 利用强度

利用强度也是影响草坪修剪高度的要素之一。此时首先应考虑草坪能承受的创伤破坏力，其次考虑草坪高频率利用时的美观和使用要求。像足球场、橄榄球场受强烈践踏的运动场草坪，修剪高度可适当提高。对于像高尔夫球场、保龄球场等轻型运动的草坪而言，为保证运动成绩，必须严格控制修剪高度，以形成光滑的坪面质量。

（二）修剪高度的确定

在实际生产中，草坪修剪应综合各种影响因素，以确定标准高度，应严格遵循 1/3 原则来进行修剪（图 6-3）。

所谓的 1/3 原则即任何一次修剪，剪掉的部分一定不能超过草坪草自然高度的 1/3，如果剪掉部分超过茎叶自然高度的 1/3，则地上茎叶生长与地下根系生长不平衡，影响草坪草的正常生长。

图 6-3　草坪修剪 1/3 原则示意图

（引自《草坪养护技术》，赵美琦，2001）

如果草长得过高，不应一次将草剪到要求的标准高度，而应经过少量多次修剪，逐渐达到需要的高度。例如：某草坪实际高度为 9 cm，标准高度为 3 cm，第一次留茬高度应为≥6 cm，经几次修剪后达到 4～5 cm，再经几周后，修剪至 3 cm，这样虽然费工费时，但对草坪的生长状态十分有利。

四、修剪时间和频率

（一）修剪时间

一般来说，为了维持良好的草坪质量，在草坪草的整个生长季节都需要修剪。对于冷季型草坪而言，修剪主要集中在生长旺盛的春（4—6 月）、秋（8—10 月）两季；而暖季型草坪则主要在夏季（6—9 月）。新建植的草坪初次修剪在草高达到计划留茬高度的 1.5 倍时进行，例如留茬高度为 6 cm，当草坪长到 9 cm 时就应该修剪。

（二）修剪频率

草坪修剪的频率是指一定时期内草坪修剪的次数。草坪修剪频率决定于草坪草的种类、生长速度、草坪的用途、质量、养护水平等因素。

（1）不同种类的草坪草修剪的频率不同，如：多年生黑麦草、高羊茅等生长量较大，修剪频率高，一些生长较缓慢的草种如假俭草、细羊茅等则需要较低的修剪频率，见表 6-9。

表 6-9 草坪修剪的频率及次数

利用地	草坪草种类	修剪频率/（次/月）			年修剪/次
		4—6 月	7—8 月	9—11 月	
庭院	细叶结缕草	1	2～3	1	5～6
	翦股颖	2～3	8～9	2～3	15～20
公园	细叶结缕草	1	2～3	1	10～15
	翦股颖	2～3	8～9	2～3	20～30
竞技场、校园	细叶结缕草、狗牙根	2～3	8～9	2～3	20～30
高尔夫球场发球区	细叶结缕草	1	16～18	13	30～35
高尔夫球场果领区	细叶结缕草	38	34～43	38	110～120
	翦股颖	51～64	25	51～64	120～150

（2）修剪的频率主要取决于草坪草的生长速度，不应按固定的日期或是否有时间来决定，尽可能按 1/3 原则进行修剪。草坪草的生长速度又取决于环境条件、养护水平和草坪草的品种。养护者必须掌握草坪草生长变化规律，灵活掌握。如暖季型草坪草日本结缕草在气温 25～30℃时生长量最高，15℃时生长量显著下降。而冷季型草坪草的翦股颖和草地早熟禾在 20～25℃时生长量最大。春季温度适宜、雨量充沛，冷季型草坪草每周需要修剪 2 次，而在夏季，气候条件对冷季型草生长不利，每 2 周修剪 1 次即可；暖季型草夏季生长旺盛，需要经常修剪，其他季节，气温较低，草坪草生长缓慢，修剪的频率要适当降低。

（3）不同用途的草坪草修剪的频率不同，用于运动场和观赏的草坪，质量要求高，修剪高度低，修剪频率高，而一般绿化和水土保持草坪质量要求低，修剪高度高，修剪频率低；大量施肥、灌溉多的草坪生长较快，修剪频率比粗放养护的草坪要高。

（4）修剪的频率也决定于草坪修剪高度，修剪的高度越低，频率越高，这样才能达到 1/3 修剪原则的要求，修剪高度为 5 cm 的草坪每周修剪一次就可达到修剪要求，而修剪高度为 0.32 cm 的高尔夫球场果岭则需要每天修剪。为遵守 1/3 原则，当草坪高度高于修剪高度的 50%时，才能剪草。如：标准高度是 4 cm，则草长到 6 cm 时应修剪，剪去 2 cm，即剪掉原有草高的 1/3。如草高未超过标准高度的 50%即修剪，不仅增加剪草次数，提高了管理成本，还会因频繁修剪，减少了根、根茎和地上部分的生长，减少了营养贮存，修剪使叶片变窄，叶组织汁液增加，降低了草坪生长势，且因伤口的频繁出现为病原菌的侵入提供了更多的机会，间接增加管理费用的投入。

五、修剪方法

正确的修剪方法是保证修剪质量的前提，需从修剪方向、修剪图案、边缘修剪几方面注意。

（一）修剪方向

草坪修剪方向不同，草坪草茎叶的取向、反光也不相同，于是产生了像许多体育场常见的明暗相间的条带。因此，为了保证草坪草茎叶正常生长，每次修剪的方向和路线应有所改变。如不改变修剪方向，可使草坪土壤受到不均匀挤压，甚至出现车轮压槽；不改变修剪路线，可使土壤板结，草坪草受损伤。

（二）修剪图案

草坪的图案可根据预先设计，运用间歇修剪技术而形成色彩深浅相间的图形，如彩条形、彩格形、同心圆形等，常用于球类运动场和观赏草坪。

1. 设计图形

根据场地面积、形状、使用目的和剪草机的剪幅，设计相应的图形。

2. 现场放线

用绳索作出标记。球类运动场的彩条或彩格，条格的宽度通常为 2～4 m。

3. 间歇修剪

按图形标记，隔行修剪，完成一半的修剪量，间隔数日以后，再修剪其余的一半。间隔天数一般为 1～3 d，在能清晰显示色差的前提下，间隔天数越短越好。同一条块草坪的修剪方向应保持一致，以免出现色差。

六、修剪机械

（一）剪草机械的分类

草坪修剪机又称剪草机或割草机，自 1830 年英国机械工程师爱德威·布丁发明了第一台滚筒剪草机以来，随着草坪业的发展，剪草机的技术也得到了长足的发展。

（1）根据工作装置、剪草方式不同　可分为滚刀式（滚筒式）、旋刀式、链枷式（甩刀式）和甩绳式。每种类型的剪草机所适应的草坪和草坪立地环境不尽相同。

（2）按刀头与剪草车体的相对位置　可分为前置式剪草机、中置式剪草机、后置式剪草机和侧置式剪草机。滚刀式和旋刀式的刀头可设在剪草机的任何位置，但甩刀式和甩绳式刀头一般只有前置和侧置形式。

（3）按操作部分的结构　分手扶式剪草机、推行式剪草机、坐骑式剪草机及剪草拖拉机。手扶式剪草机又分自行手扶式剪草机和非自行手扶式剪草机。一般手扶式剪草机和推行式剪草机剪幅范围 30～70 cm，坐骑式剪草机和剪草拖拉机剪幅范围 70～500 cm。

（二）剪草机械的介绍

1. 滚刀式剪草机

滚刀式剪草机的剪草装置由滚刀和底刀组成，底刀是定刀，固定在滚刀下方，滚刀是动刀，工作时绕自身轴线转动，滚筒的形状像一个圆柱形鼠笼，滚刀呈螺旋形安装在圆柱表面上。滚筒旋转时，把叶片推向底刀，产生一个逐渐切割的滑动剪切而将叶片剪断，剪下的草屑被甩进集草斗。由于滚刀剪草机的工作原理类似于剪刀的剪切，只要保持刀片锋利、剪草机调整适当，其剪草质量是几种剪草机中最佳的（图 6-4）。

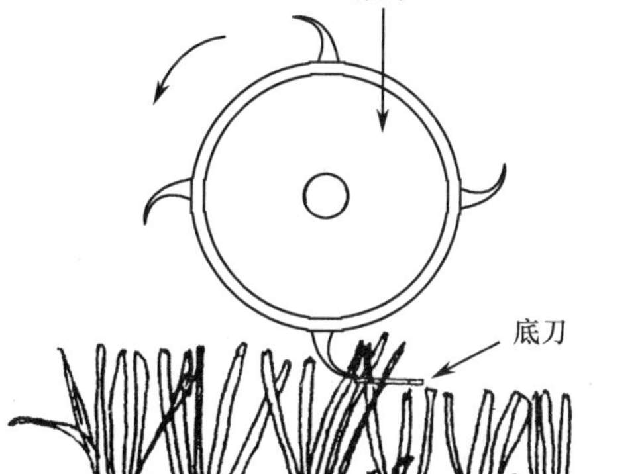

图 6-4　滚刀式剪草机工作原理

滚刀式剪草机的使用调整主要有两个方面：一是剪草高度的调整，滚刀式剪草机的剪草高度是前滚轮和后滚筒的底切面与底刀之间的高度差，通过改变前滚轮相对于滚刀的高度来调节；二是滚刀与底刀间隙的调整，可以固定底刀，调整滚刀相对于底刀的位置，或者固定滚刀，改变底刀来调整两者的间隙。调整刀片时注意平衡用力，判断底刀与滚刀间隙是否合适的方法是以剪断 0.1 mm 厚的纸片的间隙为宜。

使用滚刀剪草机还应注意，由于滚刀与底刀之间是金属的接触，如果剪草机在空转时，滚刀与底刀摩擦生热会引起金属膨胀，从而使刀片出现严重磨损，因此，在两个剪草地点间行走时，要把滚刀传动切断，若发现底刀和滚刀出现缺口或刀刃变钝时，应及时磨刀。磨刀使用专用的磨床，注意磨刀时不要两个人同时操作，以免伤到手指。

滚刀式剪草机有手推步进自行式、坐骑式、大型拖拉机牵引式、悬挂式，适用于地面平坦、修剪质量高，修剪量小的商用型草坪，国内多见于高尔夫球场，其他场合很少使用。

2. 旋刀剪草机

旋刀剪草机的主要部件是横向悬挂在直立轴上的刀片。通过高速旋转的刀片将叶片水平切割下来，为无支撑切割，类似于镰刀的切割作用（图 6-5），刀片与刀盘联接方式有固结式和铰接式（活络式）两种，固结式刀片结构简单，制造容易，但草坪表面必须清洁无杂物，否则容易损坏刀片或将障碍物抛向操作者或周围，活络式刀片用铰接的方式与刀盘联接，刀片可绕铰接点任意转动，旋转时，遇障碍物可让开，适用于杂物较多的草坪，也适用于牧草切割。

图 6-5　旋刀式剪草机工作原理

使用旋刀剪草机时修剪质量取决于刀刃的锋利程度和刀片旋转的速度，不锋利的刀片修剪的草坪切口不整齐，不整齐的伤口愈合慢，损失水分增多，也给病菌侵染增加了机会。因此，要定期检查剪草机的刀片和被剪叶子的末端，判断刀片是否锋利，若刀片变钝或有缺口时，及时用砂轮（有条件的可用磨床）打磨。严重损坏的刀片应当更换，安装刀片时，用力要均匀。

旋刀剪草机主要有气垫式、手推式和车式，比滚刀式剪草机价格低廉，用于大多数对草坪要求不高的草坪。

3. 链枷式（甩刀式）剪草机

链枷式（甩刀式）剪草机的刀片铰接或用铁链连接在旋转轴或旋转刀盘上，工作时旋转轴或刀盘高速旋转，离心力使刀片绷直，端部以冲击力切割草坪茎叶。由于刀片与刀轴或刀盘铰接，当碰到硬物时可以避让而不致损坏机器。连枷式剪草机可适用于杂草和细灌木丛生的绿地，能修剪 30 cm 高的草坪。缺点是磨快刀片很费时间，而且修剪质量也较差。

有一种大型甩刀剪草机的工作头安装在一液压臂上，通过液力驱动刀旋转，专用于公路两侧和河堤的绿地修剪。

4. 甩绳式剪草机

甩绳式剪草机是通过发动机转动尼龙绳或钢丝，高速旋转的绳子与草坪茎叶接触时将其击碎从而实现剪草的目的。

这种剪草机主要用于其他剪草机难以作业的区域。由于甩绳式剪草机是肩挎式，用手来调节剪草高度，适用于树下草坪或细灌木、杂草的修剪。剪草时一定要注意安全，操作时穿戴厚的工作服、工作靴、防护眼镜。更换甩绳或排除缠绕时必须先切断动力。

七、修剪质量

修剪质量的好坏决定于剪草机的选择以及修剪时的草坪状况。当草坪处于不良状态时，即使使用最好的剪草机也难以获得较好的剪草效果。若草坪状况良好，剪草机的选择与使用成为影响修剪质量的关键因素。

对于一块具体的草坪来说，想要选择最佳剪草机的类型往往要考虑许多因素，如草坪质量、修剪高度、草坪草的种类及品种、可利用的刀刃设备、修剪宽度及配套动力等。总的原则是在达到修剪草坪质量要求的前提下，选择经济实用的机型。①通常运动场草坪和观赏草坪质量要求较高，修剪高度在 2 cm 左右，应选择滚刀式剪草机，选择滚刀式剪草机还应注意，其滚刀上的刀片数和滚刀的转速也影响修剪质量，滚刀上刀片数越多，单位长度上行进中切割的次数越多，切下的草叶就越细，滚刀的转速越高，切下的草叶也越细。②一般绿化景观的草坪（如广场、公园、学校、工厂等绿化草坪），修剪高度控制在 4～15 cm，常选用旋刀剪草机。③管理比较粗放的护坡地、公路两侧绿地，修剪高度超过 20 cm，草坪质量要求很低，则采用连枷式剪草机。④甩绳式剪草机一般配合其他类型剪草机一起使用，修剪草坪的边缘和障碍物周围的草坪。

选择了最佳的剪草机，还要会正确使用，充分发挥其性能才能得到良好的修剪质量。首先刀片要保持锋利，对于滚刀剪草机像前面所述那样正确调整；其次剪草机每次使用前后要保养（诸如更换机油、使用后加黄油、使用后及时清洗等），使剪草机经常保持在最佳状态。

八、草屑的处理

草屑即剪草机剪掉的草坪草组织。草屑内含有植物所需的营养元素，是重要的氮源之一，其干重的 3%～5%为氮素，1%是磷，1%～3%为钾。研究发现，在草屑中的含氮量占草坪氮需要量的 1/3；施肥后前 3 次修剪的草屑中含有 60%～70%的有效养分。

（一）将草屑留在草坪中

健康无病虫害的草坪，如果剪下的草叶较短，可不将草屑清除出草坪，直接任其撒入草坪内自然分解，将大量营养元素回归草坪。

（二）将草屑移出草坪

如果剪下的草叶较长，草屑留于草坪会影响美观。同时，草的覆盖会影响草坪草的光合作用，引起病害的发生。修剪有病害的草坪，无论草屑的长短，一律收集起来运出草坪焚烧处理。一般运动场草坪，考虑运动的需要要将草屑清除出草坪。

九、化学修剪

化学修剪是利用植物生长调节剂控制草坪草生长，达到减少草坪修剪次数，从而降低养护管理成本的目的，也使高速公路两侧绿化带、陡坡、河岸的草坪修剪简单、安全、易操作。

（一）生长调节剂的作用原理及途径

植物生长调节剂可通过阻止细胞分裂来抑制植物生长，利用其对草坪草生长的抑制作用，控制草坪草生长，减少修剪费用。

生长调节剂控制草坪草生长一般有 2 个途径：①去除顶芽或某种程度地抑制顶端分生组织的活动；②阻止节间生长，促进侧芽生长和分蘖，但破坏顶端分生组织。

（二）生长调节剂的种类

常用草坪生长调节剂分为生长延缓剂和生长抑制剂两种。

1. 生长延缓剂

主要是延缓顶端分生组织的生长，可被赤霉素逆转，主要有嘧啶醇、矮壮素（CCC）、矮化磷（CBBP）等。

2. 生长抑制剂

完全抑制新梢顶端分生组织的活动，高浓度时可逆转整个生长过程，不能被赤霉素逆转，主要有多效唑（PP_{333}）、烯效唑（S-3307）、抑长灵（Embark）、乙烯利（ETH）、青鲜素（马来酰肼，MH）、氟草胺、丁酰肼（B_9）、2,4-D 丁酯等。

（三）生长调节剂的施用方法及时间

1. 施用方法

常采取喷施的方法来施用生长调节剂，该法简单易行，发生作用快。有时两种生长调节剂配合使用可以收到事半功倍的效果，如乙烯利与 2,4-D 丁酯按一定比例混合，可以抑制草坪草的生长，还可以防治阔叶性杂草。

但有些生长调节剂若采用喷施的方法，会使叶片变形，抑制顶端分生组织功能，因此可用土施的方法，达到控制茎生长的目的，不仅省药，而且药效长。

2. 施用时间

施用生长调节剂应在草坪草生长旺盛期进行，以达到最佳的控制效果。冷季型草坪应在春季和秋季使用，暖季型草坪则在夏季使用。不要在未成坪草坪上使用，以免伤害幼苗、延缓成坪；也不要连续重施，以免引起草坪退化。

（四）注意事项

一般而言，生长调节剂的浓度都有一适宜的作用范围，过低则不起作用，过高则产生毒害，甚至导致死亡。因此在某种草坪草上施用生长调节剂时，要先进行试验，确定适宜生长调节剂种类、浓度和次数。

使用生长调节剂也有局限性。例如，连续重复使用某些生长调节剂可以引起草坪草根系分布变浅，叶片变黄和稀疏等，从而使草坪草植株变弱，易受病虫、杂草、高温、干旱等逆境影响。理想的解决方法是找到一种生长调节剂，只限制垂直生长，但不影响叶片、分蘖、根茎和根系的生长。

第四节　草坪病害识别与防治

一、草坪病害的基本概念

（一）草坪病害

草坪病害是指草坪草在受到病原生物的侵染或不良环境的作用时，发生一系列生理生化、组织结构和外部形态的变化，其正常的生理功能偏离到不能或难以调节复原的程度，生长发育受阻甚至死亡，最终破坏景观效果并造成经济损失的现象。

与其他的伤害或者虫害有所不同，草坪病害并不是在瞬间突然形成的，它有一个病理变化的过程；另外，草坪病害的概念是建立在经济观点上的，有的草坪尽管受到了各种因素的影响而发生了病理变化，但是在经济上并没有损失，反而增加了人们的经济效益，因此不能包括在草坪病害的范畴内，也不需要进行防治。

草坪病害的发生可能受到某个因素或两个以上因素的作用，其中直接导致病害发生的因子称病原，非直接致病的因素称为诱因；引起草坪病害的生物病原称病原物，病原物是菌类的称病原菌；遭受病原物侵染的植物称为寄主。如草坪草幼苗遭受高温灼伤，引起病原菌侵染，导致茎腐病发生，被害的幼苗是寄主，高温是诱因，病原菌是直接导致病害发生的因子即病原。

（二）草坪病害的症状

症状是指草坪草生病后肉眼可见的不正常表现（或病态）。症状由病状和病征两部分组成。草坪草本身的不正常表现称为病状，发病部位病原物的表现称为病征。

草坪草生病后，草的本身都会出现一些不正常的表现，即为病状，但不一定有病征。

1. 病状

病状是病害病理过程的综合表现，对于每一种草坪病害都有其一定的稳定性和特异性，所以病状是病害诊断的重要依据。

常见的病害病状可归成 5 大类型，即变色、坏死、腐烂、萎蔫和畸形。

（1）变色　草坪草感染病害后，病变部位细胞的叶绿素被破坏或叶绿素形成受阻，花青素等其他色素增多而出现不正常的颜色称为变色。叶片变为淡绿色或黄色的称为褪绿；叶片发黄的称为黄化；叶片变为深绿色与淡绿色相间的称为花叶，花叶是病毒病的重要病状；花青素形成过盛则叶片变为紫红色。

（2）坏死　草坪植物的细胞和组织受到破坏而死亡，称为坏死。叶片上坏死常表现为“叶斑”和“叶枯”。叶斑指在叶片上形成的局部病斑，病斑的大小、颜色、形状、结构特点和产生部位等特征都是病害诊断的重要依据。依病斑颜色可分为黑斑、褐斑、灰斑、白斑等。病斑的形状有圆形、近圆形、椭圆形、梭形、轮纹形、不规则形等。有的病斑扩大受叶脉限制，形成角斑；有的沿叶肉发展，形成条纹或条斑；有的周围有明显的边缘，有的没有。不同病害的病斑大小相差很大。草坪草的根、茎、叶、叶柄、果、穗等各部位都可以出现病斑，造成叶枯、枝枯、茎枯、穗枯等。

（3）腐烂　草坪植物细胞和组织被病原物分解破坏后发生腐烂，腐烂可分为根腐、茎基腐、穗腐等。含水分较多的柔软组织受病原物酶的作用，细胞浸解、组织崩溃造成软腐或湿腐。腐烂后水分散失则成为干腐。依腐烂部位的色泽和形态不同还可区分为黑腐、褐腐、白腐、绵腐等。幼苗的根和茎腐烂，导致幼苗直立死亡的称为立枯，幼苗倒伏的则称为猝倒。

（4）萎蔫　草坪植物根或茎部维管束受病原菌侵害发生病变，水分吸收和输导受阻，引起叶片枯黄、凋萎，造成黄萎或枯萎；植株迅速萎蔫死亡而叶片仍呈绿色的称为青枯。

（5）畸形　草坪植物被病原物侵染后发生增生性病变或抑制性病变称为畸形。前者有瘿瘤、丛枝、徒长、膨肿等；后者有矮化、皱缩等。此外，病变组织发育不均衡常导致卷叶、蕨叶、拐节等畸形病状。

2. 病征

草坪草感染病害后，病变组织上出现病原物产生的营养体和繁殖体称为病征。草坪草上主要的病征有以下几类。

（1）粉状物　某些真菌相当数量的孢子密集在一起所表现的特征。可以分为白粉、黑粉、锈状粉等，各代表一大类真菌引起的病害，这些病害以症状特点分别命名为白粉病、黑粉病、锈病等。

（2）霉状物　霉状物病部产生各种霉层，如青霉、灰霉、赤霉、霜霉等，也各代表一定的真菌类群。它们主要是由真菌的菌丝体和孢子梗以及分生孢子组成的。寄主可能同时存在坏死和腐烂等病状。

（3）菌核　病株体内外产生黑色、褐色、棕色或蓝紫色坚硬的颗粒或团块，大小相差悬殊，是真菌菌丝体组成的休眠结构，常引起寄主病部腐烂。

（4）粒状物　病株病部产生各种大小、形状、色泽和着生方式不同的小颗粒，包括真菌的分生孢子器、分生孢子盘、子囊壳、子座等。

（5）毡状物及漆斑状物　多为真菌的子座，如禾本科草坪草香柱病和黑痣病。

（6）脓状物或胶状物　有脓状物或胶状物是细菌病的典型特征。菌脓是细菌细胞和植物组织分解物的混合物，干后呈胶膜状。

（三）草坪病害的类别

依据致病病原性质，草坪草病害可分为两大类，即非侵染性病害和侵染性病害。非侵染性病害也称非寄生性病害或生理性病害。侵染性病害也称寄生性病害。

1. 侵染性病害

侵染性病害是指由病原生物侵染引起的病害。这类病害在适宜条件下可在植株间传染蔓延，甚至造成流行，因此又称传染性病害。侵染性病害的病原包括真菌、细菌、病毒、寄生性种子植物以及线虫、藻类等。

2. 非侵染性病害

非侵染性病害是指由各种不良的物理因素或化学因素等非生物因素引起的病害。这类病害只局限于受害植物本身，在植物间不会相互传染，因此又称为非传染性病害（或生理性病害）。非侵染性病害的病原包括水分过多或过少，土壤盐分过多、过酸或过碱，温度过高或过低，光照过强或过弱，营养缺乏或不均衡，污染环境的有毒物质或气体，栽培管理不当等因素。这类病害发生的原因很复杂，多数都涉及植物生理学、气象学、土壤肥料与营养学、草坪草栽培与管理学和环境保护学等学科。

二、草坪病害的发生规律

（一）草坪病害的侵染过程

病害的侵染过程是指病原物从侵染寄主植物开始，到病原物产生繁殖体或发病为止的过程，又称病程。可以人为地将其分为以下几个阶段。

1. 接触期

病原生物必须接触到寄主的感病部位才能发生侵染，由于病原物大多数不能主动移动，因此多借助风、雨、地表水流、昆虫活动、修剪机具、家畜啃食、人类的生产活动等途径到达寄主表面。其中，人类引种和气流是病原物远距离传播的最重要途径。此外，细菌和线虫以及真菌的游动孢子可作短距离的主动运动。真菌的菌丝生长也有助于其接触寄主。

接触期病原物的活动要受到环境因素的影响，其中以温度和湿度的影响最大。由于此时病原物尚未进入植物体内，容易受生物因素和环境因素的影响。因此，这一时期是病原物在侵染过程中的一个脆弱环节，也是防止病原物侵染的有利阶段。避免或减少病原物与寄主的接触是防治病害的一种重要手段。

接触期的长短因病原物种类不同而异。条黑粉病菌的冬孢子可附着在种子表面越冬，待种子发芽时，冬孢子萌发侵入植物幼苗的胚芽鞘或成株的根状茎、匍匐茎和冠部，接触期长达数月。白粉菌、锈菌的接触期往往短至数小时。病毒则不存在接触期，而是由介体直接送入寄主活细胞中。

2. 侵入期

侵入期是指病原物到达寄主表面后，经过一段体外活动（如孢子萌发、芽管生长等）侵入到寄主体内建立寄生关系的这一时期。侵入途径与病原物种类有关。细菌能通过伤口、气孔、蜜腺等侵入；真菌除上述途径外还能直接穿透表皮细胞侵入；而病毒只能通过活细胞上的微伤口侵入。

侵入期中，湿度影响病原物的萌发和侵染，是最重要的环境条件。在生长季节中，一般温度都能满足孢子萌发的要求，而湿度条件变化较大，常常成为限制侵入的因素。除温湿度外，植物体表所存在的某些化学物质也影响到病原物的侵入活动，植物分泌的抗菌物质对病菌的侵入有抑制作用，而营养物质则起着促进侵入的作用。

病原物侵入寄主所需的时间与环境条件有关，但是一般不超过几小时，很少超过 24 h。

3. 潜育期

从病原物与寄主建立寄生关系到表现明显症状这一时期称潜育期。在此期间，病原物必须从寄主体内获取必要的营养和水分才能扩展和繁殖，同时寄主对病原物的扩展产生阻止和抵抗反应。潜育期内，从寄主外观看似乎是没有变化的，但实际上植物体内发生着十分复杂的生物化学反应。影响潜育期长短的主要环境因素是温度，此外也与寄主抗病能力有关。同一植物的发育时期以及营养条件不同，潜育期的长短不同；抗性不同的品种潜育期也不同。

潜育期的长短因病害不同而异，一般 10 d 左右，也有较短或较长的。腐霉枯萎病的潜育期在适宜条件下不超过 3 d，而小麦散黑穗病的潜育期可达 1 年。

4. 发病期

侵入植物体内的病原物经过一段潜育期后，植物外部便出现明显可见的病态，这种现象称发病。症状的出现是潜育期的结束和发病期的开始。发病期是病原物扩大危害、许多病原物大量产生繁殖体的时期。如果是真菌性病害，病斑处往往产生病原菌的孢子，成为下一次侵染的来源。细菌性病害在显现症状后，病部往往产生脓状物，含有大量细菌菌体。孢子形成的时期是不同的，有的在潜育期结束后立即产生孢子，如锈菌和黑粉菌的孢子几乎和症状同时出现。大多数的真菌是在发病后期或在死亡的组织上产生孢子，有性孢子的产生则更迟一些。

（二）草坪病害的侵染循环

侵染循环是指病害从前一个生长季节开始发病，到下一个生长季节再度发病的过程。传染性病害的侵染循环包括以下三个方面。

1. 病原物的越冬和越夏

病原物成功地越冬和越夏是其持续危害植物的基础。病原物主要在以下场所进行越冬和越夏。

（1）田间病株　许多病原菌可在病株体内越冬或越夏，多年生草坪草尤其如此。如许多病毒、细菌和真菌均可在草坪草的根系、根颈、茎中越冬和越夏，成为次年田间的初侵染源。

（2）病株残体　绝大部分非专性寄生的真菌和细菌，都可以在病株残体上存活一定的时间而成为下一生长季节的初侵染来源。

（3）土壤　病株残体和病株上的病原物都很容易落到土壤表面或埋入土中，因此土壤就成为病原物越冬和越夏的场所，如禾草黑粉病和豆科菌核病等。

（4）种子及其他繁殖材料　许多病原物在种子或其他繁殖材料中越冬或越夏，如禾草麦角病、禾草镰刀菌萎蔫和根腐病等病害的病原菌。

（5）粪肥　病原物可以随病株残体混入粪肥中，有些病原物休眠孢子被家畜吃下去以后，经过其消化道由粪便排出去还不会丧失其生活力，所以，未经充分腐熟的粪肥施入草坪中可以成为侵染来源。

（6）机具　修剪机具上可以黏附病原菌或残留有修剪下的病株残体，成为病原菌越冬和越夏的场所。下一次修剪时这些病原菌会被带入健康的草坪，可以成为侵染来源。

2. 初次侵染和再次侵染

在生长季中植物开始生长后第一次发生的侵染，称初次侵染。初次侵染成功后，有的病原物在同一生长季节还可能在寄主上产生大量的病原物繁殖体，在田间反复侵染，称再次侵染。一些病害在一个生长季内，只侵染一次（如多种禾本科的黑粉病等），称为单循环病害。有的则可以多次再侵染（如禾草锈病等），称为多循环病害，可引起病害的迅速流行。

一种病害是否再次侵染，关系到这种病害防治策略的制定。对于单循环病害，应集中力量消灭越冬和越夏的病原物；对于多循环病害，除了控制初侵染来源外，还应在生长季节内采取其他措施限制再次侵染的发生。

3. 病原物的传播

病原物的传播方式有主动传播和被动传播。有些病原物可以通过自身的活动主动地进行传播。例如，许多真菌具有强烈放射其孢子的能力，有一些真菌能产生游动孢子，具有鞭毛的病原细菌也能游动，线虫能够在土壤中和寄主上爬行。但是病原体自身放射和活动的距离有限，只能作为传播的开端，一般都还需要依靠外力，把它们传播到距离较远的植物感病点上。除了上述主动传播外，病原物主要的自然传播或被动传播的传播方式有以下几种。

（1）风力传播　在病原物的自然传播中，风力传播占着主要的地位，它可以将真菌孢子吹落、散入空中作较长距离的传播。细菌和病毒本身单独不易借助风力传播，但是介体昆虫和带细菌的残体，可以随风作远距离传播。因此，及时喷药、铲除中心病株、选育和种植病品种、加强田间管理以提高寄主的抗病性，是防治风力传播病害的主要途径。

（2）雨水传播　雨水可以使细菌液中的细菌或黏质中的真菌孢子分散，再借水滴飞溅到其他植株上。地面雨水或灌溉水的流动，可以把病株残体、土壤和根系中的病原物传送到其他地点。防治雨水传播的病害主要是消灭初侵染的病原菌，灌溉水要避免流经病田。

（3）昆虫传播　有许多昆虫在植物上取食和活动，成为传播病原物的介体。主要介体昆虫有同翅目刺吸式口器的蚜虫和叶蝉，其次有木虱、粉蚧等，有少数病毒也可通过咀嚼式口器的昆虫传播。昆虫传播与病毒病害和植原体病害关系最密切，一些细菌也可以由昆虫传播，但与真菌的关系较小。对于昆虫传播的病害，防治害虫实际上就是一种防治病害的有效措施。

（4）人为传播　人们在各种农业生产活动中，往往无意识地传播病原物。如人类在引种、施肥、修剪等活动中可能会有效地传播病原物。如修剪可以造成大量的伤口，导致病原菌有效、大量的传播和侵染。

三、草坪病害的识别与诊断

（一）草坪病害识别与诊断的方法

1. 田间宏观诊断

草坪病害诊断时莫急于进入坪地，应在草坪田边观察病株的田间分布特点：首先应判明草坪表现的异常情况属于传染性病害，还是非传染性病害或创伤。传染性病害有明显的症状，是由有害生物引起的病害，发生特点多数情况是由点到面，病株逐渐增多，而且有明确的传播介体或与传播方式相关的发病过程。非传染性病害是由不适的环境因素或某一管理措施引起的病害，田间发生普遍，没有传染现象，无发病中心，非传染性病害多数为全株性发病，少数属局部病变，但都不存在病征。创伤则是机械伤害，如压伤、割伤、踏伤、灼伤等。

2. 症状识别

在田间诊断的基础上用肉眼并借助手持放大镜对病害症状进行观察，然后结合环境条件、草种等作出确诊或初步诊断（尤其是一些常见病、多发病）。但同时也要注意同一病害症状发展的不同阶段，前期和后期往往不同。注意病部的形状、颜色、纹彩、气味和有无病征等特点。症状观察时，还要注意症状的复杂性和非典型症状。

3. 病原物的微观观察

有时由于新病害出现或症状不典型，特别是病征发育不充分以及多种病原菌复合侵染诱发复杂症状时，只依靠症状对病害鉴定并不完全可靠，此时需要采集标本，进行病原物的显微镜检查。从病变组织的内部或外表检查出病原物，这是区别各种侵染性病害最可靠的办法。

（二）草坪三大类病原生物所致病害的识别与诊断

1. 真菌所致病害的特点和识别方法

寄主表面长出霉状物、粉状物等是真菌病害的重要标志。鞭毛菌亚门的一些菌，例如绵霉、腐霉、疫霉等，常生活在水中或潮湿的土壤中，导致植物根部或茎腐烂。这类菌在湿度大时，病部生出白毛状病征。比较高等的鞭毛菌如霜霉菌，接近陆生，多危害植物的地上部分，导致产生叶斑或花、穗变形。在病部生出类似霜的霉状物。鞭毛菌引起的叶斑多数是叶面呈局部褪绿、变黄的斑块，早期不形成坏死斑，斑块也没有深色边缘。子囊菌和半知菌所引起的病害，除少数菌（如白粉菌等）外，一般都形成明显的枯死病斑，并有明显的、颜色较深的边缘，在病斑上产生各种颜色的霉状物或小黑点。担子菌中的锈菌和黑粉菌，常形成呈锈色粉状物或黑色粉状物，其特征格外明显。

2. 细菌所致病害的特点和识别方法

细菌所致病害的症状常是组织坏死、腐烂或萎蔫，少数引起肿瘤。细菌病害的病斑周围常呈水渍状或油渍状，病斑上有时出现的胶状物称为细菌溢脓或称菌脓，是细菌性病害的重要标志。为确定是细菌性病害，除了分离培养外，简便的方法是采取病叶，在病健部交界处剪取一小块组织，放在滴有灭菌水的清洁载玻片上，加上盖玻片，不久后对光观察，可见切口处有污浊黏液溢出。

3. 线虫所致病害的特点和识别方法

在植物根表、根内、根际土壤、茎和种粒中可见到线虫。此外，线虫除了用吻针刺伤寄主和虫体在组织内穿行所造成的机械损伤之外，还分泌各种酶和毒素，使寄主组织和器官发生病变。如植物生长缓慢、矮小、色泽失常、叶片萎垂等抑制型症状，有的产生局部畸形、植株或枝叶干枯、扭曲畸形、组织干腐、软化及坏死、籽粒变为虫瘿以及根部或茎叶肿大、须根丛生等症状。

四、草坪病害的综合防治

草坪病害的防治要遵循“以防为主，防治结合，综合防治”的原则。综合防治是指根据草坪草生长、栽培管理要求，病害发生、流行特点，采用良好的管理措施，包括栽培的、化学的和生物的防治措施，进行综合整治、系统治理。草坪病害发生的三个要素：病原、感病机体和发病环境。三者缺少任何一个都不会发生病害。因此，具有抗病性的草坪草种（或品种）和良好的环境对病害的发生、蔓延和危害程度有一定的限制作用。防治方法主要有植物检疫法、农业防治法、生物防治法、物理防治法和药剂防治法五大类。在防治中，应以农业防治为基础，综合防治，因地制宜，合理运用药剂防治、生物防治和物理防治等措施。具体的措施包括：选择优良的抗病品种、合理施肥、适宜灌溉、适时修剪以保持草坪草健壮生长，促发壮苗，提高草坪抗病能力，以及根据具体情况施用杀菌剂等。

（一）消灭病原菌的初侵染来源

土壤、种子、苗木、田间病株、病株残体以及未腐熟的肥料，是绝大多数病原物越冬和越夏的主要场所，因此，采取相应的措施消灭初侵染来源，是防治草坪发病的重要措施之一。

1. 土壤消毒

为消灭土壤中存在的病菌和害虫，进行土壤消毒。消毒的方法很多，较简便的有药剂、蒸汽、热水、火烧及电热等法。

药剂消毒法：用于土壤消毒的药剂，主要有福尔马林、升汞、硫酸铜。最常用的是福尔马林消毒，经济有效。福尔马林是含甲醛40%的水溶液，大都用于温室或温床。其稀释倍数和用量为：福尔马林∶水＝1∶40，土面用量10～15 g/m^2，福尔马林∶水＝1∶50，土面用量20～25 g/m^2。

用福尔马林消毒时，土壤需要干燥。可用喷壶将消毒液均匀浇注于耕松的土壤中。待药液渗入后，用湿草帘或塑料薄膜覆盖，使药剂充分发挥作用。经2～3 d后去除覆盖物，并耕翻土壤，促使药液挥发，再经10～14 d待无气味后，即可进行播种和栽植。

2. 种苗处理

种苗处理包括种子和幼苗的检疫和消毒。种苗消毒，在草坪上常用的有：

（1）石灰水　先将石灰溶于90～400倍的水中，制成石灰水，然后把种子浸入其中。浸种时间为20～30 min。

（2）升汞水　用升汞水1 000～4 000倍溶液浸种，浓度应根据种粒大小及种皮厚薄而定，浸泡时间与石灰水相同。

（3）福尔马林　一般用福尔马林1%～2%的稀释液浸种子20～60 min，浸后取出用水洗净，晾干后播种或栽植。

3. 消除病株残体

绝大多数非专性寄生的真菌、细菌，都能在受害寄主的枯枝、落叶、残根等植株残体中存活，或者以腐生的方式存活一定时期。这些病株残体遗留于草坪中越冬，成为来年病害发生的初侵染来源。所以应连年坚持清洁草坪，消除病株残体，并集中烧毁或深埋，或者采取促进残体分解的措施，都有利于减轻病害的发生。

（二）农业防治

农业防治是病害防治的根本措施。其方法如下：

（1）选用抗病品种　此法是防治病害最经济有效的方法。品种抗病能力主要是由于形态特征或生理生化上的原因形成的。有些植物含有植物碱、单宁、挥发油等，对许多病菌有抑制或杀灭作用。目前已有一些草坪草育成了抗病性强的品种，如野牛草、瓦巴斯早熟禾等。

（2）合理修剪　合理修剪不仅有利于草坪草生长发育，使之高低适宜，利于使用，而且有利于通风透光，生长健壮，提高抗病能力。结合修剪可以剪除病枝、病梢、病芽、病根等，减少病原菌的数量。但也要注意因修剪造成的伤口，常常又是多种病菌侵入的门户，因此需要用喷药或涂药等措施保护伤口不受侵染。

（3）调节播种期　许多病害的发生，因温度、湿度及其他环境条件的影响而有一定的发病期，并在某一时期最为严重，如果提早或延后播种，可以避开发病期，达到减轻危害的目的。

（4）及时除草　杂草丛生，不仅与草坪草争夺养分，影响通风透光，使植株生长不良，杂草还是病菌繁殖的场所，一些病毒病也常以杂草为寄主。因此，及时清除杂草，是防治病害的必要技术措施。除下的草，可以堆积腐烂作肥料用，或晒干作燃料用。

（5）深耕细耙　适时深耕细耙可以将地面或浅土中的病菌或残茬埋入深土层，还可将原来土中的病菌翻至地面，受天敌和其他自然因子，如光、温度、湿度的影响而增加其死亡率。

（6）消灭害虫　病毒及一些病菌是靠昆虫传播的。例如，软腐病、病毒病等是由蚜虫、介壳虫、叶蝉、蓟马等害虫传播的，故消灭害虫也可以防止或减少病害的传播。

（7）及时处理被害株　发现病株要及时拔掉深埋，或烧毁。对残茬及落地的病叶、枯叶等，应及时清除烧掉。

（8）病害发生地的处理　温室或苗圃如果发生病害时，应及时将健株与病株隔离。并对温室进行彻底消毒。同时也要对草圃内的土壤进行消毒。

（9）加强水肥管理　合理的水肥管理，可促进草坪草生长发育良好，提高抗病能力，起到防病作用。反之灌水过多，施氮肥过多，易造成枝叶徒长，组织柔嫩，就会降低抗病性。

多施混合有机肥料，可以改良土壤，促进根系发育，提高抗病性。但是如所施的有机肥未经充分腐熟，肥料中混入的病原菌（如立枯病菌等），可以加重病害的传播。因此必须施用充分腐熟的肥料。

草坪的水分状况和灌溉制度，直接影响病害的发生与发展，排水不良是引起草坪草根部腐烂病的主要原因，并引起病害的蔓延，故在低洼或排水不良的土地上种植草坪，需设置排水系统。盆栽草坪也应注意选用排水良好的培养土或在盆底设排水层。及时排除积水和进行中耕，可以大大减轻病菌危害。

（三）生物防治

生物防治就是利用有益微生物或其代谢产物来防治植物病害，按其作用可分为拮抗作用、寄生作用、交叉保护作用、抗生素抑菌或杀菌作用等。

生物防治在国内的历史还不算长，但发展较快。利用抗生菌直接防治植物病害并大面积推广的实例虽然不很多，但它却有效果。如早在20世纪50年代就开始推广的“5406”菌肥（放线菌），不仅能控制一些通过土壤侵染的病害，同时还有一定的肥效，又如鲁保一号（真菌）是防治寄生性种子植物菟丝子的一种生物制剂。

草坪上可以利用链霉素防治细菌性软腐病，用内吸性好的灰黄霉素，来防治多种真菌病。

生物防治具有高度的选择性，对人、畜及植物一般无毒，对环境污染少，无残毒等优点，因而有着广泛的发展前景，是今后草坪病害防治的发展方向之一。

（四）物理防治

即用物理手段防治。方法如下：

1. 利用热力处理

此法主要用于无性繁殖草坪草的热力消毒，对于草坪种子，可用温汤浸种法，杀死种子感染的病原菌。一般用 50～55℃温水浸种 10 min，即能杀死病原体而不伤害种子。

2. 利用比重法清选种子

（1）筛选法　利用筛子、簸箕等，把夹杂在健康种子中间的病菌体筛除。

（2）水选法　一般带病种子比健康种子轻，可用盐水、泥水、清水等法漂除病粒。

（3）石灰水浸种法　石灰水的主要作用在于造成水面与空气隔离的条件，使种子上带的病菌因缺氧而窒息死亡，而种子是可以进行无氧呼吸的，处理后能正常萌发。

（五）药剂防治

利用农药（包括化学农药和生物农药等）防治草坪病害，从当前我国实际情况来看，仍然是一项重要措施。

药剂防治病害，首先要做好喷药保护，防止病菌入侵。一般地区可在早春各种草坪草将要进入生长旺盛期以前，确切地说，在草坪草临发病之前喷适量的波尔多液 1 次，以后每隔 2 周喷 1 次，连续喷 3～4 次。这样就可以防止多种真菌或细菌病害的发生。一旦发病，要及时喷药防治。因病害种类不同，所用的药剂种类也各异。

在药剂的使用中，为了能获得良好的防治效果，应该注意以下事项：

1. 药剂的使用浓度

用药剂喷雾时，往往需用水将药剂配成或稀释至适当浓度。浓度过高会造成药物的浪费，浓度过低则无效果。触杀型杀菌剂使用量为 0.05～0.14 g/m^2；多菌灵喷雾时用 50%可湿性粉剂 1 000～1 500 倍液；代森锌喷粉时用量 4.5～10.5 g/m^2，喷雾用 60%可湿性粉剂 400～600 倍液；福美双喷洒时用 500～800 倍液，克菌丹喷洒时用 50%可湿性粉剂 300～600 倍液。

2. 喷药时间次数

喷药的时间应根据发病规律和当时情况或根据短期预测，及时地在没有普遍发病以前喷药保护。一般在草坪草叶片保持干燥时，喷药效果好。结缕草的冠腐病和根腐病主要发生在仲春和初秋，所以应在这个时期前喷药。草地早熟禾的白粉病在春季和秋季，当遇到寒冷潮湿、多云的天气，这种病易发生，所以这时要进行喷药。防治狗牙根、结缕草和苇状羊茅的锈病时，要在叶片上出现淡黄色的斑点时就要进行。在防治匍匐翦股颖的核盘菌线斑时，最好是在叶片上出现银币状小斑点时就进行喷药。狗牙根的春季死斑病应在初春进行防治。喷药次数主要根据药剂残效期的长短而确定，一般隔 7～10 d 喷 1 次，共喷 2～5 次。雨后应补喷，喷药应考虑成本，节约用药。

3. 喷药量

喷药量应根据病害发病程度和不同的草坪草种，选择适宜的喷药量。喷药要求雾点细，喷施均匀。如人工喷雾，就要求喷雾器有足够的压力，对植株叶片的正面和反面都应喷到。

4. 防止抗药性的产生

许多杀菌剂在同一地区或同种草坪上连续使用一段时间后，病原菌群体内由于其固有的差异，基因发生突变或重组等就对之产生了抗病性，因而防治效果显著降低。例如，草地早熟禾的白粉病原用药量 1 000 mg/m^2 的苯来特、噻苯达唑、甲基托布津就可以有效地防治，但是近年使用这个药量就无效了。所以应当尽可能混合施用或交替使用各种杀菌剂，以防止抗药菌丝的产生和发展，绝不要长期在同一草坪上使用单一的药物。

五、草坪主要病害及防治

（一）腐霉枯萎病（油斑病）

1. 分布及危害

又称油斑病、絮状疫病。是一种毁灭性病害，在全国各地普遍发生，是草坪上的重要病害。所有草坪草都会感染此病，其中冷季型草坪受害最重，如草地早熟禾、匍匐翦股颖、高羊茅、细叶羊茅、粗茎早熟禾、多年生黑麦草、意大利黑麦草和暖季型的狗牙根、红顶草等。

2. 症状识别

该病主要造成芽腐、苗腐、幼苗猝倒和整株腐烂死亡。尤其在高温高湿季节，对草坪的破坏最大。常会使草坪突然出现直径 2～5 cm 的圆形黄褐色枯草斑。清晨有露水时，病叶呈水浸状，暗绿色，变软、黏滑，连在一起，有油腻感，故得名为油斑病。当湿度很高时，尤其是在雨后的清晨或晚上，腐烂叶片成簇趴在地上且出现一层绒毛状的白色菌丝层，在枯草病区的外缘也能看到白色或紫灰色的菌丝体（图 6-6）。

图 6-6　腐霉枯萎病

3. 发病规律

腐霉枯萎病是腐霉属真菌危害引起的病害。此菌能在冷湿环境中侵染危害，也能在天气炎热潮湿时猖獗流行。当高温高湿时，它能在一夜之间毁坏大面积的草皮。主要有两个发病高峰阶段：一个是在苗期，尤其是秋播的苗期（8 月 20 日至 9 月上旬左右）；另一个是在高温高湿的夏季，后者对草坪的危害最大。夏季当白天最高温 30℃以上，夜间最低温 20℃以上，空气相对湿度高于 90%，且持续 14 h 以上，腐霉枯萎病就可以大面积发生。在高氮肥下生长茂盛稠密的草坪最敏感，受害尤重；碱性土壤比酸性土壤发病重。

4. 防治措施

（1）改善草坪立地条件　良好的立地条件是防止腐霉病的关键。建植之前应精细整地，清除石块等杂质，对过黏或沙性过大的土壤要改良，使之有 20～30 cm 的优质土壤，而且质地要一致。要设置地下或地面排水设施，以避免雨后积水、降低地下水位。另外，要避免草坪周围环境荫蔽，保证空气流通。

（2）加强草坪养护管理　合理灌水，要求土壤见干见湿。要灌透水，尽量减少灌水次数，降低草坪小气候相对湿度。灌水时间最好在清晨或午后，任何情况下都要避免傍晚和夜间灌水。及时清除枯草层，高温季节有露水时不修剪，以避免病菌传播。平衡施肥，避免施用过量氮肥，增施磷肥和有机肥。氮肥过多会造成徒长，因而加重腐霉枯萎病的病情。

（3）采用混播方式建植草坪　冷季型各草种特性优劣不一。黑麦草色泽好，只要密度合适，草坪也较细腻，管理粗放，成坪快，唯一的缺点是特别容易感染腐霉菌。高羊茅的特性和黑麦草相近，但草质粗，抗腐霉枯萎病略强于黑麦草，也属于易感品种，而早熟禾对腐霉菌的抗性较强，草质好，但成坪慢，幼草期与杂草竞争的能力太弱。综合它们的优势，可以把早熟禾、黑麦草、高羊茅按一定比例进行混播，这样黑麦草和高羊茅先成坪，提高与杂草竞争的能力，成坪后适当低修剪控制黑麦草、高羊茅的生长，给早熟禾留出空间，使各品种的优势都能得到充分发挥。另外也可用不同品种的草地早熟禾混合播种建坪。

（4）化学防治　用灭霉灵或杀毒矾药剂拌种是防治烂种和幼苗猝倒的简单、易行和有效的方法，用药量为种子量的 0.2%。高温高湿季节选用甲霜灵、乙膦铝、杀毒矾和甲霜灵锰锌等药剂，配成 800～1 000 倍药液进行喷雾及时控制病害。为防止抗药性的产生，提倡药剂的混合使用或交替使用。

（二）褐斑病

1. 分布及危害

广泛分布于世界各地，可以侵染所有草坪草，如草地早熟禾、高羊茅、多年生黑麦草、翦股颖、结缕草、野牛草、狗牙根等 250 余种禾草。以冷季型草坪草受害最重。

2. 症状识别

草坪褐斑病又叫立枯丝核疫病，是草坪上的主要病害之一。该病主要侵染草坪植株的叶鞘、茎，引起叶片和茎基的腐烂，一般根部不受害或受害很轻。在冷季型草坪中，高温高湿条件下最易感染该病。发病初期，染病叶片呈现水渍状，边缘呈红褐色，后期变成褐色，最后干枯、萎蔫。受害草坪有近圆形的褐色枯草斑块，条件适宜时，病情快速蔓延，枯草斑块可从几厘米迅速扩大到 2 m 左右。由于枯草斑中心的病株比边缘病株恢复得快，因此枯草斑就出现中央呈绿色、边缘呈枯黄色的环状，形成“蛙眼”状（图 6-7），清晨有露水或高湿时，有“烟圈”。在病叶鞘、茎基部有初为白色、以后变成黑褐色的菌核形成，易脱落。另外，该病在冷凉的春季和秋季还可以引起黄斑症状（也称为冷季或冬季型褐斑）。褐斑病的症状随草种类型、不同品种组合、不同立地环境和养护管理水平、不同气象条件以及病原菌的不同株系等影响变化很大。

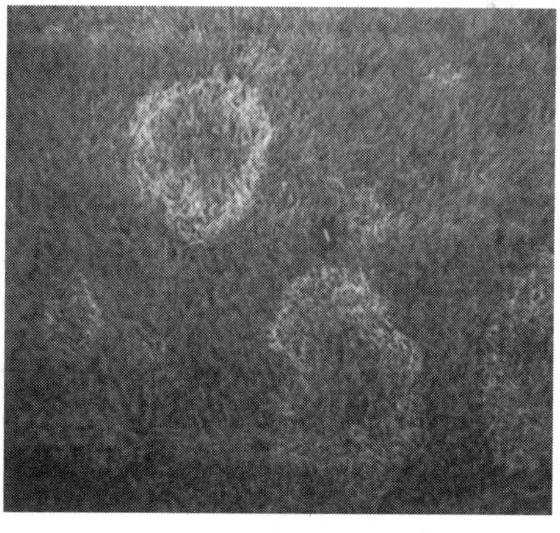

图 6-7　褐斑病

3. 发生规律

引起草坪褐斑病的病原是立枯丝核菌、禾谷丝核菌、水稻丝核菌和玉米丝核菌。不同的病原对不同的草坪种类和品种以及因草坪管理水平的差异表现不同的症状，因此，要根据不同的草坪种类和品种仔细观察。丝核菌以菌核或在草坪草残体上的菌丝形式度过不良的环境条件，是土壤习居菌，主要以土壤传播。枯草层较厚的老草坪，菌源量大，发病重。建坪时填入垃圾土、生土，土质黏重，地面不平整，低洼潮湿，排水不良；田间郁闭，小气候湿度高；偏施氮肥，植株旺长，组织柔嫩；冻害；灌水不当等因素都有利于病害的发生。全年都可发生，但以高温高湿多雨炎热的夏季危害最重。由于丝核菌是一种寄生能力较弱的菌，所以处于良好生长环境中的草坪草，只能发生轻微的侵染，不会造成严重的损害。只有当草坪草生长在高温条件且生长停止时，才有利于病菌的侵染及病害的发展。

褐斑病是一种流行性很强的病害，如果条件适宜，只要有几片叶片或植株受害，就会很快造成草坪大面积受害，因此一旦发病就要及时防治。在枯草层较厚的老草坪，病菌较多，发病较多较重。高温高湿，排水不良，过量施用氮肥，使植株徒长，组织幼嫩，都极易造成褐斑病的流行。

4. 防治措施

（1）做好清除工作　及时清除枯草层、修剪后的残草和病残体，减少菌源。

（2）加强养护管理　要均衡施肥，增施磷钾肥，避免偏施氮肥。科学灌水，避免串灌和漫灌。及时修剪，夏季修剪不要过低。过密草坪要及时打孔、梳草，以保持通风透光。

（3）选育和种植耐病品种　目前虽没有很好的抗病品种，但草种、品种间有明显的抗病性差异，如粗茎早熟禾较抗病。

（4）化学防治　对新建草坪，可选用甲基立枯灵、五氯硝基苯、灭霉灵等药剂拌种，用药量为种子重量的0.2%～0.4%；或选用杀毒矾、灭霉灵、甲基立枯灵、五氯硝基苯等进行土壤处理。对成坪草坪要抓紧早期防治，必须在症状明确显现前（即病原菌大量侵染前）用药，才能有效控制病害，可用药剂有灭霉灵、粉锈宁、扑海因、敌菌灵、福美双、甲基托布津等，一般采用喷雾法，严重发病地块或发病中心可用灌根或泼浇法进行控制。

（三）夏季斑枯病（夏季斑）

1. 分布及危害

夏季斑枯病又称夏季斑或夏季环斑病，是一种严重的真菌性病害。可以侵染多种冷季型禾草，其中以草地早熟禾受害最严重，造成整株死亡，使草坪出现大小不等的斑秃，严重影响草坪景观。

2. 症状识别

夏季斑枯病是夏季高温高湿时发生在冷季型草坪草上的一种严重病害，尤其在生长较密的草地早熟禾草坪上。发病初期出现大小不等的枯黄色圆形斑块，直径3～8 cm，斑块继续扩大。典型的夏季斑为圆形的枯草圈，直径大多不超过40 cm左右，但最大时可达80 cm。在持续高温天气下（白天高温达28～35℃，夜温超过20℃），病情迅速发展，草坪多处呈现不规则形斑块，且多个病斑愈合成片，形成大面积的不规则形枯草区（图 6-8）。受该病危害的植株根部、根冠部和根状茎呈黑褐色，后期维管束也变成褐色，外皮层腐烂，整株死亡。

图 6-8 夏季斑枯病

3. 发病规律

病害主要发生在夏季高温季节中。当夏季持续高温（白天高温达 28～35℃，夜温超过 20℃），病害就会迅速发生。在人工控制的环境条件下，病菌在 21～35℃温度范围内均可侵染，并在寄主根部定殖，从而抑制根部生长，病害发生的最适温度为 28℃。随着炎热多雨天气的出现，或一段时间大量降雨或暴雨之后又遇高温的天气，病害开始明显显现并很快扩展蔓延，造成草坪出现大小不等的秃斑。这种病斑不断扩大的现象，可一直持续到初秋。

4. 防治措施

（1）养护防治措施　由于夏季斑是一种根部病害，所以凡是能促进根生长的措施都可减轻病害的发生。避免低修剪（一般不低于 5～6 cm）；最好使用缓释氮肥，要深灌，尽可能减少灌溉次数。打孔、梳草、通风、改善排水条件、减轻土壤紧实度等均有利于控制病害。

（2）抗病草种混播　选用抗病草种（品种）或将其混合种植。

（3）化学防治　用乙磷铝、甲基托布津、灭霉灵、多菌灵等农药拌种，通常用药量为种子重量的 0.2%～0.3%。有条件的单位可用溴甲烷、棉隆等熏蒸剂处理土壤。成坪草坪应于春末夏初 5 cm 土层温度 18～20℃时开始用药进行茎叶喷雾和灌根，可选用杀毒矾可湿性粉剂、绿享 1 号、灭霉灵、甲基硫菌灵、乙膦铝等，一般使用浓度为 500～1 000 倍液，间隔 15 d 左右，连续使用 2～3 次，药液量 300 mL/m^2 左右，灌根时药液量还可增加。

（四）镰刀菌枯萎病

1. 分布及危害

镰刀菌枯萎病是由镰刀菌引起的一种重要的真菌病害。在全国各地草坪均有发生，可侵染多种草坪草，如早熟禾、羊茅、翦股颖等。主要引起根腐、茎基腐、叶斑和叶腐、穗腐和枯萎等综合症，也常危害幼苗，严重破坏草坪景观。

2. 症状识别

该病主要造成烂芽、苗腐、根腐、茎基腐、叶斑和叶腐、匍匐茎和根状茎腐烂等一系列复杂症状（图 6-9）。草坪上枯萎斑圆型或不规则形，直径 2～30 cm。当高湿时，病部有白色至粉红色的菌丝体和大量的分生孢子团。老草坪枯草斑常呈“蛙眼”状（图 6-10），多在夏季湿度过高或过低时出现。在冷凉多湿季节，还可与雪腐病捷氏霉病菌并发，引起雪腐病或叶枯病。造成叶片枯萎或枯草斑块，或出现弥散的枯萎株。

3. 发生规律

该病是由镰刀菌引起的一种真菌病害。冬季低温，菌丝体潜藏在基部组织中越冬，春季随气温回升，病菌迅速扩展，导致植株茎基部及根系腐烂。高温、土壤含水量过高或过低、枯草层太厚均有利于病害的发生。此外，春夏季氮肥施用量过大，草坪修剪高度过低，pH 值高于 7 或低于 5 也都有利于根腐或茎腐发生。

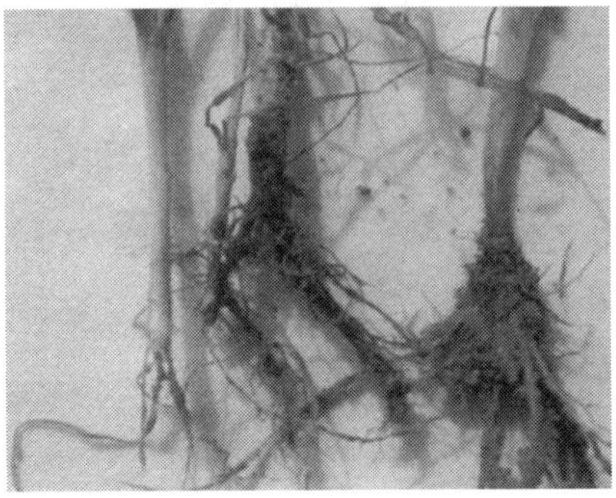

图 6-9 镰刀枯萎病病株

图 6-10 镰刀菌枯萎病

4. 防治措施

（1）选用抗病品种及混播　种植抗病、耐病草种或品种。草地早熟禾易感病，提倡草地早熟禾与羊茅、黑麦草等混播。

（2）加强管理　增强土壤透气性，促进根系发育，增加植株抗病性；避免氮肥过量施入，多施磷肥和钾肥，减轻病害发生；及时清除枯草层；合理灌、排水，保持草坪一定湿度，不可过于干旱，以防枯萎病发生；及时清除病株并对周围土壤进行消毒。

（3）化学防治　用灭霉灵、甲基托布津等药剂拌种，用药量为种子量的 0.2%～0.3%。发病初期，使用 50%多菌灵可湿性粉剂、70%甲基托布津可湿性粉剂 800～1 000 倍液，每隔 10～15 d 重喷 1 次，连喷 3～4 次。发病后可在病株周围 1～2 m 范围内用 75%敌克松 500 倍液或 10%双效灵 200 倍液灌注植株根部周围土壤。

（五）币斑病

1. 分布及危害

币斑病，又称钱斑病或圆斑病，是最为常见的草坪病害之一，也是一种世界性的病害，危害多种草坪草，主要侵染早熟禾、狗牙根、巴哈雀稗、假俭草、黑麦草、结缕草、翦股颖等。在管理水平比较高的草坪，比如高尔夫球场匍匐翦股颖果岭和球道上，该病害尤其常见。

2. 症状识别

币斑病在高尔夫球场果岭及球道上的病症为单株叶片受害，开始产生水渍状褪绿斑，以后逐渐变成白色，边缘棕褐色至红褐色。病斑可扩大延伸至整个叶片，呈漏斗状。也常有从叶尖开始枯萎的现象。单株叶片可能只有一个病斑，也可能有许多小病斑或整叶枯萎，成坪草坪上呈现圆形、凹陷、漂白色或稻草色的枯草斑，大小为 5 分到 1 元硬币（图 6-11）。若早晨有露水，在枯草斑上有白色、絮状或蛛网状的菌丝，叶片干燥时菌丝消失。在修剪

图 6-11 币斑病

较低的翦股颖草坪上，病斑最初的直径只有1～2 cm，受害部位包括相邻几个分蘖的叶片和叶鞘。症状与红丝病最初的症状很相似，区别是红丝病的病斑不太规则，并且有粉红色菌丝。在修剪较高的草坪上，病斑不太规则，直径可达到15 cm以上，病斑经常在叶尖首先出现，长2 cm左右，并很快蔓延到整个叶片。

3. 发生规律

币斑病以菌丝体和子座组织，在病株上和病叶表面上度过不良环境。病组织通过风、雨水和流水、工具、人畜活动等方式传播和扩展蔓延。当环境条件适于病菌活动时，从病组织或子座上产生的菌丝侵染叶片。气生菌丝也可通过与叶面接触，造成侵染。币斑病发病的适温为15～32℃，因此，从春末一直到秋季病害都可发生。

另外，高温而潮湿的天气、昼夜温差大、较高的空气湿度和较低的土壤湿度、土壤干旱瘠薄、氮素缺乏等因素都可以加重病害的流行。频繁和过低的修剪也有利于币斑病的发生。

4. 防治措施

（1）强养护管理　轻施、常施氮肥，使土壤中维持一定的氮肥水平。早晨草坪上有露水时，应及时去除露水，浇水时尽量浇深浇透，减少浇水次数，不要在晚上浇水，以免形成露水。合理修剪，不要修剪过勤、过低。保持草坪通风、透光。

（2）选用耐病草种及混播　选用耐病草种和品种；采用混播方式建植草坪，以提高草坪抗性。

（3）化学防治　发病前喷施75%百菌清可湿性粉剂600倍液、80%代森锰锌800～1 000倍液，也可喷施放线酮、敌菌灵等。

（六）锈病

1. 分布及危害

锈病是草坪禾草上的一类重要病害，它分布广、危害重，几乎每种禾草上都有一种或几种锈菌危害，是北方地区冷季型草坪的主要病害。一旦发生后，持续时间长，一般可从4、5月份一直延续到11月下旬。禾草感染锈病后叶绿素被破坏，光合作用降低，呼吸作用失调，蒸腾作用增强，大量失水，叶片变黄枯死，草坪稀疏、瘦弱，景观被破坏。

2. 症状识别

主要危害禾草的叶片和叶鞘，也侵染茎秆，因在病部形成黄褐色菌落，散出铁锈状孢子而得名。发病初期，在叶片表面看到一些散生黄色小泡斑，表皮破裂露出鲜黄色粉状物，后期产生黑褐色小泡斑，露出黑褐色粉状物，严重时病斑紧密成层，叶片变黄、纵卷干枯，从整体看去草坪像生锈一样，造成大片草坪枯黄，影响生长和观赏（图6-12）。

图6-12　锈病

3. 发生规律

锈菌是严格的专性寄生菌，夏孢子离开寄主几乎不能存活。主要是以夏孢子世代不断侵染的方式在禾草或禾本科杂草上存活，完成周年循环。以菌丝体和夏孢子在禾草病部越冬。夏孢子可以远距离传播，在发病地区内夏孢子随气流、雨水飞溅、人畜机械携带等途径在草坪内和草坪间传播。夏孢子在适宜温度下，叶面必须有水膜的条件下才能萌发，由气孔或直接穿透表皮侵入。适宜条件下，一般 6～10 d 后显症，10～14 d 后产生夏孢子，继续再侵染。

4. 防治措施

（1）选育使用抗病品种　由于锈病的病原种类很多，变化较大，必须不断进行抗锈病品种选育工作。

（2）加强科学的养护管理　不可过量施入氮肥，保持正常的磷、钾肥比例；合理浇水，避免草地湿度过大或过于干燥，要见干见湿，避免傍晚浇水。保证草坪通风透光，以便抑制锈菌的萌发和侵入。

（3）化学防治　三唑类杀菌剂是防治锈病首选的一类药剂，防效高且作用的持效期长。常用药剂有：粉锈宁、羟锈宁、特普唑（速宝利）、立克锈等。可在播种时用药剂拌种，用药量为种子量的 0.2%～0.3%。在发病早期（以封锁发病中心为重点时期），常用 25%的三唑酮可湿性粉剂 1 000～2 500 倍液或 12.5%的特普唑（速保利）可湿性粉剂 2 000 倍液等喷雾防治。一般在草坪叶片保持干燥时喷药效果好。喷药次数主要根据药剂残效期长短而定，一般 7～14 d/次，要尽可能混合施用或交替使用，以免产生抗药性。

（七）黑粉病

1. 分布与危害

属于茎叶部病害，由黑粉病菌引起，是危害多种冷季型草坪草的重要病害。黑粉菌是一种高度寄生的专化性的病原物，主要危害草坪草的花序，因此对种子生产影响最大，甚至造成毁灭性的损失。条形黑粉病可侵染 26 属 48 种禾本科植物，其中翦股颖、黑麦草、早熟禾易感病，尤以草地早熟禾最易感病。秆黑粉病可在 8 个属的禾本科植物及小麦等作物上寄生。叶黑粉病主要寄生在早熟禾属、翦股颖属、羊茅属等植物上。

2. 症状识别

条形黑粉病和秆黑粉病症状基本相同，草坪植物常变得矮小，黄绿色条纹延着叶片长度发展，最后变为暗灰色，随着病害的发展，灰色条纹裂开，释放出黑色煤灰样的孢子堆，孢子堆沿着草叶的叶脉发展，最后叶子裂开呈丝带状（图 6-13）。叶子从上向下开始卷曲，变成浅灰色，并死亡。当秆黑粉病很严重时，草坪就呈现为黄绿色和黑色。通过感病区，用手或白布将黑色煤灰样的孢子擦掉，将留下一些褪色条纹。叶黑粉病主要表现在叶片上，病叶背面有黑色椭圆形疱斑，即冬孢子堆，长度不超过 2 mm，疱斑周围褪绿，严重时，整个叶片褪绿变成近白色。

图 6-13　黑粉病

3. 发生规律

不同的黑粉病类型出现的时期不一样，春秋季节冷湿阶段出现的病害会随着天气的转暖而逐渐消失，而夏季或冬季草坪处于环境胁迫时发生的病害则对草坪草的伤害最为严重。总的来说，当土壤干燥、气温凉爽、施肥不当、草垫层过多时此病易发。黑粉病病菌能在土壤中累积和存活多年，因此，在比较老的草坪上的发病较重。病害由叶片侵入，通过空气、雨水、流水、机具、人畜等的接触传播蔓延。

4. 防治措施

(1) 种植抗病品种并合理布局 更新或混合种植改良型草地早熟禾品种能有效地控制病害。

(2) 适期播种 避免深播，缩短出苗期。

(3) 加强管理 春秋季节浇水应尽量浇透、浇深，合理均衡施肥，及时清除枯草层。

(4) 化学防治 用0.1%～0.3%三唑酮、三唑醇、立克锈等药剂进行拌种。在发病初期可喷施25%粉锈宁可湿性粉剂、25%多菌灵、甲基托布津等杀菌剂。

(八) 白粉病

1. 分布及危害

白粉病在世界各地都有分布，为草坪禾草上常见的茎叶病害之一，尤以早熟禾、细羊茅和狗牙根发病最重。当感病草种种植在荫蔽或空气流通不畅的地方，遇到长期的低光照，发病就会很严重。该病主要降低光合效能，加大呼吸和蒸腾作用，造成植株矮小、生长不良甚至死亡，严重影响草坪景观。

2. 症状识别

受害叶片上先出现1～2 mm近圆形或椭圆形的褪绿斑点，以叶面较多，后逐渐扩大成近圆形、椭圆形的绒絮状霉斑。初白色，后污白色、灰褐色。霉层表面有白色粉状物（图6-14），后期霉层中出现黄色、橙色或褐色颗粒。随病情发展，叶片变黄，早枯死亡，一般老叶较新叶发病严重。发病严重时，草坪呈灰白色，像撒了一层白粉，受震动会飘散，该病通常春秋季发生严重。草坪受到极度干旱胁迫时，白粉病为害加重。

图6-14 白粉病

3. 发生规律

该病是由白粉菌引起的真菌病害。病菌主要以菌丝体或闭囊壳在病株体内或病残体中越冬。翌春，越冬菌丝体产生分生孢子，越冬后成熟的闭囊壳释放子囊孢子，通过气流传播，在晚春或初夏对禾草形成初侵染。着落于感病植物上的分生孢子不断引起再侵染。

分生孢子只能存活4～5 d，萌发时对温度要求严格，适温17～20℃，对湿度要求不严格。白粉菌侵入禾草后，寄生在寄主叶片的表皮层细胞，通过吸器从活细胞中吸收所需要的营养。子囊孢子的释放需要高湿条件，通常发生在夏秋季降雨之后。

环境温湿度与白粉病发生程度有密切关系，15～20℃为发病适温，25℃以上时病害发展受抑制。空气相对湿度较高有利于分生孢子萌发和侵入，但雨水太多又不利于其生成和传播。南方春季降雨较多，如在发病关键时期连续降雨，不利于白粉病发生和流行；但在北方地区，常年春季降雨较少，因而春季降水量较多且分布均匀时，有利于白粉病的发生。水肥管理不当、荫闭、通风不良等都是诱发病害发生的重要因素。

4. 防治措施

(1) 种植抗病品种并合理布局 选用抗病草种和品种并混合种植是防治白粉病的重要措

施。据报道，下列草种或品种对白粉病有一定的抗性或耐性：粗茎早熟禾、多年生黑麦草、早熟禾、草地早熟禾品种有 America、Enmundi、Glade、Mystic、Nugget 等；细羊茅品种有 Houndog；高羊茅品种有 Rebel 等。

（2）科学养护管理　控制合理的种植密度；适时修剪，在白粉病易发区，更应注意草的留茬高度；保证草坪冠层的通风透光，尤其要注意草坪周围观赏性灌木和树木的选择、修剪；减少氮肥，增施磷钾肥；合理灌水，不要过湿过干。

（3）化学防治　三唑类杀菌剂防治白粉病效果好、作用的持效期长，常见药剂有粉锈宁、羟锈宁、特普唑（速宝利）、立克锈等。可在播种时用药剂拌种，药量为种子量的 0.2%～0.3%。在发病早期（以封锁发病中心为重点时期）可采用喷雾防治，通常在修剪后用 25%的三唑酮可湿性粉剂 2 000～2 500 倍液、12.5%的特普唑（速保利）可湿性粉剂 2 000 倍液、70%甲基托布津可湿性粉剂 1 000～1 500 倍液、50%退菌特可湿性粉剂 1 000 倍液等。

（九）霜霉病

1. 分布及危害

霜霉病是草坪上较为常见的一种系统侵染性病害，我国各省（区）及其他国家多有报道。可危害许多种草坪禾草，以黑麦草、早熟禾、翦股颖和羊茅等受害较严重。受害草坪草黄化矮缩、抗逆性显著降低，草坪景观被破坏，利用年限缩短。

2. 症状识别

霜霉病发病初期植株略矮，叶稍宽、稍厚，不变色，有黄白色条纹。草坪由于经常修剪，很少或不出现上述典型症状。严重时，叶淡黄绿色，与周围草坪草相比，病株周围出现 1～10 cm 大小的淡黄色斑块，且病株叶片上产生不规则的黄绿色病斑，在翦股颖和细羊茅上的斑块一般为 1～3 cm，而在黑麦草和早熟禾上的斑块较大。叶面平行叶脉产生白色或灰色条斑，天气潮湿时出现白色霜状霉层（图 6-15）。

图 6-15　霜霉病

3. 发生规律

霜霉病在春、秋季节最为显著，发病最适温度为 15～20℃，最先在排水不良的地方发病，因此，在土壤潮湿、排水不良、雨水过多、施肥不合理、修剪不合理等管理措施和方案不当的情况下易引发此病。该病随水流进行传播，因此对水的要求比较严格，只有在有水滴的条件下才能萌发。

4. 防治措施

（1）合理建植　选用多草种或多品种建植混播草坪。

（2）科学养护管理　适量灌水，避免串灌和漫灌，应特别注意避免傍晚灌水；应及时排涝，避免积水或过湿。须均衡、及时地施肥，合理修剪。及时铲除田间病株及田边野生禾本科寄主以减少菌源。

（3）化学防治　播种前用 95%敌克松可湿性粉剂或 20%萎锈灵乳油，按种子质量的

0.7%拌种；或用35%瑞毒霉拌种剂，按种子质量的0.2%～0.3%拌种；或用50%多菌灵可湿性粉剂，按种子质量的0.4%～0.5%拌种。对于感病的成坪草坪，可使用瑞毒霉、乙膦铝和杀毒矾等药剂喷雾防治。

（十）德氏霉叶枯病

1. 分布及危害

德氏霉叶枯病是由德氏霉引起的一种真菌病害。世界各地均有分布，是一类引起多种草坪草发生叶斑、叶枯、根腐和茎基腐的重要病害。在我国北方一些地方的草坪病害调查中，主要以早熟禾德氏霉导致的叶枯病为主，另外还可引起羊茅和黑麦草网斑病、黑麦草大斑病、翦股颖赤斑病和狗牙根环斑病等。

2. 症状识别

早熟禾叶枯病主要危害草地早熟禾，引起早熟禾的叶斑、叶枯，也危害种子、芽、苗、根、根状茎和根颈，造成烂种、苗腐及根部、冠部和茎基的腐烂。叶片和叶鞘上出现水浸状椭圆形小病斑，继而病斑变褐色，周边叶组织变黄色。病斑进一步增大成为长椭圆形、长梭形，与叶脉平行，其中心枯死，变褐色至枯白色，病斑周围（病健交界处）有黄色晕圈，边缘暗褐色，长度0.4～1.0 cm，相互会合后形成较大的坏死斑甚至整个叶片或整个分蘖死亡（图6-16）。潮湿条件下病斑上有黑色霉状物。严重发病时，产生大量死叶、死蘖，使草坪变稀疏。病原菌还侵染草地早熟禾根、根茎和茎基部，病部变褐腐烂，导致叶片褪绿、萎蔫，病株褐变死亡。

图6-16　德氏霉叶枯病

3. 发生规律

病种子和病土是德氏霉叶枯病的主要初侵染源。病菌以分生孢子和休眠菌丝体在植物病组织和病残体中度过不良环境。分生孢子在3～27℃范围内均可萌发，适温15～18℃。叶面水滴是孢子萌发和侵入所必须的条件。分生孢子萌发，产生芽管侵入叶片，形成叶斑或叶枯。另外，由于种子带菌，在新建植的草坪上还引起烂芽、烂根和苗腐。

影响德氏霉叶枯病流行的因素很多，阴雨或多雾天气致使叶面长期保持水膜和湿润以及在午后或晚上灌水；草坪立地条件不良，严重遮阴、郁蔽，地势低洼，排水不良等均造成湿度过高；光照不足，氮肥过多，磷、钾肥缺乏时，植株生长柔弱，抗病性降低；草坪管理粗放，修剪不及时，剪草过低，枯草层厚，积累枯、病叶和修剪的残叶没及时清理等，都有助于菌量积累和加重病害流行。

4. 防治措施

（1）选用抗病品种　种植抗病、耐病草种或品种，播种无病种子。

（2）加强管理　灌溉时应深灌、灌透，减少灌水次数，避免草坪积水，浇水应在上午进行，避免傍晚灌水；均衡施肥，增施磷、钾肥；及时修剪，保持适宜的植株高度；及时清除枯草层。

（3）药剂防治　播种时可用种子质量0.2%～0.3%的25%三唑酮可湿性粉剂或50%福

美双可湿性粉剂拌种；草坪发病初期喷施杀菌剂能较好地控制病情发展，25%敌力脱乳油、25%三唑酮可湿性粉剂、50%福美双可湿性粉剂、12.5%速保利可湿性粉剂等药剂都有较好防治效果。喷药量和喷药次数可根据草种、草高、植株密度以及发病情况确定。

第五节　草坪虫害识别与防治

一、草坪害虫分类

按照生物学分类方法，草坪害虫主要分属于鞘翅目、鳞翅目、同翅目、半翅目、直翅目、双翅目和缨翅目，以及蛛形纲的蜱螨目等。

在实际应用当中，可以按照害虫的生活习性来划分。

1. 按照害虫的取食方式分

咀嚼式口器（如蝗虫）和刺吸式口器（如蚜虫）害虫。

2. 按害虫为害时的栖息场所分

地下害虫（如蛴螬）与地上害虫（如叶蝉）。

3. 按照植物受害部位分

根部害虫（如金针虫）、叶部害虫（如黏虫）及茎部害虫（如麦秆蝇）。

二、草坪害虫的生物学特性

（一）发育特点与生活史

昆虫的体躯表面有一层坚韧的壳，生物学上被称为外骨骼，它对虫体具有很好的保护作用，但由于它的坚韧性，限制了虫体的增长。因此，如果昆虫想要继续的生长，必然会在发育过程当中出现蜕皮现象。在旧表皮蜕去，新表皮未形成之前，昆虫会有一个急速的生长过程，然后逐渐减慢，直到下次蜕皮前几乎停止生长。昆虫的这种生长是不均衡的，呈现周期性。

昆虫从卵中孵化出来时称1龄幼虫，蜕第一次皮后称2龄幼虫，即蜕一次皮，虫体就增加1龄。两次相邻蜕皮之间的时期称为龄期。幼虫从幼期状态改变为成虫状态的现象称为变态。昆虫变态的类型多种多样，但主要有全变态和不全变态两种类型。

全变态的昆虫具有卵、幼虫、蛹、成虫四个虫期，如金龟子、蛾类和蝇类等。不全变态的昆虫具有卵、幼虫和成虫三个虫期，因幼虫与成虫相似，又称幼虫为若虫，如飞虱、蝗虫和盲蝽等。

昆虫一个新个体从离开母体发育到性成熟并产生后代为止的个体发育史称为一个世代。一种昆虫在一年内的发育史称为生活年史，通常简称为生活史。

（二）主要生活习性

昆虫的生活习性是指昆虫的活动和行为，是种群的生物学特性，并非每种昆虫都具有。

1. 昼夜节律

绝大多数昆虫的活动，如取食、交配、飞翔等均有其昼夜节律。如蝴蝶、蜻蜓白天活动，称为日出性昆虫；绝大多数蛾类夜间活动，称为夜出性昆虫；有些昆虫（如蚊子）在黄昏或黎明时活动，称为弱光性昆虫。

2. 趋性

趋性是昆虫受外界某种物质连续刺激后产生的一种强迫性定向运动。趋向刺激源的称正趋性，避开刺激源的称负趋性。按刺激源的性质不同可分为趋光性、趋化性、趋温性等。趋性对昆虫的寻食、求偶、产卵及躲避不良环境等有利。人们可以利用这些习性来防治害虫，如黏虫、小地老虎的成虫具趋光性，可利用黑光灯进行诱杀。

3. 迁移性

昆虫在个体发育过程中，为了满足对食物和环境的需求，都有向周围扩散、蔓延的习性，如蚜虫；有的还能成群结队远距离迁飞转移，如蝗虫、黏虫等。了解害虫迁飞规律，有助于人们掌握害虫消长动态，以便在其扩散前及时防治。

4. 假死性

有些昆虫受到某种刺激或震动时，身体蜷缩、静止不动或从停留处跌落下来呈假死状，稍停片刻即恢复正常活动的现象，如金龟子成虫。这是昆虫逃避敌害的一种自卫反应，人们常利用这种习性来震落捕杀害虫。

（三）危害方式

1. 食叶性

口器多为咀嚼式，取食草坪草叶片、茎秆，造成缺刻、孔洞、切断等。如黏虫、草地螟、蛞蝓等。

2. 吸汁性

口器为刺吸式或锉吸式，吸食草坪草叶片及幼嫩茎秆内部的汁液，使得茎叶产生褪绿的斑点、条斑、扭曲、虫瘿，甚至因传播病毒病而致畸形、矮化，有时会出现煤污病。如蚜虫、叶蝉、蓟马等。

3. 钻蛀性

个体较小，其幼虫钻入茎秆或潜入叶片内部危害，造成草坪草“枯心”或“鬼画符”叶，严重时草坪枯黄一片。如麦秆蝇等。

4. 食根性

主要生活在地下，危害根部或茎基部，造成草坪黄枯。如蝼蛄、蛴螬等。

三、草坪害虫发生与环境的关系

影响害虫发生的环境因素主要有气候、生物和土壤等方面。

（一）气候因素

气候因素主要包括温度、湿度和降雨、光照、气流（风）、气压等。这些因素在自然界中常相互影响并共同作用于昆虫。气候因素可直接影响昆虫的生长、发育、繁殖、存活、分布、行为和种群数量动态等，也能通过对昆虫的寄主（食物）、天敌等的作用而间接影响昆虫。

1. 温度

昆虫是变温动物，体温随环境温度的变化而变化。昆虫新陈代谢的速率在很大程度上受环境温度所支配。温度对昆虫的生长发育、成活、繁殖、分布、活动及寿命等许多方面都有重要的影响。一种昆虫完成一定的发育阶段，（1 个虫期或 1 个世代）所需的总热量是一个常数。所以在一定温度范围内，温度越高，昆虫发育的速率越快。反之，不适宜的温度则使昆虫生长变慢，甚至死亡。

2. 湿度

加速或延缓昆虫生长发育，影响其繁殖与活动。

3. 光照

光对昆虫的作用包括太阳光的辐射热、光的波长、光照强度与光周期的影响。

昆虫可以从太阳的辐射热中直接吸收热能。植物通过光合作用制造养分，供给植食性昆虫食物，昆虫也可从太阳辐射热中，间接获得能量。在一个昼夜的节律中，昆虫有白天活动的（如蝶类、蜂类）、夜间活动的（如蛾类）以及黄昏和黎明活动的（如蚊子）类群，光的这种昼夜交替在一年中的变化节律对昆虫的年生活史、迁移等都有重要的影响。一些昆虫对一定波长的光具有趋向性。

4. 风

风影响昆虫的迁移、扩散活动。如草地螟等具有迁飞特性的昆虫往往会受风的影响。

（二）生物因素

生物因素主要包括食物与天敌两大类，对昆虫的生长发育、繁殖、存活、行为等关系密切，制约着昆虫种群的数量动态。

1. 食物

一方面，昆虫对寄主植物是有选择性的，不同种类的昆虫，其取食范围的大小有所不同，可以是几种、十几种，甚至上百种，但最喜食的植物种类却不多。吃最喜食植物时，昆虫发育速度快、死亡率低、繁殖力强。另一方面，植物并不是完全被动地被取食，在长期演化过程中，产生了多方面的抗虫特性，如不选择性、抗生性和耐害性等。

2. 天敌

天敌包括昆虫病原微生物、食虫昆虫和食虫鸟类等其他动物。病原微生物包括病毒、细菌、真菌、线虫和原生动物等。目前，苏云金杆菌、斜纹夜蛾多角体病毒等已有许多微生物制剂被工厂化生产，并广泛应用于害虫防治之中。食虫昆虫的种类也很多，如捕食性瓢虫、草蛉和寄生性赤眼蜂等都可规模生产，广泛用于防治害虫。蜘蛛、食虫鸟类和一些家禽都是捕食害虫的能手。

（三）土壤因素

土壤是昆虫的重要生活环境，许多昆虫终生生活在其中，大量地上生活的昆虫也有个别虫期生存在土壤中，如黏虫、斜纹夜蛾等昆虫的蛹期。土壤对昆虫的影响主要在它的物理和化学特性两个方面。土壤温湿度的变化、通风状况、水分及有机质含量等不同，对昆虫的适生性影响各异，如蛴螬喜欢黏重、有机质多的土壤，蝼蛄则喜欢砂质疏松的土壤。也有些昆虫对土壤的酸碱度及含盐量有一定的选择性。

四、草坪害虫的综合防治

防治害虫的根本目的是调控害虫的种群数量，将其种群数量控制在经济允许的受害水平以下。基本原理概括起来便是“以综合治理为核心，实现对草坪虫害的可持续控制”。

草坪虫害防治的基本方法归纳起来有：植物检疫、栽培防治、物理防治、生物防治、化学防治。

（一）植物检疫

植物检疫是国家通过颁布有关条例和法令，对植物及其产品，特别是种子等繁殖材料进行管理和控制，防止危险性病虫杂草的传播蔓延，主要任务有：禁止危险性病虫杂草随着植物及其产品由国外输入和由国内输出；将国内局部地区已发生的危险性病虫杂草封锁在一定的范围内，不让其传播到尚未发生的地区；当危险性病虫杂草传入新区时，采取紧急措施，就地肃清。因而植物检疫是病虫草害防治的第一道防线，是预防性措施。目前我国绝大部分冷季型草种是从国外调入的，传入危险性害虫的风险很大，因而必须加强草种检疫。草坪草的检疫性害虫有谷斑皮蠹、白缘象、日本金龟子、黑森瘿蚊等。

（二）栽培防治

（1）选用抗虫草种、品种　使用抗虫性强的草坪草种、品种，是防治害虫最经济、最有效的措施。尤其对茎、叶害虫抗性较强的品种，应优先选择使用。选用抗虫品种从长远观点看，其优点是使害虫的危害大大降低，减少了杀虫剂的使用。随着我国转基因技术的不断发展，大批的抗虫草坪草品种将会不断问世。

（2）翻土壤　在整地时，应深耕深翻土壤，翻耕耙压，这样由于机械损伤和鸟兽啄食，可以大大压低虫口基数。

（3）合理施肥　在施底肥时，应施入腐熟的有机肥。在有机肥腐熟过程中，由于产生高温，能将虫卵及幼虫杀死，而且腐熟的有机肥可改善土壤结构，促进根系发育、壮苗，增强抗虫能力。适当施入一些碳酸氢铵、腐殖酸铵等化肥做底肥，对抑制蛴螬有一定的作用。

（4）适时灌水　在秋冬和初春季节，适时大水漫灌，对地下害虫和在土中化蛹的蛾类害虫有一定的杀灭作用，可提高其死亡率。也可使各种地下害虫露出地面，以便于集中喷杀，压低虫口基数。

（5）清洁田园　清除草坪内和草坪周围的垃圾，减少害虫的栖息场所。尤其在秋冬季节，应清除枯枝落叶、枯草等，集中堆沤，以消除上面的虫卵。

（三）物理防治

物理防治是利用害虫对光和化学物质的趋向性及温度等来防治害虫。如用黑灯光诱杀某些夜蛾和金龟子；用糖醋液诱杀地老虎和黏虫的成虫；用高温或低温杀灭种子携带的害虫等。在一定条件下，人工捕杀害虫也是一种有效的措施。如捡拾金龟子、蛴螬、地老虎、金针虫和蝼蛄等。

（四）生物防治

生物防治主要包括以虫治虫、以菌治虫及其他有益动物的利用，还包括造成害虫不育、利用自然的或人工合成的昆虫激素防治害虫等。如捕食蚜虫的天敌有瓢虫、食蚜蝇、草蛉、蚜茧蜂等，在生产中应加以保护和利用。用微生物农药防治黏虫、草地螟、金龟子效果均较高。每公顷草坪用100亿活孢子/g的杀螟杆菌1 500～2 300 g，兑水60～75 L喷雾防治黏虫、草地螟，死亡率在80%以上。死亡后的虫体还可重复利用，收集死虫加以浸泡、揉搓后将渣滤出，滤液喷雾。用金龟子芽孢杆菌30万亿芽孢/hm^2，拌适量的土翻撒于土中防治蛴螬，感染率可达70%。

（五）化学防治

化学防治是防治草坪害虫最常用和最普遍的措施，该法具有高效、快速、经济和使用方便等优点。但其突出的缺点是容易杀伤天敌、污染环境、使害虫产生抗药性和引起人、畜中毒等。因此，要尽量限制和减少化学农药的用量及使用范围，做到科学、合理地用药。

防治草坪害虫的农药通常以拌种、毒饵、喷洒等方式施用。药剂拌种、土壤处理法、毒饵诱杀法主要防治根部害虫（地下害虫）；喷雾法主要防治地上害虫。

1. 药剂拌种

建坪时对草坪草种子进行药剂拌种可以防治根部害虫。常用的拌种剂有50%辛硫磷乳油、25%辛硫磷微胶囊缓释剂、50%氧化乐果乳油等，用以防治蛴螬，并能兼治地老虎、金针虫、蝼蛄，拌种的用药量应根据药剂种类、种子种类及防治对象而定，一般用药量为种子重量的0.2%～0.5%。

2. 土壤处理法

在草坪播种建植前使用颗粒剂——5%辛硫磷颗粒剂、3%甲基异硫磷颗粒剂、3%呋喃丹颗粒剂，40～45 kg/hm^2混400～450 kg的细沙土撒施，对防治蝼蛄效果较好。

3. 毒饵诱杀法

毒谷毒饵法是利用害虫所喜食的谷物、饵料拌上药剂诱杀的方法。具体做法：1 hm^2的草坪用38～40 kg炒香的麦麸、豆饼、棉饼或煮成半熟的谷子或瘪谷子拌入90%敌百虫晶体30倍热溶液4～5 L制成毒谷、毒饵，于无风闷热的傍晚成小堆分散施入田间防治蝼蛄。用50%敌敌畏乳剂1 000倍液喷洒在莴笋叶或泡桐叶上，于黄昏后几张叶堆放一堆，可诱杀金龟子成虫。地老虎类可选用鲜草毒饵，配制方法是用90%敌百虫原粉50 g或2.5%敌百虫粉500 g，与切碎的鲜草25～40 kg，加入少量水均匀拌和，傍晚撒在草坪内诱杀地老虎幼虫。

4. 喷雾法

喷雾法防治地上害虫一定要根据害虫的特点选择用药。

（1）对活动性强的咀嚼式口器害虫，如黏虫、草地螟、蝗虫、跳甲等，可用胃毒和触杀剂防治。

（2）潜叶性害虫，如瑞典秆蝇、白翅潜叶蝇等，可用内吸剂、渗透剂来防治。

（3）对刺吸式口器害虫，如叶蝉、飞虱、蓟马、蚜虫、红蜘蛛等除用内吸剂品种外，还可用触杀剂防治。

在喷雾防治中一定要注意药剂的使用浓度、施药时期（在害虫低龄阶段）和药剂的轮换使用，避免药剂浪费、效果差、抗药性产生等问题。

五、草坪常见害虫及其防治

（一）食叶害虫

食叶害虫是指用咀嚼式口器危害草坪茎叶等地上部分器官的一类害虫，主要包括草地螟、黏虫、斜纹夜蛾、蝗虫、软体动物等，咬食草坪草茎叶，造成残缺，严重时形成大面积的“光秃”。

1. 草地螟［*Loxostege sticticalis*（Linnaeus）］

（1）分布及危害　别名黄绿条螟、甜菜网螟、网锥额蚜螟，属鳞翅目螟蛾科。分布在吉林、内蒙古、黑龙江、宁夏、甘肃、青海、河北、山西、陕西、江苏等地。食性广，可为害多种草坪草，初孵幼虫取食幼叶的叶肉，残留表皮，并经常在植株上结网躲藏，3 龄后食量大增，可将叶片吃成缺刻或仅留叶脉，使叶片呈网状。草地螟是一种间歇性暴发成灾的害虫，对草坪的危害极大。

（2）形态特征　成虫体较细长，8～12 mm，翅展 24～26 mm，全体灰褐色；前翅灰褐色至暗褐色斑，中央稍近前缘有 1 个近似长方形的淡黄色或淡褐色斑，翅外缘黄白色并有 1 串淡黄色小点组成的条纹；后翅灰色或黄褐色，近翅基部较淡，沿外缘有两条黑色平行的波纹（图 6-17）。卵椭圆形，乳白色，有光泽，分散或 2～12 粒覆瓦状排列成卵块。老熟幼虫体长 19～25 mm，头黑色有白斑，胸、腹部黄绿或暗绿色，有明显的纵行暗色条纹；周身有毛瘤，刚毛基部黑色，外围有 2 个同心黄色环。

图 6-17　草地螟成虫

（3）发生规律　一年发生 2～4 代。成虫昼伏夜出，趋光性很强，有群集远距离迁飞的习性。卵散产于叶背主脉两侧，常 3～4 粒在一起，以距地面 2～8 cm 的茎叶上最多。幼虫发生期在 6—9 月，幼虫活泼，性暴烈，稍被触动即可跳跃，幼虫共 5 龄，高龄幼虫有群集迁移习性。幼虫最适发育温度为 25～30℃，高温多雨年份有利于发生。以老熟幼虫在土内吐丝作茧越冬。翌春 5 月化蛹及羽化。

（4）防治措施　防治措施如下：

①及时清除杂草，减少虫源。

②人工防治。利用成虫白天不远飞的习性，用拉网法捕捉。用纱网做成网口宽 3 m、高 1 m、深 4～5 m 的虫网，网底和网口用白布制成，网的左右两边穿上竹竿，将网贴地迎风拉网，成虫即可被捕入网内。一般在羽化后 5～7 d 第一次拉网，以后每隔 5 d 拉网一次。

③药剂防治。幼虫危害期，用 90%敌百虫 1 000 倍液、50%辛硫磷乳油 1 000 倍液喷雾，也可用 2.5%敌百虫粉剂喷粉，用量 22.5～30 kg/hm^2；或用每克菌粉含 100 亿活孢子的杀螟杆菌菌粉或青虫菌菌粉 2 000～3 000 倍液喷雾。

2. 黏虫［*Leucania aeparata*（Walker）］

（1）分布及危害　黏虫又称剃枝虫、行军虫，俗称五彩虫、麦蚕，属鳞翅目夜蛾科，是一种以为害粮食作物和牧草为主的多食性、迁移性、暴发性大害虫。我国除西北局部地区外，其他各地均有分布。大发生时可把作物叶片食光，而在暴发年份，幼虫成群结队迁移时，几乎所有绿色作物被掠食一空，造成大面积减产或绝收。

（2）形态特征　成虫体长 15～17mm，体灰褐至暗褐色；触角丝状；前翅灰褐或黄褐色，环形斑与肾形斑均为黄色，在肾形斑下方有 1 个小白点，其两侧各有 1 个小黑点；后翅基部淡褐色并向端部逐渐加深（图 6-18）。老熟幼虫体长 35mm 左右，体色变化很大，密度小时，4 龄以上幼虫多呈淡黄褐至黄绿色不等，密度大时，多为灰黑至黑色。头黄褐至红褐色。有暗色网纹，沿蜕裂线有黑褐色纵纹，似“八”字形，有 5 条明显背线（图 6-19）。

图 6-18　黏虫成虫

图 6-19　黏虫幼虫

（3）发生规律　一年发生多代，从东北的 2～3 代至华南的 7～8 代，并有随季风进行长距离南北迁飞的习性。成虫有较强的趋化性和趋光性。幼虫共 6 龄，1～2 龄幼虫白天潜藏在植物心叶及叶鞘中，高龄幼虫白天潜伏于表土层或植物茎基处，夜间出来取食植物叶片等。有假死性，虫口密度大时可群集迁移危害。黏虫喜欢较凉爽、潮湿、郁闭的环境，高温干旱对其不利。

黏虫 1～2 龄幼虫只吃植物叶肉，留下表皮呈现半透明的小斑点，3～4 龄时，把叶片咬成缺刻，5～6 龄的暴食期可把叶片吃光，虫口密度大时可把整块草地吃光。

（4）防治方法　防治方法如下：

①清除杂草　清除草坪周围杂草，防止大量杂草为黏虫的产卵活动提供适宜的环境。

②诱杀成虫　利用成虫具有趋光性和趋化性的习性，从黏虫成虫羽化初期开始，用黑光灯诱杀，或配制糖醋液（白糖 6 份、米醋 3 份、白酒 1 份、水 2 份加少量敌百虫），黄昏时放置在草坪上，天明后收回，可诱杀大量成虫。

③利用天敌防治　黏虫的天敌有蛙类、鸟类、蝙蝠、蜘蛛、线虫、螨类、捕食性昆虫、寄生性昆虫、寄生菌和病毒等多种。其中步甲可捕食大量黏虫幼虫，黏虫寄蝇对一代黏虫寄生率较高。黏虫黑卵蜂对卵寄生率较高，麻雀、蝙蝠可捕食大量黏虫成虫，瓢虫、食蚜虻和草蛉等可捕食低龄幼虫，各地可根据当地情况注意保护利用。

④药剂防治　药剂防治对 1～2 龄幼虫（此时幼虫群集）杀灭效果最佳。用 2.5%敌百虫粉剂、3.5%甲敌粉、5%杀螟松粉，喷粉用量 22.5～30 kg/hm^2。用 90%敌百虫晶体 1 000～1 500 倍液、50%辛硫磷乳油 1 000 倍液、50%杀螟松乳油 1 000 倍液、50%西维因可湿性粉剂 200～300 倍液、2.5%溴氢菊酯 2 000～3 000 倍液，喷雾用量 750～1 500 kg/hm^2，防治效果较好。使用含菌量在 60 亿～100 亿个/g 的 77-21 苏云杆菌粉 30～50 倍稀释液、20%灭幼脲三号 4 000～6 000 倍液，灭杀幼虫效率在 90%以上。

3. 斜纹夜蛾［*Prodenia litura*（Fabr.）］

（1）分布及危害

斜纹夜蛾又名莲纹夜蛾、斜纹夜盗，属鳞翅目夜蛾科。在国内各地都有发生，主要为害区在长江流域及黄河流域，东北地区为害较轻。它是一种杂食性害虫，主要以幼虫为害全株，初孵幼虫群集在叶背啃食，只留上表皮和叶脉，被害叶好像纱窗一样。3 龄后分散为害叶片、嫩茎，老龄幼虫可蛀食果实。其食性既杂又危害各器官，老龄时形成暴食，是一种危害性很大的害虫。

（2）形态特征　成虫体长 14～20 mm，翅展 35～46 mm，体暗褐色，胸部背面有白色毛丛，前翅灰褐色，前翅基部有白线数条，内外横线间从前缘伸向后缘有 3 条灰白色斜纹，雄蛾这 3 条斜纹不明显，为 1 条阔带，后翅白色半透明（图 6-20）。卵扁平的半球状，直径约 0.5 mm，表面有纵横脊纹，初产黄白色，后变为暗灰色，块状黏合在一起，上覆黄白色绒毛。幼虫体长 33～50 mm，头部黑褐色，胸部多变，从土黄色到黑绿色都有，背线及亚背线橘黄色，中胸至第 9 腹节在亚背线上各有半月形或三角形 2 个黑斑（图 6-21）。蛹长 15～20 mm，圆筒形，红褐色，腹部末端有一对短刺。

图 6-20　斜纹夜蛾成虫

图 6-21　斜纹夜蛾幼虫

（3）发生规律　每年发生 4～8 代，南北不一。大部分地区以蛹，少数地区以幼虫在土中越冬，也有在杂草间越冬的。成虫白天潜伏在叶背或土缝等阴暗处，夜间出来活动，有强烈的趋光性和趋化性。每只雌蛾能产卵 3～5 块，每块约有卵位 100～200 个，卵多产在叶背的叶脉分叉处，经 5～6 d 就能孵出幼虫，初孵时聚集叶背。2 龄末期吐丝下垂，随风转移扩散。4 龄以后和成虫一样，白天躲在叶下土表处或土缝里，傍晚后爬到植株上取食叶片。5～6 龄为暴食阶段。6—7 月阴湿多雨，常会暴发成灾，长江流域一带 6 月中、下旬和 7 月中旬草坪受害最重。幼虫有群集迁移的习性。

（4）防治措施　防治措施如下：

①清洁草坪　加强田间管理，同时结合日常管理采摘卵块，消灭幼虫。

②诱杀成虫　利用成虫的趋光性和趋化性，用黑光灯、糖醋液、杨树枝以及甘薯、豆饼发酵液诱杀成虫，糖醋液中可加少许敌百虫或敌敌畏（方法见黏虫）。

③药剂防治　喷药宜在暴食期以前并在午后或傍晚幼虫出来活动后进行。可供选择的药剂及施用方法同黏虫的防治。

4. 蝗虫

（1）分布及危害　蝗虫属直翅目，蝗总科。为害草坪的蝗虫种类较多，主要有土蝗、稻蝗、菱蝗、中华蚱蜢、短额负蝗、东亚飞蝗等。蝗虫食性很广，可取食多种植物，但较嗜好禾本科和莎草科植物，喜食草坪禾草，成虫和若虫（蝗蝻）蚕食叶片和嫩茎，大发生时可将寄主吃成光杆或全部吃光。

东亚飞蝗分布在中国北起河北、山西、陕西，南至福建、广东、海南、广西、云南，东达沿海，西至四川、甘肃南部。为害小麦、玉米、高粱、粟、水稻等多种禾本科植物及花卉植物，也可为害棉花、大豆、蔬菜等。成虫、若虫咬食植物的叶片和茎，大发生时成群迁飞，把成片的植株吃成光杆。中国史籍中记载的蝗灾主要是东亚飞蝗，先后发生过800多次。

短额负蝗又名小尖头蚂蚱，各地均有分布。可为害大部分草坪草。成虫、若虫咬食植物的叶片和茎，大发生时成群迁飞。

（2）形态特征（表6-10，图6-22、图6-23）

表6-10　东亚飞蝗和短额负蝗形态特征比较

虫态	东亚飞蝗	短额负蝗
成虫	雄成虫体长33～48 mm，有群居型、散居型和中间型三种类型，体灰黄褐色（群居型）或头、胸、后足带绿色（散居型）。头顶圆。颜面平直，触角丝状，前胸背板中线发达，沿中线两侧有黑色带纹。前翅淡褐色，有暗色斑点，翅长超过后足股节2倍以上（群居型）或不到2倍（散居型）。	体长21～32 mm，体色多变，从淡绿色到褐色和浅黄色都有，并杂有黑色小斑。头部锥形，前翅绿色，后翅基部红色，末端部绿色长圆筒形，端部钝圆，长4.5～5.0 mm。
卵	卵粒长筒形，长4.5～6.5 mm，黄色。	圆柱形而略弯曲。
若虫	第5龄蝗体长26～40 mm，触角22～23节，翅节长达第4、第5腹节，群居型体长红褐色，散居型体色较浅，绿色植物多的地方为绿色。	若虫体淡绿色，带有白色斑点。触角末节膨大，色较其他节要深。复眼黄色。前、中足有紫红色斑点。

图6-22　东亚飞蝗

图6-23　短额负蝗

（3）发生规律　蝗虫一般每年发生1～2代，绝大多数以卵块在土中越冬。一般冬暖或雪多情况下，地温较高，有利于蝗卵越冬。4—5月份温度偏高，卵发育速度快，孵化早。秋季气温高，有利于成虫繁殖危害。多雨年份、土壤湿度过大，蝗卵和幼蝻死亡率高。干旱年份，在管理粗放的草坪上，有利于蝗虫的发生。蝗虫天敌较多，主要有鸟类、蛙类、益虫、螨类和病原微生物。

(4) 防治措施 主要防治措施如下：

①人工捕捉 可结合栽培管理进行人工捕捉。少量发生时，可用捕虫网捕捉，以减轻危害并减少虫源基数。

②毒饵防治 用麦麸 100 份、水 100 份、1.5%敌百虫粉剂 2 份（或 40%氧化乐果乳油 0.15 份）混合拌匀，施用量 22.5 kg/hm^2；也可用鲜草 100 份切碎加水 30 份拌入上述药量，施用量 112.5 kg/hm^2。随配随撒，不能放置过夜。阴雨、大风、温度过高或过低时不宜使用。

③药剂防治 发生量较多时可采用药剂喷洒防治，常用的药剂有 2.5%敌百虫粉剂、3.5%甲敌粉剂、4%敌马粉剂，喷粉量 30 kg/hm^2；也可用 50%马拉硫磷乳剂、75%杀虫双乳剂、40%氧化乐果乳剂 1 000～1 500 倍液喷雾。

5. 软体动物

(1) 形态及习性 危害草坪的软体动物主要有蜗牛和蛞蝓。蜗牛具有螺旋形贝壳，成虫的外螺壳呈扁球形，有多个螺层组成，壳质较硬，黄褐色或红褐色。头部发达，具 2 对触角，眼在后 1 对触角的顶端，口位于头部腹面（图 6-24）。卵球形。幼虫与成虫相似，体形较小。蛞蝓不具贝壳，体长形柔软，暗灰色，有的为灰红色或黄白色（图 6-25）。头部具 2 对触角，眼在后 1 对触角顶端，口在前方，口腔内有 1 对胶质的齿舌。卵椭圆形。幼体淡褐色，体形与成体相似。

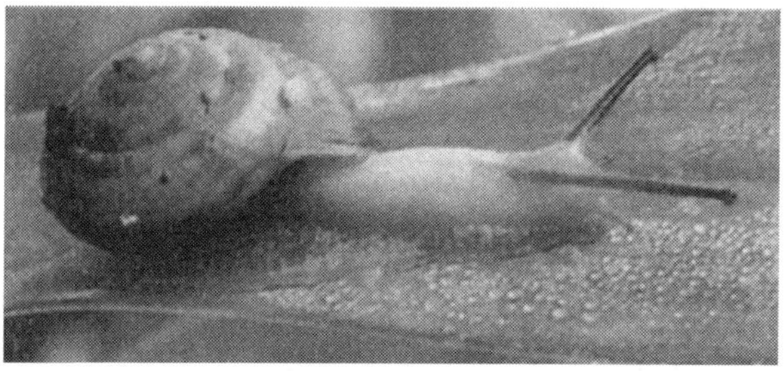

图 6-24 同型巴蜗牛

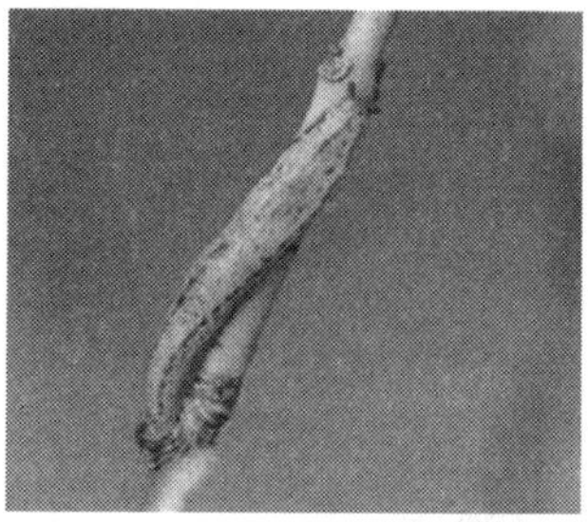

图 6-25 野蛞蝓

蜗牛和蛞蝓在北方地区均 1 年发生 1 代，喜阴暗潮湿的环境。取食植物叶片、嫩茎和芽，初孵时啃食叶肉或咬成小孔，稍大后造成缺刻或大的孔洞，严重时可将叶片吃光或咬断茎秆，造成缺苗；其爬行过的地方会留下黏液痕迹，污染草坪。此外，它们排出的粪便也可污染草坪。

(2) 防治措施 主要防治措施如下：

①人工捕捉 发生量较小时，可人工捡拾，集中杀灭。

②使用氨水 用稀释成 70～100 倍的氨水，于夜间喷洒。

③撒石灰粉 用量为 75～112.5 kg/hm^2。

④施药 撒施 8%灭蜗灵颗粒剂或用蜗牛敌（10%多聚乙醛）颗粒剂，15 kg/hm^2；用蜗牛敌＋豆饼＋饴糖（1∶10∶3）制成的毒饵撒于草坪，杀蛞蝓。

(二) 吸汁害虫

吸汁害虫是指用刺吸式口器（也有少数其他的类型）危害草坪草茎叶的一类害虫，主要包括盲蝽、叶蝉、蚜虫、飞虱、螨类等，吸取茎叶的汁液，使得叶片表面出现大量失绿斑点，严重时草坪枯黄，有时会发生煤污病。

1. 盲蝽

(1) 形态及习性　盲蝽属半翅目，盲蝽科。多为小型种类。危害草坪草的主要种类有赤须绿盲蝽、三点盲蝽、绿草盲蝽和小黑盲蝽等。这几种盲蝽的体长 3～7 mm，绿色、褐色及褐黑色不等。主要形态特征为：体扁、多长椭圆形；头小，刺吸式口器，前翅基部革质端部膜质。若虫体较柔软、色浅，翅小（图 6-26、图 6-27）。

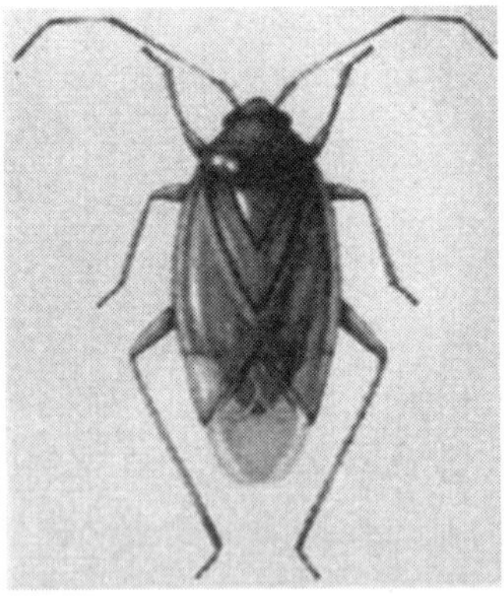

图 6-26　绿草盲蝽

图 6-27　三点盲蝽

这几种盲蝽主要发生在北方，1 年发生 3～5 代，在草坪的茎叶上或组织内产卵越冬，喜潮湿环境。成虫与若虫均以刺吸式口器危害，被害的茎叶上出现褪绿斑点，严重受害的植株叶片呈灰白色或枯黄色。

(2) 防治措施　主要防治措施如下：

①加强管理　冬春季节清除草坪及其附近的杂草，可减少越冬虫源。

②药剂防治　选择若虫初孵盛期或若虫期防治，可用 1.5%乐果粉、2.5%敌百虫粉或 3.5%甲敌粉剂喷粉，用量 30 kg/hm^2。也可用 40%乐果乳油、50%马拉硫磷乳油、50%辛硫磷乳油 1 000～1 500 倍液喷雾防治。

2. 叶蝉

(1) 形态及习性　叶蝉属同翅目，叶蝉科。危害草坪草的种类主要有大青叶蝉（图 6-28）、条沙叶蝉、二点叶蝉、小绿叶蝉和黑尾叶蝉等。基本特征是：体小型，似小蝉；头大，刺吸式口器，触角刚毛状；前翅质地相同，后翅膜质、透明；后足胫节下方有 2 列刺状毛。性活泼，能跳跃与飞行，喜横走。若虫形态与成虫相似，但体较柔软，色淡，无翅或只有翅芽，不太活泼。叶蝉类昆虫 1 年发生多代，主要以卵和成虫越冬。成虫、若虫常聚集在植物叶背、叶鞘或茎秆上吸食汁液，使寄主生长不良，受害部位出现褪绿斑点，有时出现卷叶、畸形，甚至死亡。在叶背的主脉和叶鞘组织中产卵，卵成排的隐藏在表皮下面，外面有产卵器划破的伤痕。

图 6-28　叶蝉

(2) 防治措施　主要防治措施如下：

①冬季、早春清除草坪及周围杂草，减少虫源。

②成虫发生期，利用黑光灯或普通灯火诱杀。

③药剂防治。应掌握在若虫盛发期喷药。常用药剂有40%乐果乳剂1 000倍液、20%叶蝉散乳油或50%稻丰散乳油或50%马拉硫磷乳油1 000倍液、2.5%敌杀死乳油或20%杀灭菊酯乳油3 000倍液。

3. 蚜虫

（1）形态及习性　蚜虫又称“蜜虫子”“腻虫”。属同翅目，蚜科。危害草坪草的主要种类有麦长管蚜、麦二叉蚜、禾谷缢管蚜等。其主要特征是：体微小而柔软，麦长管蚜有翅孤雌蚜体长2.4～2.8 mm，无翅孤雌蚜体长2.3～2.9 mm。以上3种蚜虫在我国各地均有分布，1年可发生10余代至20代以上。在生活过程中可出现卵、若蚜、无翅成蚜和有翅成蚜等（图6-29）。在生长季节，以孤雌胎生进行繁殖。每年的春季与秋季可出现蚜量高峰。以成蚜与若蚜群集于植物叶片上刺吸危害，严重时导致生长停滞，植株发黄、枯萎，同时还可传播病毒病。蚜虫排出的蜜露，会引发煤污病，污染植株，并招来蚂蚁，造成进一步危害。

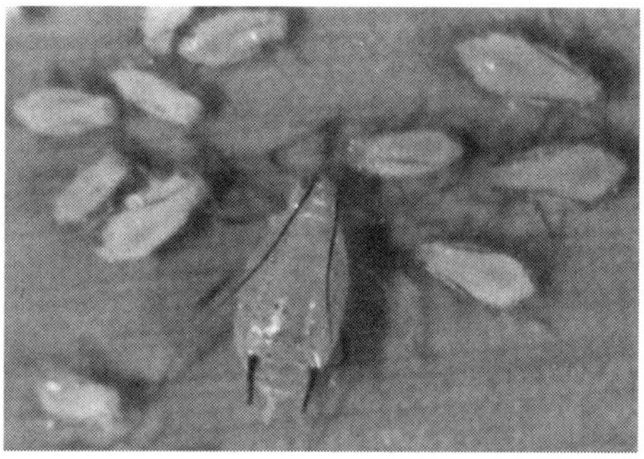

图6-29　麦长管蚜无翅孤雌蚜及若蚜

（2）防治措施　主要防治措施如下：

①农业措施　冬灌对蚜虫越冬不利，能大量杀死蚜虫；有翅蚜大量出现时及时喷灌可抑制蚜虫发生、繁殖及迁飞扩散；镇压草坪可将无翅蚜碾压而死，减轻危害。

②药剂防治　用1.5%乐果粉、2.5%敌百虫粉、2%杀螟松粉、1.5%甲基异柳磷粉或5%西维因粉喷粉，用量22.5～30 kg/hm^2。或用40%乐果乳油或氧化乐果乳油1 500～2 000倍液、10%吡虫啉可湿性粉剂1 500倍液、50%辛硫磷乳油1 500～2 000倍液、50%马拉硫磷乳油1 000～1 500倍液、50%辟蚜雾可湿性粉剂7 000倍液、50%杀螟硫磷1 000倍液喷雾防治。

③生物防治　利用瓢虫、草蛉、食蚜蝇、蚜茧蜂、蚜小峰等天敌控制蚜虫。

4. 飞虱

（1）形态及习性　飞虱属同翅目，飞虱科。危害草坪草的种类主要有白背飞虱、灰飞虱、褐飞虱等。飞虱常与叶蝉混合发生，体形似小蝉。与叶蝉的主要区别是：触角短，锥形；后足胫节末端有一显著的能活动的扁平大距，善跳跃。

白背飞虱在我国各地普遍发生，灰飞虱主要发生在北方地区和四川盆地，褐飞虱以淮河流域以南地区发生较多。飞虱1年发生多代，从北向南代数逐渐增多，以卵、若虫或成虫越冬。成虫、若虫均聚集于寄主下部刺吸汁液，产卵于茎及叶鞘组织中，被害部位出现不规则的褐色条斑，叶片自下而上逐渐变黄，植株萎缩，成丛成片的植株被害，严重时可使植株下部变黑枯死。

（2）防治措施　主要防治措施如下：

①合理选择品种　选择对飞虱具有抗性或耐害性的草坪草品种。

②保护和利用天敌　飞虱的天敌种类很多，对飞虱有很大的控制作用。卵寄生蜂有褐腰

赤眼蜂、稻虱缨小蜂，田间卵寄生率一般为5%～15%；成虫的天敌有螯蜂类等；捕食性天敌有多种捕食蜘蛛、黑肩绿盲蝽等。

③药剂防治　应掌握在成虫迁飞扩散高峰期和若虫孵化高峰期用药。常用药剂有：2%混灭威、2%叶蝉散或3%速灭威粉剂，喷粉用量为30～37.5 kg/hm^2；5%混灭威或20%速灭威乳油，用量1.2 kg/hm^{2}加水1 000 kg喷雾或1.5 kg/hm^{2}加6 000 kg水泼浇；50%稻瘟净乳油加50%马拉硫磷乳油各1.5 kg/hm^{2}加水1 500 kg喷雾，50%甲胺磷乳油0.75 kg/hm^{2}加水1 500 kg喷雾。

5. 螨类

（1）形态及习性　危害草坪草的螨虫是蛛形纲、蜱螨目的一些植食性种类，主要有麦岩螨、麦圆叶爪螨等。其体长小于1 mm，卵圆形或近圆形，暗红褐色（故称红蜘蛛），无翅，幼螨3对足，若螨与成螨均有4对足。以刺吸式口器吸取植物汁液。

螨类在自然界分布很广，对草坪的危害也越来越大。10月中下旬雌成虫群集在枯叶内、杂草根际、土块缝隙或树皮内越冬。2—3月在草上取食产卵繁殖，靠风、雨、水及随寄主转移传播危害。幼螨、成螨均喜在叶背面活动，吐丝结网，7—8月份危害最盛。如遇高温低湿，繁殖率加大。受害叶片下面出现红斑，迅速枯焦、脱落，严重者可造成草坪斑秃，甚至大片死亡。

（2）防治措施　主要防治措施如下：

①农业措施　麦岩螨喜干旱，可利用灌溉灭虫；在麦圆叶爪螨的潜伏期进行灌水或在危害期将虫震落进行灌水，能使它陷入淤泥而死。虫口密度大时，耙耱草坪，可大量杀伤虫体。

②药剂防治　若害螨大发生时需喷药防治。可选用的药剂品种有5%尼索朗可湿性粉剂或20%三氯杀螨醇乳油800～1 000倍液、20%双甲脒乳油1 000倍液、50%久效磷2 000倍液等，可根据情况防治2～3次。

（三）钻蛀害虫

钻蛀害虫是一类以幼虫危害草坪草茎秆或叶片的一类害虫，主要包括秆蝇及潜叶蝇两类，在茎秆或叶片内钻蛀危害，造成大量“枯心苗”或“烂穗”，严重时草坪枯黄。

1. 秆蝇

（1）形态习性　秆蝇属双翅目秆蝇科。危害草坪的主要有麦秆蝇和瑞典秆蝇。

麦秆蝇成虫体长3～4.5 mm，体黄绿色，复眼黑色，有青绿色光泽；胸部背面有3条纵线，中央1条直达末端，两侧的纵线各在后端分叉，越冬代成虫胸部背面纵线为深褐色至黑色，其他各代的为土黄色至黄褐色；翅透明，翅脉黄色；腹部背面亦有纵线。老熟幼虫体长6～6.5 mm，蛆型、细长、淡黄绿色至黄绿色；口沟黑色。

瑞典麦秆蝇成虫体长1.3～2 mm，全体黑色，有光泽，体粗壮。触角黑色，前胸背板黑色，翅透明，具闪光；腹部下面淡黄色。老熟时幼虫体长约4.5 mm，蛆黄白色，圆柱形，体末节圆形，端部有2个突起的气门。

麦秆蝇在我国分布广，1年发生2～4代。瑞典麦秆蝇主要分布在华北北部和西北东部，1年发生2或3代。2种麦秆蝇均以幼虫寄生茎秆中越冬，5—6月份是成虫盛发期。成虫白天活动，在晴朗无风的上午和下午最活跃。成虫产卵于叶鞘和叶舌处，初孵幼虫从叶鞘与茎秆间侵入，取食心叶基部和生长点，使心叶外露部分枯黄，形成枯心苗。严重发生时草坪草可成片枯死。

（2）防治措施　主要防治措施如下：

①农业措施　选种抗虫草种或品种；在越冬幼虫化蛹羽化前，及时清除越冬幼虫的杂草寄主（看麦娘、猫尾草、棒头草等）以压低当年的虫口基数；另外，因地制宜进行深翻土地，消灭杂草，精耕细作，增施肥料，适期灌水，合理密植等，创造利于草坪草生长发育，不利于秆蝇繁殖危害的条件，从而达到减轻危害的效果。

②药剂防治　关键时期为越冬代成虫盛发期至第1代初孵幼虫蛀入茎之前这段时间。可供选择的药剂有：50%甲基对硫磷乳油3 000倍液、50%杀螟威乳油3 000倍液、50%马拉硫磷乳油2 000倍液、40%氧化乐果与50%敌敌畏乳油（按1∶1混合）1 000倍液喷雾；也可用1.5%对硫磷粉剂、4.5%甲敌粉剂喷粉防治，用量22.5 kg/hm^2。

2. 潜叶蝇

（1）形态习性　危害草坪的潜叶蝇类害虫，中国常见的有潜叶蝇科的豌豆潜叶蝇、紫云英潜叶蝇、水蝇科的稻小潜叶蝇（图6-30）、花蝇科的甜菜潜叶蝇等，均属双翅目。

图6-30　稻小潜叶蝇

豌豆潜叶蝇除西藏、新疆、青海尚无报道外，其他各地均有发生。其成虫为小型蝇类，体长1～3 mm，灰黑色；幼虫蛆状，长3 mm左右，乳白色至黄白色。以幼虫潜入寄主叶片表皮下，曲折穿行，取食绿色组织，被害处仅剩上、下表皮，内有该虫排下的细小黑色虫粪，造成不规则的灰白色线状隧道。危害严重时，叶片组织几乎全部受害，叶片上布满蛀道，尤以植株基部叶片受害为最重，甚至枯萎死亡。

稻小潜叶蝇是对低温适应性强的温带性害虫，在我国以北方发生较多，在东北各省一年发生4～5代，长江下游地区，在4—5月份气温较低的年份才发生危害较重。气温在5℃左右成虫即可活动、交尾、产卵，气温达30℃时是其正常活动的极限。幼虫孵化后，在2 h内即可侵入叶肉，幼虫有转株习性，老熟后在潜道内化蛹，幼虫一生主要在叶鞘内蛀食，叶鞘被害，叶片枯黄，影响植株正常生长。

（2）防治措施　主要防治措施如下：

①农业措施　适时灌溉，清除杂草，消灭越冬、越夏虫源，降低虫口基数。

②药剂防治　掌握成虫发生期，及时喷药防治，防止成虫产卵，成虫主要在叶背面产卵，应喷药于叶背面。也可在幼虫危害初期喷药防治，防治幼虫要连续喷2～3次，农药可用40%乐果乳油1 000倍液、40%氧化乐果乳油1 000～2 000倍液、50%敌敌畏乳油800倍液、50%二溴磷乳油1 500倍液、40%二嗪农乳油1 000～1 500倍液。

（四）食根害虫

食根害虫是指主要生活在土表下，危害草坪草根部及茎基部的害虫，包括地老虎、蛴螬、金针虫、蝼蛄等，造成草坪草植株黄枯，严重时形成“斑秃”。

1. 地老虎

(1) 形态及习性　地老虎属鳞翅目，夜蛾科。在我国危害草坪草的主要种类是小地老虎与黄地老虎。

小地老虎成虫，体粗壮，长16～32 mm，深褐色，前翅有几条深色横线；在内横线与中线间有一环形斑，中线与外横线间有一肾形斑；在肾形斑外侧有一个三角形小黑斑，尖端向外，与其相邻的亚缘线处有2个相似的三角形黑斑，尖端向内，这3个黑斑组成的品字形，是识别本种的主要特征；后翅灰白色。老熟幼虫体长37～47 mm，圆筒形；头黄褐色，胸腹部黄褐色至黑褐色，体表粗糙；在腹部第1～3节的背面，各有4个深色毛片组成梯形，后两个比前两个大1倍以上；末节的臀板黄褐色，有2条深褐色纵带。

黄地老虎成虫体长14～19 mm，体色较鲜艳，呈黄褐色，前翅上的横线不明显，而肾形斑和环形斑很明显；后翅灰白色，半透明（图6-31）。老熟幼虫体长为33～43 mm，体圆筒形，稍扁，黄褐色，体表多皱纹，腹部背面的4个毛片大小相似；臀板上有两块黄褐色大斑，中央断开，有较多分散的小黑点（图6-32）。

图6-31　黄地老虎成虫

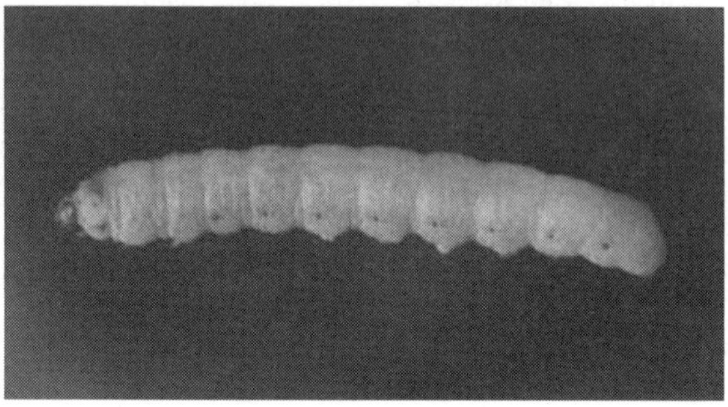

图6-32　黄地老虎幼虫

小地老虎属世界性害虫，在我国各地广泛分布，1年发生多代，从东北的2或3代至华南的6或7代不等。黄地老虎多与小地老虎混合发生，1年发生多代，东北地区2或3代，华北地区3或4代。成虫昼伏夜出，有很强的趋光性与趋化性。幼虫一般有6龄，1～2龄幼虫一般栖息于土表或寄主叶背和心叶中，昼夜活动，3龄以后白天入土约2 cm处潜伏，夜出活动。地老虎喜温暖潮湿的环境，一般以春秋两季危害较重。

(2) 防治措施　主要防治措施如下：

①加强管理　及时清除草坪附近杂草，减少虫源。

②诱杀成虫　利用黑光灯、糖醋酒液或雌虫性诱剂诱杀均可。诱杀时间可从3月初至5月底，黑光灯下放置毒瓶、盛水的大盆或大缸，水面洒上机油或农药。糖醋液的配制比为糖6份、醋3份、白酒1份、水2份加适量敌敌畏，盛于盆中，于近黄昏时放于草坪中，天亮收回。

③人工捕杀幼虫　在发生量不大，枯草层又薄的情况下，在被害苗的周围，用手轻拂苗周围的表土，即可找到潜伏的幼虫。

④药剂防治　应在3龄以前防治。可用2.5%敌百虫粉22.5 kg/hm^{2}与337.5 kg细土混匀，配成毒土，均匀撒施在草坪上；也可根据虫情用2.5%敌百虫粉按30～37.5 kg/hm^{2}的用量喷粉。或用90%敌百虫800～1 000倍液或50%地亚农1 000倍液，或50%辛硫磷1 000

倍液喷雾防治。也可用毒饵诱杀：90％敌百虫 7.5 kg 用水稀释 5～10 倍，喷拌碎的鲜菜叶等 750 kg，傍晚以小堆撒在草坪上诱杀，用量 300 kg/hm^2；或将豆饼、棉籽饼或麦麸等饵料 300～375 kg，炒香后用 50％辛硫磷或马拉硫磷 7.5 kg 稀释 5～10 倍喷拌均匀，按 30～37.5 kg/hm^2 的用量撒入草坪。

2. 蛴螬

（1）形态及习性　蛴螬是鞘翅目金龟甲科昆虫幼虫的统称。危害草坪的蛴螬种类很多，主要有东北大黑鳃金龟、毛黄鳃金龟、铜绿丽金龟、中华弧丽金龟和白斑花金龟等。蛴螬体肥大，体长 35～45 mm，多为白色，少数为黄白色。体壁较柔软多皱，体表疏生细毛。头大而圆，多为黄褐色，较坚硬；咀嚼式口器发达；蛴螬有 3 对较发达的胸足，腹部无足并向腹面弯曲，使身体呈“C”形（图 6-33）。成虫统称金龟甲，前翅硬化如刀鞘（图 6-34）。是危害草坪最重要的地下害虫之一。

图 6-33　蛴螬

图 6-34　铜绿异金龟成虫

蛴螬栖息在土壤中，取食萌发的种子，造成缺苗，还可咬断幼苗的根、根茎部，造成地上部成片死亡。被危害的草坪草地上部分并无明显的被害症状，但土壤下 1～2 cm 深处的根系却由于蛴螬的取食而大面积被损害。在草坪上表现的被害状为：草坪上出现萎蔫斑块，提供以充足的灌溉仍不能恢复生长，不久草坪颜色发褐，呈不规则状死亡，死亡的草皮如地毯一般，很容易被卷起。

有机质多的土壤蛴螬危害较重。土壤干燥蛴螬卵易干死，或者导致初孵幼虫死亡。土壤湿润对蛴螬的发生有利，雨量过大或积水对蛴螬的发生不利。

（2）防治措施　主要防治措施如下：

①农业措施　在草坪建植前，对土壤深翻耕压，利用机械损伤和鸟兽啄食可大大压低虫口基数。合理施肥，施适量碳酸氢铁、腐殖酸铁等化肥作底肥，对蛴螬有一定的抑制作用。成虫产卵盛期，适当限制草坪灌水可抑制金龟甲卵的孵化，从而减少幼虫的危害及以后防治的困难。

②诱杀防治　利用金龟甲类的趋光性，设置黑光灯诱杀，效果显著。用黑绿单管黑光灯（发出一半绿光一半黑光）的诱杀效果较普通黑光灯好。

③药剂防治　每公顷用 50％辛硫磷乳油 1.5～2.25 kg，兑细土 30～40 kg，撒在土壤表面，然后犁入土中。亦可施用颗粒剂或将药剂与肥料混合施入。播前种子处理剂用 50％辛硫磷乳油，用药量为种子质量的 0.1％～0.2％，具体做法是：先将药剂用种子质量的 10％的水稀释，然后喷拌于待处理的种子上，堆放 10 h 使药液充分吸渗到种子中以后即可播种。在幼虫发生初期，可喷洒 50％辛硫磷乳油和 50％马拉硫磷乳油 1 000～1 500 倍液，喷施前

在草坪上打孔，喷药后灌水，可使药液渗入草皮下，从而杀灭幼虫。

3. 金针虫

（1）形态及习性　金针虫是叩头虫的幼虫，属鞘翅目，叩头甲科。金针虫体形细长，圆柱形或略扁，颜色多数为黄色或黄褐色；体壁光滑、坚韧，头和体末节坚硬；无上唇。成虫体狭长，末端尖削，略扁；多暗色；头紧镶在前胸上，前胸背板后侧角突出呈锐刺，前胸与中胸间有能活动的关节，当捉住其腹部时，能作叩头状活动。

主要种类有沟金针虫、细胸金针虫（图 6-35、图 6-36）。沟金针虫 3 年完成 1 代，以幼虫或成虫在土壤深层越冬，多分布于长江流域以北地区，喜在有机质较少的沙壤土中生活。细胸金针虫 2～3 年完成 1 代，以幼虫或成虫越冬，分布于淮河流域以北地区，喜在灌溉条件较好、有机质较多的黏性土壤中生活。

图 6-35　细胸金针虫成虫

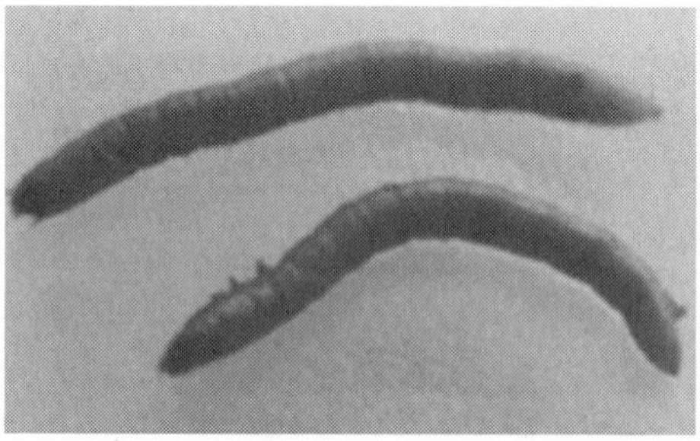

图 6-36　细胸金针虫幼虫

两种金针虫均喜欢在土温 11～19℃的环境中生活。因此，在 4 月份和 9、10 月份危害严重，在地下主要为害草坪根茎部，可咬断刚出土的幼苗，也可咬食草坪根部及分蘖节，被害处不完全咬断，断口不整齐。还可钻入茎内危害，使植株枯萎，甚至死亡。

（2）防治措施　主要防治措施如下：

①栽培防治　沟金针虫发生较多的草坪应适时灌溉，保持草坪的湿润状态可减轻其危害，而细胸金针虫发生较多的草坪则宜维持适宜的干燥以减轻发生。

②诱杀　细胸金针虫成虫对杂草有趋性，可在草坪周围堆草（酸模、夏至草等）诱杀，堆成面积 40～50 cm^2、高 10～16 cm 的草堆，在草堆内撒入触杀型农药，可以毒杀成虫。

③药物防治　撒施 5%辛硫磷颗粒剂，用量为 30～45 kg/hm^2；若个别地段发生较重，可用 40%乐果乳油、50%辛硫磷乳油 1 000～1 500 倍液灌根，灌根前需将草坪打孔通气，以便药剂渗入草皮下。

4. 蝼蛄

（1）形态及习性　蝼蛄属直翅目，蝼蛄科。身体长圆筒形，体被绒状细毛，头尖，触角短，前足粗壮，为开掘足，端部开阔有齿，适于掘土和切断植物根系；前翅短，后翅长，为害草坪的主要有华北蝼蛄与东方蝼蛄（图 6-37、图 6-38）。这 2 种蝼蛄的主要区别是后足胫节背面内侧刺的数目，东方蝼蛄为 3 或 4 根，华北蝼蛄是 0 或 1 根。

蝼蛄的成虫与若虫均可产生为害，一种为害方式是咬食地下的种子、幼根和嫩茎，把茎杆咬断或撕成乱麻状，使植株枯萎死亡。另一种为害方式是在表土层串行，形成大量的虚土隧道，使植物根系失水、干枯而死。

图 6-37　华北蝼蛄

图 6-38　东方蝼蛄

蝼蛄具有群集性（初孵若虫具有群集性）、趋光性、趋化性（香、甜）、趋粪性、喜湿性（蝼蛄跑湿不跑干）和产卵地点的选择性，如华北蝼蛄多在干燥向阳、松软的土壤里产卵。盐碱地虫口密度大，壤土地次之，黏土地最小，水浇地虫口密度大于旱地。在早春，地温升高，蝼蛄活动接近地表，地温下降又潜回土壤深处。在春、秋季节，旬平均气温和 20 cm 地温在 16～20℃时，是蝼蛄危害高峰期。夏季气温在 23℃以上时，蝼蛄潜入深层土中，一旦气温降低，再次上升至耕层活动。

（2）防治措施　主要防治措施如下：

①灯光诱杀成虫　特别在闷热天气、雨前的夜晚更有效。可在晚上 7：00—10：00 点灯诱杀。

②毒饵诱杀　用 80％敌敌畏乳油或 50％辛硫磷乳油 0.5 kg 拌入 50 kg 煮至半熟或炒香的饵料（麦麸、米糠等）中作毒饵，傍晚均匀撒于草坪上。但要注意防止畜、禽误食。

③毒土法　虫口密度较大的草坪，撒施 5％辛硫磷颗粒剂，用量为 30 kg/hm^2，为保证撒施均匀，可掺适量细沙土。

④灌药毒杀　用 50％辛硫磷乳油 1 000 倍液、48％毒死蜱乳油 1 500 倍液灌根，灌根前需在草坪上打孔，使药剂更容易下渗。

第六节　草坪杂草防除

一、草坪杂草概述

（一）草坪杂草及其危害

草坪杂草是指出现在草坪中起着破坏景观、降低草坪品质、影响使用价值的草本植物。如果草坪中有其他种植物生长和存在，很可能会影响草坪的颜色、质地和密度，进而影响草坪的正常使用。草坪草在最适宜的生长条件下是出色的竞争者，为了必需的资源，它们常常战胜杂草。

草坪杂草的危害具体表现在以下几个方面。

（1）破坏草坪的美观和均一性，影响草坪质量　一是降低环境美观程度，二是引起草坪退化。

（2）与草坪争光、争营养、争空间，影响草坪草生长发育　如马唐、狗尾草、车前等对草坪草的抗性非常强，若不加以管理，2～3 年内草坪即会完全被杂草侵占。有些杂草如荠菜、反枝苋等，在同样的水分和温度条件下，其春季萌发和生长速度快于草坪草，如果春季建植草坪，一旦杂草管理滞后，即会造成建植失败。

（3）成为病虫害的寄宿地　草坪杂草的地上部分是一些病虫的寄生地，病虫利用杂草越冬、繁殖，草坪草生长季节被感染，从而造成草坪草生长缓慢或死亡。如地老虎常在灰菜、车前草、刺儿菜等杂草上越冬、繁殖，次年在草坪中造成虫害。

（4）影响人畜安全　草坪作为人们休闲、游憩的场地，一旦有杂草侵入，而且是有毒和有害的杂草，将威胁到人们的安全，造成外伤和诱发疾病。如打碗花、龙葵、曼陀罗、酢浆草等含乳汁或气味有毒的杂草，白茅、针茅等具有细而尖的芒刺，能钻入人的皮下组织中。

草坪杂草是草坪养护管理中的重点和难点。杂草是草坪的大敌，它与草坪争夺水、肥、光能等，在控制不好的情况下，杂草会逐渐取代草坪草，导致草坪退化，影响草坪的美观及功能，因此对草坪杂草必须进行防除。

（二）草坪杂草的分类

1. 按生存环境

可分为水生型、湿生型、旱生型 3 类。大部分草坪杂草为旱生型。

2. 按生育期

可分为一年生、二年生和多年生植物 3 种类型。一年生杂草是从种子起在一年内完成生命周期，它包括冬型一年生植物（夏末或秋初萌发至次年夏季死亡）和夏型一年生植物（夏天萌发至秋季第一次霜降后死亡）。如牛筋草、马唐、香附子、狗尾草、稗草、一年生早熟禾等。二年生植物是能活一年多，但不超过两年的植物。如球茎田蓟等。多年生杂草是生长成活两年以上的植物，如匍匐冰草、多花雀稗等。

3. 依分类学特点

可分为单子叶杂草和双子叶杂草两大类。

单子叶草坪杂草多属禾本科，少数属莎草科。其形态特征是无主根、叶片细长、叶脉平行、无叶柄。如马唐、狗尾草等。

双子叶杂草分属多个科的植物。与单子叶杂草相比，一般有主根，叶片较宽，叶脉多为网状脉，多具叶柄。如车前、反枝苋、荠菜等。

（三）杂草的一般生物学特性

（1）杂草具有远缘亲和性和自交亲和性，利于杂草种群产生变异和生命力更强的变种。

（2）杂草可塑性强，个体大小、生长量、繁殖系数、生长周期差异极大，具有极大的生态适应性和抗逆性。

（3）杂草传播途径、繁殖方式多样。有性繁殖、无性繁殖均可。

（4）很多杂草具有 C4 光合途径，生长发育迅速，竞争能力强。

（5）杂草繁殖系数高。如马齿苋一年 2～3 代，每代产种 20 万～30 万粒。

（6）种子寿命长、生命力强，出苗持续不一。马齿苋种子在土壤中 40 年仍具有活力。

（7）适应性强。分布广，耐寒热、旱涝、盐碱、无光、贫瘠等。

（四）草坪杂草发生特点

1. 春季发生型

主要以种子形式，2—3月萌发的杂草，危害较重，阔叶草、禾草均有发生。

2. 夏季发生型

温度升高并透雨后萌发，7—8月达高峰，8—9月开花结实后地上部分死亡。阔叶草、禾草均有大量发生。

3. 秋季发生型

9—10月萌发生长，11—12月达高峰期，12月至翌年2月开花结实后枯死。以阔叶草为主。

4. 冬季发生型

11—12月萌发生长，幼苗越冬，翌春或夏季开花结实后枯死。以阔叶草为主。

二、草坪杂草的防除

草坪杂草综合防除的基本概念是：从生物和环境关系的整体观点出发，本着预防为主的指导思想，安全、有效、经济、简易的原则，因地因时制宜，合理运用农业、生物、化学、物理的方法以及其他有效的生态手段，把杂草控制在不足以产生危害的程度，达到保护人类健康，使草坪生长正常、外观优质美观的目的。

（一）减少杂草种子来源

（1）严格杂草检疫制度。

（2）选用无杂草的草坪种子。

（3）场地清理。

（二）诱杀杂草

种前灌水，提供杂草萌发条件，待出苗后喷施灭生性除草剂杀灭。

（三）栽培措施

草坪杂草常常是某些环境不适合草坪生长发育的反应。生长条件适宜，可以减轻甚至防止草坪杂草的危害。草坪在遭受胁迫的条件下，容易遭受杂草的危害。只要草坪草生长旺盛，许多杂草是容易得到控制的。

（1）适时播种。如改春、夏季播种为秋季播种，草坪苗期禾草的发生量极少，主要是阔叶草，而喷施阔叶除草剂就能防止杂草危害。

（2）适当提高播种量，采用保护播。播种量的加大应注意适量，避免草坪生长中后期的过于密集造成生长不良，导致与杂草竞争力下降。冷季型草坪混播配方中，常加入一定比例的能快速出苗、生长的草种，抑制杂草生长的方式称为保护播。

（3）加强水肥管理。在杂草防除后、早春杂草未出土时，及时灌溉、施肥，促进草坪草生长，从而抑制杂草萌发和生长。

（4）加强病虫害防治。

（5）及时补种。

（四）人工除草或机械除草

手工拔草和锄草是一种古老的除草法，沿用至今，仍不失为有效的方法。拔除的时间是在大雨过后，将杂草连根拔除。用人力或机动剪草机定期修剪，阻止杂草产生大量种子，并能抑制它们的营养生长和繁殖生长，减弱杂草的竞争能力，达到防除的目的。建坪前的耕作措施常能有效地防除杂草。可在耕作前促进杂草萌生，以利清除坪床中的杂草，防止其种子的产生与入侵。

（五）化学防除

化学防除是指使用化学药剂引起杂草生理异常导致其死亡，以达到杀死杂草的目的。化学防除是草坪管理中的一项重要措施，应根据草坪类型、杂草种类、主要杂草发生消长规律选择除草剂，详细阅读除草剂使用说明，选择适当用药浓度、时间和方法。

三、除草剂在草坪杂草防除上的作用

（一）除草剂类型

依其杀灭作用与杂草生育期的关系，可分为萌前除草剂和萌后除草剂两种。在目标杂草萌发前使用才有效的除草剂叫萌前除草剂，一般撒入土壤，药效较长；在杂草生长期使用的除草剂叫萌后除草剂，一般表施（叶施），药效较短。其他常见分类方法有以下几种。

（1）依据在植物体内的传导性分类，可分为触杀性除草剂和内吸性除草剂。

（2）依据除莠草范围，可分为灭生性除草剂和选择性除草剂。

（3）依使用方法，可分为土壤处理剂和茎叶处理剂。

（4）按化学结构，可分为苯氧羟酸类、苯甲酸类、酰胺类等多种类型。

（5）按作用方式，可分为光合作用抑制剂、呼吸作用抑制剂、生长素干扰剂等多种类型。

（二）我国常用的草坪除草剂

（1）2,4-D类　是典型的选择性除草剂，能杀死双子叶杂草，对单子叶植物安全。

（2）西玛津、扑草净、敌草隆类　主要是对土壤起封闭作用。当药液均匀分布于土表后，犹如在地表上罩上了一张毒网，可抑制杂草的萌生或杀死萌生的杂草幼苗。

（3）草甘膦类　是一类灭生性除草剂。它们对任何植物均具杀伤作用。主要用于建坪前的坪床处理。

通常对一年生杂草，宜用萌前除草剂灭除，施药时间夏季为宜。对多年生禾草类杂草，多采用非选择性除草剂，对杂草植株喷施杀灭。阔叶杂草是除草剂杀灭的主要对象，为不伤害草坪草，在生产中使用2,4-D和麦草畏等选择性除草剂施于杂草叶表。

（三）使用杀阔叶杂草除草剂遵循的原则

对幼小多汁植物施用效果最好；杂草处于旺盛生长状态，气温在18～29℃时施用最好；施药前灌溉，避免干旱季节施药；施药期间不修剪，以保证有足够的叶面积接触除草剂；刮风时不能喷施，以免漂失；施用颗粒状除草剂时，草叶面应湿润，施药后 8～24 h 内不宜灌水；杂草死亡需 1～4 周，因此第二次施药至少在第一次施药后的 2 周之后；禾草对除草剂很敏感，新建草坪应在草坪草开始修剪 2～3 次后方能施药；除草剂的残效期较长，土壤施药后至少 1 个月方能播种。

四、常见草坪杂草

1. 一年生早熟禾（*Poa annua*）

禾本科。一年生草本。在潮湿遮阴的土壤中生长良好。秆丛生，基部稍向外倾斜。叶带状披针形，质软，叶鞘中部以下闭合，叶片先端呈舟形。圆锥花序开展，每节有 1～3 个分枝。小穗第一颖 1 条脉，第二颖 5 条脉，内含 3～5 朵小花，雄蕊 2 枚。幼苗第一片真叶带状披针形，具 3 条平行脉，叶鞘中下部闭合。

2. 稗（*Echinochloa crusgalli*）

一年生禾草。秆粗壮，分蘖强，茎部各节有分枝；叶条形，叶鞘光滑，叶片中脉发白无叶舌；圆锥花序直立或下垂，穗绿色或紫色，有芒或无芒。因茎基部常呈平铺状，因而即使经常修剪的草坪，也发生较重。

3. 狗尾草（*Setaria viridis*）

禾本科。一年生草本。植株直立，茎高 20～120 cm。叶鞘圆筒状，边缘有细毛，叶线状披针形，有绒毛状叶舌、叶耳，叶鞘与叶片交界处有一圆紫色带。圆锥花序紧密呈圆柱状，长 2～10 cm，直立或倾斜。小穗刚毛绿色或紫色。幼苗第一片真叶长椭圆形。第二、第三片真叶狭倒披针形。见图 6-39。

4. 马唐（*Digitaria sanguinalis*）

禾本科。一年生草本，是危害严重的草坪杂草。秆丛生，斜升，节着地生根。叶带状披针形，叶鞘基部及鞘口有毛，叶鞘短于节间。叶舌膜质，黄棕色，先端钝圆。总状花序 3～10 枚，呈指状排列，下部者近轮生。小穗成对着生于穗轴一侧，一有柄，另一无柄或具短柄。幼苗密生柔毛。见图 6-40。

图 6-39 狗尾草

图 6-40 马唐

5. 牛筋草（*Eleusine indica*）

禾本科。一年生草本。须根深而长。秆扁形，丛生，基部倾斜，叶带状，叶鞘扁，鞘口具柔毛。穗状花序 2～7 枚，呈指状着生；小穗覆瓦状双行紧密排列于穗轴一侧；小穗具小花 3～6 朵。果实表面有波状皱纹。幼苗第一片真叶带状披针形，具 9 条平行脉，叶鞘长

35 mm，叶鞘向内对褶，与第二片真叶的叶鞘套褶，全株呈扁平状，无毛。见图 6-41。

图 6-41 牛筋草

6. 虎尾草（*Chloris virgata*）

禾本科。一年生草本。须根系，秆丛生，直立，斜升或基部膝曲、光滑无毛，高 20～60 cm。叶片长 5～25 cm，宽 3～6 mm；叶鞘光滑，背部具脊；叶舌长 1 mm，具小纤毛。穗状花序长 3～5 cm，4～10 枚于茎顶呈指状排列；小穗含 1 枚成熟花，长 3～4 mm（除芒外），无柄，覆瓦状 2 列着生于穗轴的一侧，成熟后带紫色。颖果长约 2 mm。见图 6-42。

7. 野燕麦（*Avena fatua*）

一年生禾草。秆丛生或单生，直立，高 60～120 cm。叶鞘光滑或基部被柔毛，叶舌膜质透明，叶片宽条状。圆锥花序呈塔形开展，分枝轮生，疏生小穗；小穗梗细长而向下弯垂。颖果长圆形，被浅棕色柔毛。见图 6-43。

图 6-42 虎尾草

图 6-43 野燕麦

8. 日照飘拂草（*Fimbristylis miliacea*）

一年生莎草科杂草，秆扁四棱形，丛生，成株高 10～60 cm，秆基部有 1～3 个无叶片的鞘，叶基生；复伞形花序，苞片刚毛状，小穗近球状。分布于热带、亚热带草坪中。

9. 狼尾草（*Pennisetum alopecuroides*）

多年生禾草。秆丛生，直立，高 30～100 cm，花序下常密生柔毛。叶片条形，常内卷；叶鞘扁压具脊，无毛；叶舌短小。穗状圆锥花序长 5～20 cm，主轴与分枝密生柔毛；刚毛状小枝长 1～1.5 cm，常呈紫色。颖果长圆形。见图 6-44。

10. 毛花雀稗（*Paspalum dilatatum*）

多年生禾草，秆高约 50 cm，叶片扁平，质地粗糙；圆锥花序偏于一侧，常分枝。生长于南方潮湿的地方，在草坪中能形成茂密的簇丛，降低草坪的观赏性。

图 6-44　狼尾草

11. 匍茎冰草（*Agropyron repens*）

多年生禾草，秆疏丛，高 30～60 cm，基部膝曲或匍匐状；叶片常内卷抱于茎秆，色暗绿；具有强壮的根茎，向外扩展生长；穗状花序，种子椭圆形。生长于北方较寒冷的地区。

12. 匍匐翦股颖（*Agrostis palustris*）

冷季型多年生杂草。有较长的匍匐茎，无根状茎；叶片扁平线形，呈浅绿色，叶柔软细腻；圆锥花序卵状矩形，老后呈紫铜色。小穗长 2～2.5 mm。种子细小，黄褐色。

匍匐翦股颖喜冷凉湿润气候，耐寒、耐热、耐瘠薄、耐低修剪、耐阴性均较好。其匍匐茎横向蔓延能力强，能迅速覆盖地面，形成密度大的草坪。但由于茎枝上节根扎的较浅，因而耐旱性稍差。匍匐翦股颖对土壤要求不严，在微酸及微碱性上均能生长，以雨多肥沃的土壤生长最好。

13. 白茅（*Imperata cylindrica*）

又称茅，禾本科白茅属多年生草本，春季先开花，后生叶子，花穗上密生白毛。根茎可以吃，也可入药，叶子可以编蓑衣。见图 6-45。

图 6-45　白茅

广泛分布于热带至温带地区，中国普遍发生。该属有 10 种，中国有 1 种。株高 25～80 cm；须根；茎节上有长柔毛；根状茎长，叶片主脉明显，叶鞘边缘与鞘口有纤毛；圆锥花序分枝紧密；小穗基部密生银丝状长柔毛，颖果成熟后，自柄上脱落。适应性强，耐阴、耐瘠薄和干旱，喜湿润疏松土壤，在适宜的条件下，根状茎可长达 2～3 m 以上，能穿透树根，断节再生能力强。采用草甘膦、茅草枯等除草剂，在枝节抽穗期进行叶面喷雾效果较好，也可结合种植绿肥覆盖地表，进行综合治理。

14. 狗牙根（*Cynodon dactylon*）

暖季型多年生禾草，具有根状茎和匍匐茎，秆平卧部分可达 1 m，并在节间产生不定根和分枝；叶扁平线条形，色浓绿；穗状花序，小穗排列成指状。常生长于光照较强、温暖的地方，经过培育修剪可成为很好的草坪，在其他草坪中把狗牙根作为杂草。

15. 香附子（*Cyperus rotundus*）

莎草科多年生杂草。有匍匐根状茎较长，部分肥厚成纺锤形，有时数个相连。茎直立，三棱形。叶丛生于茎基部，叶鞘闭合包于上，叶片窄线形，长 20～60 cm，宽 2～5 mm，先端尖，全缘，具平行脉，主脉于背面隆起，质硬；花序复穗状，3～6 个在茎顶排成伞状，基部有叶片状的总苞 2～4 片，与花序等长或长于花序；小穗条形，小穗轴有白色透明的翅。花药暗红色，花柱长，柱头 3 个，伸出鳞片之外。小坚果长圆倒卵形，三棱状。花期 6—8 月。果期 7—11 月。见图 6-46。

16. 蒲公英（*Taraxacum mongolicum*）

菊科，多年生草本。主根粗长，可形成不定芽。全株具乳汁。茎极短缩。叶基生，倒披针形或椭圆状披针形。羽状裂片3～5对，两面疏生蛛丝状毛。头状花序，花全为舌状，黄色。瘦果顶端具细长的喙，末端具白色冠毛。幼苗子叶阔卵形，叶缘紫红色。初生叶1枚，近圆形。叶缘紫红色，有3～4个小齿，体有乳汁。第一后生叶与初生叶相似。继之出现的后生叶变化很大。见图6-47。

17. 刺儿菜（*Cephalanoplos segetum*）

菊科，多年生草本，具匍匐根状茎，可产生不定根、不定芽，茎直立，有纵沟，有些具蛛丝状毛，叶椭圆形或长椭圆披针形，全缘或有齿裂，有刺，被蛛丝状毛；紫红色头状花序，雌雄异株。常分布在较干旱的地方。见图6-48。

图6-46　香附子

图6-47　蒲公英

图6-48　刺儿菜

18. 苣荬菜（*Sonchus brachyotus*）

菊科，多年生草本植物，含乳汁，高20～70 cm，具长匍匐茎，地下横走，白色。茎直立，单叶互生，茎生叶基部渐狭成柄，边缘具疏浅裂；茎生叶无柄，基部耳状抱茎。头状花序单一或2～8个于茎顶排成伞房状。花两性，皆为黄色舌状。瘦果长圆形，冠毛白色。开花期在6—9月，结果期在7—10月。见图6-49。

苣荬菜适应性广。抗逆性强，耐旱、耐寒、耐贫瘠、耐盐碱。

图6-49　苣荬菜

19. 车前（*Plantago asiatica*）

车前科，多年生草本。根茎短而壮。叶基生，广卵形或卵形，全缘、波状或有疏钝齿。穗状花序着生在花茎上部。每个蒴果内有种子6～8粒。幼苗子叶匙状椭圆形。上胚轴缺。初生叶卵形，1条脉。后生叶具3条弧形脉。见图6-50。

20. 酸模（*Rumex acetosa*）

蓼科，多年生草本。根状茎粗短，须根多数，断面黄色，并可发出多条地上茎。茎直立，高 15～80 cm，细弱，不分枝。单叶互生，叶片质薄，椭圆形或披针状长圆形，长 2.5～12 cm，宽 1.5～4 cm，先端急尖或圆钝，基部箭形，全缘或微波状，两面均有粒状细点；叶柄长 2～12 cm，基生叶具长柄，茎生叶由下向上，柄渐短，直至无柄；托叶鞘膜质，斜截形，顶端有睫毛，易破裂而早落。花单性异株，圆锥花序顶生，长可达 40 cm，分枝疏而纤细，花簇间断着生，每一花簇有花数朵，花梗短；瘦果椭圆形，长约 2 mm，有 3 锐棱，两端尖，黑褐色，有光泽。花期 3—5 月；果期 4—6 月。

图 6-50　车前

21. 萹蓄（*Polygonum aviculare*）

蓼科，一年生草本，高 10～40 cm，常有白粉；茎丛生，匍匐或斜升，绿色，有沟纹，叶互生，叶片线形至披针形，长 1～4 cm，宽 6～10 mm，顶端钝或急尖，基部楔形，近无柄；托叶鞘膜质，下部褐色，上部白色透明，有明显脉纹。花 1～5 朵簇生叶腋，露出托叶鞘外，花梗短，基部有关节；花被 5 深裂，裂片椭圆形，暗绿色，边缘白色或淡红色；雄蕊 8；花柱 3 裂。瘦果卵形，长 2 mm 以上，表面有棱，褐色或黑色，有不明显的小点。花果期 5—10 月。见图 6-51。

22. 反枝苋（*Amaranthus retroflexus*）

苋科，一年生杂草。高 20～80 cm，有时达 1.3 m；茎直立，粗壮，淡绿色，有时具带紫色条纹，稍具钝棱，密生短柔毛。叶片菱状卵形或椭圆状卵形，长 5～12 cm，宽 2～5 cm，先端锐尖或尖凹，有小凸尖，基部楔形，有柔毛。圆锥花序顶生及腋生。种子近球形，直径 1 mm，棕色或黑色。见图 6-52。

生于山坡、路旁、旷野、荒地、田边、沟旁、河岸等处。花期 7—8 月，果期 8—9 月。种子繁殖。

图 6-51　萹蓄

图 6-52　反枝苋

23. 藜（灰菜）（*Chenopodium album*）

藜科，一年生草本，高 60～120 cm。茎直立，粗壮，有棱和绿色或紫红色的条纹，多分枝；枝上升或开展。叶有长叶柄；叶片菱状卵形至披针形，长 3～6 cm，宽 2.5～5 cm，先端急尖或微钝，基部宽楔形，边缘常有不整齐的锯齿，下面生粉粒，灰绿色。花两性，数个集成团伞花簇，多数花簇排成腋生或顶生的圆锥状花序；花被片 5，宽卵形或椭圆形，具纵隆脊和膜质的边缘，先端钝或微凹；雄蕊 5；柱头 2。胞果完全包于花被内或顶端稍露，果皮薄，和种子紧贴；种子横生，双凸镜形，直径 1.2～1.5 mm，光亮，表面有不明显的沟纹及点洼；胚环形。见图 6-53。

图 6-53 藜

24. 地锦（*Euphorbia humifusa*）

大戟科，一年生杂草。匍匐伏卧，茎细，红色，多叉状分枝，全草有白汁。叶通常对生，无柄或稍具短柄，叶片卵形或长卵形，全缘或微具细齿，叶背紫色，下具小托叶。杯状聚伞花序，单生于枝腋，花淡紫色。蒴果扁圆形，三棱状。

地锦分布很广，北起辽宁，南至广东。对土壤适应性很强。性耐寒，喜阴湿，在雨季，蔓上易生气生根。

25. 田旋花（*Convolvulus arvensis*）

旋花科，多年生杂草。地下根茎为横生，白色，线状。地上茎蔓生、缠绕或匍匐分枝，茎具白色乳汁，叶互生，有柄；叶片戟形，中裂片大，侧裂片展开，略尖。花腋生，具长梗，花冠淡粉红色，漏斗状。在新建植草坪及老草坪中都有危害。见图 6-54。

图 6-54 田旋花

26. 猪殃殃（*Galium aparine*）

茜草科，蔓生或攀缘状草本。茎四棱形，棱上和叶背中脉及叶缘均有倒生细刺，触之粗糙。叶 6～8 片轮生，线状倒披针形，长 1～3 cm，宽 2～4 mm，顶端有刺尖，表面疏生细刺毛，无柄。花 3～10 朵组成顶生或腋生的聚伞花序；花萼有钩毛；花冠辐射状。果球形，密生钩毛，果柄直生。花果期 4—6 月。

27. 繁缕（*Stellaria media*）

石竹科，一年生杂草。茎纤细，蔓延地上，基部多分枝，下部节上生根，上部叉状分枝，茎上有一行短柔毛，其余部分无毛。叶对生，叶片长卵形，顶端锐尖，茎上部的叶无柄，下部叶有长柄。花具细长梗，下垂，花瓣微带紫色。蒴果卵形。种子圆形，黑褐色，密生疣状突起。花期 2—4 月，果期 5—6 月。见图 6-55。

图 6-55 繁缕

28. 酢浆草（*Oxalis corniculata*）

酢浆草科，多年生草本，全体有疏柔毛；茎匍匐或斜升，多分枝。叶互生，掌状复叶有 3 小叶，倒心形，小叶无柄。花黄色，1至数朵组成腋生的伞形花序，萼片长圆形，顶端急尖，有柔毛；花瓣倒卵形，微向外反卷；花丝基部合生成筒状。蒴果近圆柱状，5棱，有短柔毛，成熟开裂时将种子弹出。种子小，扁卵形，红褐色，有横沟槽。花果期4—8月。见图6-56。

酢浆草生长于肥沃较干旱的土壤中，在我国南北各地都有分布。

29. 马齿苋（*Portulaca oleracea*）

马齿苋科，一年生杂草。长可达35 cm。茎下部匍匐，四散分枝，上部略能直立或斜上，肥厚多汁，绿色或淡紫色，全体光滑无毛。单叶互生或近对生；叶片肉质肥厚，长方形或匙形，或倒卵形，先端圆，稍凹下或平截，基部宽楔形，形似马齿，故名“马齿苋”。夏日开黄色小花。蒴果圆锥形，自腰部横裂为帽盖状，内有多数黑色扁圆形细小种子。见图6-57。

图6-56　酢浆草

图6-57　马齿苋

30. 独行菜（*Lepidium apetalum*）

十字花科，一年或二年生草本植物。全体无毛，茎直立，高5～30 cm，有棱。基生叶有柄，叶片倒卵状长圆形，全缘；茎生叶无柄，叶片长圆状或披针形或倒披针形，基部两侧箭形抱茎，边缘具疏齿。总状花序顶生；花瓣4，白色。生于田野，各地均有分布。短角果近圆形，扁平，先端凹陷，边缘有狭翅。种子椭圆形，棕红色，粗糙，有近“V”形的棱，棱顶具小突起。种子繁殖。

31. 荠菜（*Capsella bursa-pastoris*）

十字花科，一年或二年生草本植物。基生叶丛生，羽状深裂，顶端的裂片三角形，两侧裂片较长，先端渐尖，具长叶柄。抽薹后，高15～50 cm。茎生叶互生，为矩圆形或披针形，全缘或有缺刻，基部耳形而抱茎。总状花序顶生及腋生，花小而有柄。短角果倒三角状或倒心形，扁平，先端凹陷，果皮黄绿色，内含多粒种子，种子长椭圆形，长约1.5 mm、宽约0.5 mm，稍扁，种皮红褐色至黑色，有网状纹。

荠菜属于四季发生型杂草，种子休眠期短，对萌芽的气候条件要求不严格，除酷暑和严寒以外，均有种子萌芽生长。

第七节　草坪辅助养护管理

在现代园林中，草坪已成了不可缺少的部分，在草坪养护管理过程中。由于自然因素和管理不善等原因，常常会使一些草坪出现退化现象，这时除了施肥、修剪和灌水等主要管理措施外，还有必要采取辅助管理措施，包括表层耕作、表施土壤、滚压等措施对草坪进行更新复壮。

一、草坪更新复壮

（一）引起草坪退化的原因

1. 自然因素

（1）草坪的使用年限已达到草坪草的生长极限，草坪进入衰退期。

（2）由于建筑物、高大乔木或致密灌木的遮阴，使草坪部分区域因得不到充足的阳光而难以正常生长。

（3）由于温度、湿度不适合造成病虫害侵入或斑秃。

（4）土壤板结或草皮致密，致使草坪长势衰弱。

2. 建坪及管理因素

（1）盲目引种造成草坪草不能安全越夏、越冬，选用的草种习性与使用功能不一致，致使草坪生长不良。

（2）坪床土壤不理想，不能给草坪草的生长发育提供良好的水、肥、气、热等土壤条件。

（3）坪床处理不规范（包括坡度过大、地面不平、精细不一）造成雨水冲刷、凹陷。

（4）播种不均匀，造成稀疏或秃斑。

（5）不正确地使用除草剂、杀菌剂、灭虫剂，以及施肥、排灌、刈割管理措施不合理造成的伤害。

3. 人为因素

（1）践踏严重破坏草坪。运动场草坪使用过度，特别是某些区域，如发球区和球门附近，破坏了草坪一致性。

（2）在逆境下使用草坪，对草坪造成伤害。

总之，造成草坪功能减弱或丧失的原因很多，但分析起来不外乎草坪草内在因素（如对冷热、酸碱、旱涝、遮阴、刈割高度、践踏、病虫害等的忍耐性）和影响草坪正常生长的外界条件（如对草坪施行的各项管理措施）两方面原因共同作用的结果。

（二）退化草坪更新复壮要点

1. 养护复壮法

当草坪退化的主要原因是水肥不够、土壤板结、草坪密度过大，并由此形成絮状草皮时，一般先清除草坪上的枯草、杂物，再用打孔机打孔施入适量的肥料，促使草坪快速生长，及时恢复。

2. 补播复壮法

当退化草坪面积比较大或草坪已达到使用极限时，常采用重新种植或补播草坪草的办法更新。

3. 补铺复壮法

当退化草坪面积较小或土壤难以改造的地块时，应采用铺设草块的方法来恢复。其方法如下：

（1）标出受害地段，并铲除受损草坪。

(2) 挖松并回填土壤，施入肥料，尤其是过磷酸钙。平整并滚压坪床。

(3) 选择草皮铺设，使其高出健康坪面 6 mm 左右，选用的草坪卷应与原有草坪草具有一致性，铺设间距以 1 cm 为宜。

(4) 用富含有机质，保水、保肥能力强的土壤填入草坪间隙，选用堆肥、砂土各 50% 的混合物为宜。

(5) 铺设后确保 2～3 周内草坪不干，通常 3d 后，草坪卷才能长出新根，故第一周内保持土壤湿润尤为重要。

(6) 较大地块应适当进行镇压。

二、滚压

滚压是用压辊在草坪上边滚边压。通过滚压可改善草坪表面的平整度，适度滚压对草坪是有利的。但滚压也会带来土壤坚实等问题，因此要根据实际情况决定是否进行。

(一) 滚压的时间及作用

1. 坪床准备时进行滚压

对耕翻、平整后的坪床进行滚压，对坪床表面进行微调，可使坪床表面平整、结实。

2. 播种后进行滚压

滚压可使得种子与土壤紧密接触，出苗整齐。常应用带细棱的压轮，使得坪床表面产生细微的凹凸，在凹处形成一个湿润的小环境，有利于种子发芽。

3. 草皮铺设后进行滚压

滚压既可使坪面平整，又可使草皮根系与坪面接触良好，保证根系正常生长。

4. 生长季节滚压

抑制顶芽生长，增加草坪草分蘖、分枝，促进匍匐茎生长，使匍匐茎的上浮受到抑制，节间变短，增加草坪密度；同时使叶丛紧密而平整，抑制杂草入侵。此外还可以抑制地上部的生长，促进根系发育，从而提高草坪抗逆性。

5. 春季解冻后进行滚压

由于冻融作用反复交替进行，植株会逐渐被拱起，草坪表面会产生起伏；修剪时，草层会被整块揭起；同时由于根系裸露，植株的抗寒性降低。所有这些都会影响草坪质量。因此应进行滚压，把凸出的草坪压回原处，消除这些不良影响。

6. 运动场草坪比赛前后进行滚压

对运动场草坪进行滚压，可增加场地硬度，使场地平坦。通过不同走向滚压，使草坪草叶反光，形成各种形状的花纹，提高草坪的观赏效果。运动后进行滚压，可使运动过程中被拉出根的草坪草复位。

7. 草皮生产时进行滚压

目的是获得厚度均匀一致的高质量草皮。同时也可以减少草皮厚度，降低土壤损失，延长土地使用年限。还可以降低草皮重量，减少运输费用。

8. 蚯蚓、鼹鼠、蚂蚁等驱赶、杀灭后进行滚压

蚯蚓、鼹鼠、蚂蚁等在土壤中的活动虽然可以疏松土壤，有利于草坪草生长，但也堆土于草坪上，既影响草坪的平整，也直接影响草坪质量。因此除了驱赶、杀灭外，还通过滚压来进行修复。

（二）滚压方法

滚压可用人力推动或机械牵引。手推辊轮重 60～200 kg，机动辊轮重 80～500 kg，机动辊为空心的铁轮，可充水，可通过调节水量来调整重量。滚压的重量依滚压的次数和目的而定，如为了修整床面宜少次重压（200 kg），出苗后的首次滚压则宜轻（50～60 kg）。

（三）注意事项

（1）观赏草坪在春季至夏季滚压为好，有特殊用途的则在建坪后不久进行滚压，降霜期、早春修剪时期也可进行滚压。

（2）土壤黏重、水分过多、过于干燥时，应避免高强度的滚压，可在草坪草生长旺盛时进行。在有机质含量高的人工土壤上，滚压是最有效的方法，可以最大限度地改善表面平整度，有机土壤不易板结。

（3）对冷季型草坪草而言，镇压应在春、秋草坪生长旺盛的季节进行，而暖季型草坪草则宜在夏季进行。同修剪一样，应避免每次都在同一起点、按同一方向、同一路线进行滚压，否则会出现纹理现象。

（4）为减轻滚压的副作用，滚压应结合打孔通气、梳耙、施肥和覆沙等管理措施，改善表层土壤的紧实状况，使草坪草达到最好的生长状态。

三、打孔

打孔是用打孔机械在草坪上打出许多孔洞的一种中耕方式。打孔机可在草坪上打出深度、大小均匀一致的孔，孔的直径一般在 1～2.5 cm，孔距一般为 5 cm、11 cm、13 cm 和 15 cm。孔深随打孔机类型、土壤坚实度和土壤湿度的不同而不同，最深可达 8～11 cm。

（一）打孔的作用

1. 改善土壤通气性

促进了气体交换，提高了土壤的通气性，有利于好气微生物的生长，减少了土壤中的有毒物质。

2. 改善土壤渗透性

提高草坪土壤的渗透性、吸水性和透水性；刺激根系的生长，加速长期潮湿土壤的干燥。

3. 提高土壤的供肥性、保肥性

打孔施肥使得石灰和磷肥可以均匀地进入草坪土壤，而氮素则可以进入土壤深层，减少氮肥损失，提高肥效。

4. 加速枯草层的分解

打孔带出土条，使枯草层内有了土壤，加速枯草层和有机残体的分解，促进草坪草的生长发育。

5. 产生的负面影响

打孔会破坏草坪表面的完整性，影响草坪的美观；易造成草坪草脱水干枯；增加杂草入

侵的机会；提高地老虎和其他喜穴居孔内害虫的发生机率。

（二）打孔方法

1. 打孔机械

常用的打孔机械有两种：垂直运动型打孔机和旋转型打孔机（图 6-58、图 6-59）。

图 6-58　两种类型的打孔机

上为垂直运动型，下为旋转型

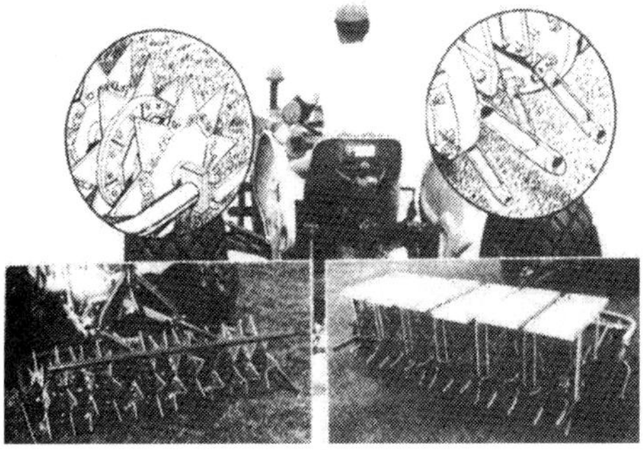

图 6-59　打孔机工作示意图

（1）垂直运动型打孔机具有许多空心管，排列在轴上，工作时对草坪造成的扰动较小，深度较大。由于兼具水平运动和垂直运动，所以工作速度较慢。每 100 m^2 草坪约需 10 min。调节打孔机的前进速度或空心管的垂直运动速度可改变孔距。这种机械常用于果领等低修剪的草坪上。

（2）旋转型打孔机具有一圆形滚筒或卷轴，其上装有空心管或半开放式的小铲，通过滚筒或卷轴的滚动完成打孔作业。除了去除部分芯土外，还具有松土的作用。孔距由滚筒上或卷轴上安装的小铲或空心管的数目和间距决定。同垂直运动型打孔机相比，孔深要浅一些，工作速度较快，效率较高，但对草坪表面的破坏性也较大。该种打孔机常用于使用频度高的草坪，如运动场和操场等。

2. 打孔时间

最佳时间是草坪生长旺季，不受逆境胁迫时，冷季型草坪适合在夏末秋初，暖季型草坪适合在春末夏初进行。

3. 注意事项

（1）配合进行覆土或覆沙　打孔后草坪根系和附近土壤会很快把孔填满，灌溉和践踏会加速这一过程，草坪打孔的好处会很快消失。所以一般草坪打孔后配合进行覆土或覆沙，使打孔的效果更持久。

（2）配合拖耙或垂直修剪　打孔后不马上清除芯土，而是等芯土稍干燥后用垂直修剪机或通过拖耙来破碎芯土，使之重回草坪，其效果与表施土壤相同，而且破碎的芯土其质地和组成与原草坪土壤相同，不会产生层次。没有进入孔洞中的碎土，在草层中与枯草层结合，形成有利于草坪草的土壤层。

（3）配合施药作业　打孔后及时喷施除草剂和杀虫剂，能很好地消除打孔后杂草、害虫易入侵的负面影响。

四、表施土壤

表施土壤是将有机质、土壤或沙等均匀施入草坪的过程，在草坪建植和管理中用途较为广泛。

（一）表施土壤的作用

1. 利于出苗

在草坪建植过程中，表施土壤可以覆盖和固定种子、种茎等繁殖材料，有利于出苗。

2. 控制枯草层

在建成草坪上表施土壤可以改善土壤结构，控制枯草层，防止草坪草徒长，有利于草坪更新。

3. 平整坪床表面

表施土壤对凹凸不平的坪床可起到补低、拉平使坪床平整的作用。

4. 保护草坪

入冬前表施土壤可以为草坪提供保护，延长绿色期。还可以将肥料和有机质混合在土壤中施入草坪，促进草坪草生长，加深叶色。同时可以将农药混入，以杀灭地下害虫和土传病源物。

（二）表施土壤的材料

表施土壤的材料要与原草坪土壤相似，是有机质、土壤、沙等的混合物，比例为土、沙、有机质 1∶1∶1 或 2∶1∶1。现在多倾向于全部用沙，效果良好。但长期用沙，会出现沙层，导致表面较硬，可能会出现局部干燥。因而构成材料应符合如下条件：

①与坪床无太大差异；②肥料成分含量低；③为沙、有机质、土壤改良材料的混合物；④水分含量少；⑤必须进行过筛（直径 6 mm）；⑥所有材料不含有杂草种子、病菌、害虫等有害物质。

（三）表施土壤的方法

1. 表施土壤的机械

小面积表施土壤可人工进行，用铁锹人工撒开，再用大扫帚扫平。随着覆土机械、粉碎机、过筛机、搅拌机、拖耙机、输送机等开发和利用，使得表施土壤这一过程全部实现了机械化。

覆土机常分为大型和小型两种，大型覆土机由拖拉机牵引，撒幅为 130～180 cm，载重量约为 2 600 kg，小型覆土机撒幅为 100 cm，载重量约为 390 kg，撒土厚度由专设的手柄调节。

2. 表施土壤的时间

表施土壤应在草坪草的萌芽期和生长季节进行。通常暖季型草坪 4—6 月，冷季型草坪在 3—6 月和 10—11 月。

3. 表施土壤的次数与数量

表施土壤的次数应根据草坪的利用目的和草坪草的生育特点来定，一般草坪 1 年 1 次。庭院、公园等草坪可以重施，但次数少；高尔夫球场、运动场草坪则应少量多次，一般 1 年

2～3 次或更多。施量以不超过 0.5 cm 为宜，为了控制枯草层，可加量到 1.5 cm。

4. 表施土壤的注意事项

（1）枯草层也会造成分层，因此，在表施前应先进行垂直修剪，去除枯草层。

（2）在很多时候，打孔后常进行表施作业，此时覆土的量应与打孔带走的芯土的量相等。

（3）表施后常进行拖耙，将施入的土或沙耙入草坪中。秋季表施可不必进行拖耙，可与冬季喷施除草剂同时进行。在翌年春天第一次剪草时，表施材料即可被扫入草坪中。

五、拖耙

拖耙是用一重型金属网或类似的装置拖过草坪表面的作业（图 6-60）。

（1）在表层覆土后，常通过拖耙去除粘在叶子上的土壤，使土壤进入草坪内，否则会影响修剪等管理措施和击球等运动功能。

（2）当表面不平整时，拖耙也可以使表施的土壤重新分布，去高就低，填平低洼处。这一措施也可以用刷子、扫帚等其他工具来完成。

图 6-60　打孔后进行拖耙作业

（3）打孔后，芯土留在草坪表面，常通过拖耙来粉碎土条，使之重新进入草坪土壤内。由于打孔时的土壤湿度较高，因此对于黏性土壤，不能在打孔后立即进行拖耙，应稍晾干后进行，否则不仅不能耙碎芯土，反而易形成黏条状，并涂污草坪。但也不能太干，太干则形成硬块，也不易耙碎。

（4）进行覆播或草坪修复更新时，也常通过拖耙使草层中的种子进入土壤，以利全苗。垂直修剪后也常用拖耙的方法去除草坪表面的有机残体。

六、垂直修剪

垂直修剪是借助安装在高速旋转水平轴上的刀片进行切割和划破草坪，以清除草坪表面枯草层、改善草坪通透性的一种养护手段。

（一）垂直修剪的作用

（1）当刀片安装在上位时，可以切掉匍匐枝，提高草坪的平齐度。

（2）当刀片安装在中位时，可以粉碎打孔留下的土条，使土壤重新混合，有助于枯草层的分解。

（3）当刀片安装在下位时，可以有效地清除枯草层，使空气、水分、养分、农药能进入土壤，有利于根系的生长发育，有效地防治病虫害。

（4）刀片还可以调低，刺入土壤，起到划破草皮，提高土壤通气透水性的作用。

（二）垂直修剪的方法

1. 垂直修剪的机械

按照垂直修剪及刀片的大小和多少，可分为手推式和自走式两种。工作宽度 35～

50 cm，工作深度 0～7.6 cm。可由装在机器前面或后面的调节滚筒或轮子来控制。刀片的安装位置一般有上、中、下三种，能达到不同的修剪效果。

2. 垂直修剪的时间

最适合垂直修剪的时间是草坪草生长旺盛、环境胁迫小、恢复力强的季节。冷季型草坪最适合的垂直修剪时间是夏末秋初，暖季型草坪最好在春末夏初进行。

3. 垂直修剪的注意事项

（1）垂直修剪清除枯草层时会拔出大量活的植株，对浅根系的草坪草不适宜深修剪，操作前一定要进行必要的试验，确定适宜的修剪时间、深度、方法等。

（2）垂直修剪后，碎屑集聚，要及时清除，避免遮光影响草坪草生长，特别是在炎热天气情况下。

（3）垂直修剪还应在土壤和枯草层干燥时进行，这样能使草坪受到的破坏减到最小，也便于后期管理操作。

（4）垂直修剪一定要配合其他养护管理措施进行。如深层垂直修剪常随草坪更新一起进行，几次垂直修剪后，为覆播创造了良好的坪床。

七、划破草皮

划破草皮是一种深而垂直的切割作业，由安装在重型圆筒上的圆盘或“V”型刀片完成。在拖曳的过程中，圆盘或刀片划破草皮表土层，穿透深度由滚筒重量决定，深度可达 7～10 cm（图 6-61）。在潮湿的土壤上，划破草皮的效果比打孔要好。操作中没有土条带出，对草坪破坏小，可有效地改善土壤的通气透水性。

划破草皮常在生长季进行，因对草坪破坏小，可以一周进行一次。

图 6-61　划破草皮机械（左）及效果

八、切边

切边是用切边机将草坪的边缘修齐，使之线条清晰，增加景观效应。在观赏草坪，高养护草坪，尤其是纪念碑、雕像等四周的草坪，切边无疑是一项重要的管理措施。切边通常在草坪生长旺季进行，由于边际效应，草坪边缘的草坪草生长旺盛，需要切边以保持草坪形状。切边的同时还可以结合清除杂草。切边用的切边机具有一组垂直刀片装在轴上，刀片突出草坪边缘，刀片高速旋转时将草坪垂直切割。切边时注意刀片不能与石头相撞，否则机器会突然跳起，易发生事故。

单元作业

1. 如何使用旋刀式剪草机进行草坪剪草?
2. 草坪修剪为什么一定要遵守 1/3 原则?
3. 怎样制定冷季型草坪合理的灌溉计划?
4. 夏季一天内什么时间灌溉草坪最好，为什么?
5. 草坪灌溉系统分哪几种? 各有什么优缺点?
6. 草坪退化的因素有哪些?
7. 草坪何时进行滚压? 滚压的作用有哪些?
8. 滚压时应注意哪些问题?
9. 为什么表施土壤可以更新复壮草坪?
10. 对草坪进行打孔作业的作用是什么?
11. 什么是草坪病害? 草坪病害的常见症状类型有哪些?
12. 主要草坪病害的种类、特点及其防治方法是什么?
13. 简述草坪害虫的分类、危害方式和危害症状。
14. 影响草坪害虫发生的环境条件有哪些?
15. 调查当地草坪常见害虫种类，并说明如何防治。
16. 草坪杂草的危害有哪些?
17. 杂草的防除方法有哪些?
18. 除草剂分哪几类? 如何应用灭生性除草剂和选择性除草剂?

单元测验

一、单选题

1. 草坪修剪的基本原则是（　　）原则。
   A. 1/3　　B. 1/2　　C. 及时　　D. 频繁
2. 表施土壤所使用的土壤必须是（　　）的。
   A. 富含有机质　　B. 中性　　C. 不含杂草繁殖体　　D. 不含养分
3. 草坪施肥，最好在（　　）之前进行。
   A. 修剪　　B. 灌水　　C. 镇压　　D. 打孔
4. 一天中，草坪修剪的最佳时间为（　　）。
   A. 上午　　B. 中午　　C. 下午　　D. 傍晚
5. 草地早熟禾的单一草坪中，若出现紫羊茅草丛，紫羊茅一般情况下被视为（　　）。
   A. 建坪草种　　B. 伴生草种　　C. 点缀草种　　D. 杂草
6. 草坪秋季施肥的最佳肥料种类为（　　）。
   A. 氮肥　　B. 钾肥
   C. 磷肥　　D. 以磷、钾肥为主的复合肥

7. 成熟草坪的生长季节，一般（　　）是一天中的最佳灌水时间。

A. 清晨　　B. 中午　　C. 傍晚　　D. 夜间

8. 某一草坪草的留茬高度为 4 cm，那么根据 1/3 原则，应该在草高（　　）时进行修剪。

A. 5 cm　　B. 6 cm　　C. 8 cm　　D. 10 cm

9. 药剂防治害虫的最佳时期是（　　）。

A. 成虫期　　B. 卵期

C. 幼龄幼虫（若虫）期　　D. 蛹期

10. 以下物理防治害虫的措施中，（　　）利用了害虫对化学物质的趋性。

A. 黑光灯诱杀　　B. 食饵诱杀

C. 色板诱集　　D. 高温或低温杀虫

11. 采用黑光灯诱杀害虫是利用了昆虫（　　）的特点。

A. 趋化性　　B. 趋光性　　C. 对温度的适应性

12. 下列因素中，引起草坪草的侵染性病害的是（　　）。

A. 病原物侵入草坪草体内　　B. 不适宜的环境条件

C. 草坪草修剪　　D. 草种选择不当

13. 草坪表施土壤的厚度一般为（　　）。

A. 0.5～1 cm　　B. 2 cm　　C. 3 cm　　D. 5 cm

14. 下列元素中，因易被土壤固定，在建坪时作为基肥须加大施入量的是（　　）。

A. 磷　　B. 氮　　C. 钾　　D. 镁

15. 病斑周围常呈水渍状或油渍状，病斑上有时出现的胶状物称为菌脓，是（　　）病害的重要标志。

A. 细菌　　B. 真菌　　C. 病毒

16. 寄主表面长出霉状物、粉状物等是（　　）病害的重要标志。

A. 细菌　　B. 真菌　　C. 病毒

17. 胃毒剂主要用于防治（　　）口器的害虫。

A. 刺吸式　　B. 虹吸式　　C. 咀嚼式　　D. 吮吸式

18. 下列方法常用于防治地下害虫的是（　　）。

A. 喷雾　　B. 药剂拌种　　C. 熏蒸　　D. 注射法

19. 采用喷雾法防治害虫一般在（　　）时期效果显著。

A. 幼虫　　B. 蛹　　C. 成虫　　D. 卵

20. 下列害虫中，（　　）具有开掘足。

A. 蝗虫　　B. 地老虎　　C. 蝼蛄　　D. 叶蝉

二、多选题

1. 根据病原可把草坪病害分为两大类，分别是：（　　）。

A. 侵染性病害　　B. 非侵染性病害　　C. 真菌病害　　D. 生理性病害

2. 侵染性病害三要素（又称病害三角）分别是：（　　）。

A. 病原菌　　B. 寄主　　C. 环境条件　　D. 生理损伤

3. 根据除草剂的传导性能（作用方式）可分为（　　）两种。
   A. 土壤处理剂　　B. 内吸性　　C. 触杀性　　D. 茎叶处理剂
4. 草坪打孔可配合以下（　　）作业进行。
   A. 表施土壤　　B. 施药　　C. 拖耙　　D. 垂直修剪

第七章　专用草坪

第一节　运 动 草 坪

运动场草坪是指在人工培育条件下生长的能承受人类体育运动的草本植物群落。广义的运动场草坪还包括人造草坪，其内涵既包括为人类提供运动表面的草坪场地，也包括机械的管理条件和基本的场地设施。

运动场草坪依据运动属性及运动类型可分为球类运动场草坪、竞技类运动场草坪、赛马场及斗牛场草坪和游憩类运动场草坪四大类。运动项目不同，草坪运动功能要求、草坪建植及养护管理水平也具有很大差异。

一、高尔夫球场草坪

高尔夫球是一种非常流行的高雅球类运动，是在特定场地上，使用一套球杆，按一定的规则，依次击球入洞的一项户外运动。“高尔夫”是 GOLF 的音译，由四个英文词汇的首字母缩写构成，它们分别是：green，oxygen，light，friendship，意思分别是绿色、氧气、阳光、友谊。它是一种把享受大自然乐趣、体育锻炼和游戏集于一身的运动。

高尔夫球场一般建在风景优美秀丽的地区，大都依自然地形、风光设计而建造。长短宽窄不一，起伏变化多端，植物景观配置风格各异，所以世界上找不到两个一模一样的高尔夫球场。

标准的高尔夫球场，一般布置 18 个球洞。球洞是球场的基本组成单位，每一球洞由果岭、发球区、球道等组成，周围设有障碍区，以增加比赛难度和趣味性（图 7-1）。

（一）果岭

果岭是球洞周围的一片管理精细的草坪，位于球道的终端，是推杆击球入洞的地方。果岭上的草修剪得最低，是高尔夫球场最重要和养护最细致的地方，也是衡量球场品质的最主要区域。因此，果岭的设计、建造和养护极为重要。

1. 果岭的基本组成

果岭由推球面、果岭环围、果岭裙、沙坑等组成。

推球面从地形上看略高于周围的球道，以利于地表排水和突出果岭位置，为球手提供远距离击打的目标。在设计果岭时，果岭的周边至少应有 2 个以上的排水流向。推球面略前

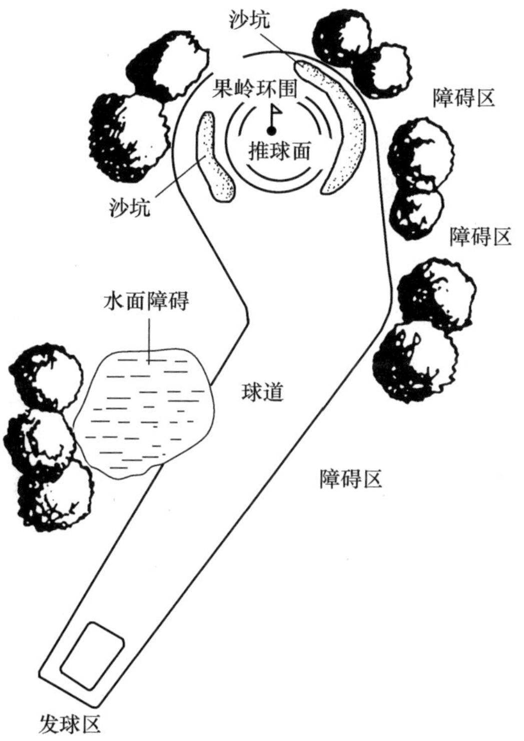

图 7-1　高尔夫球场功能区

倾，坡度小于 5%，斜面朝向球道方向，为圆形或近圆形，面积大部分在 465～697 m^2。

推球面的外缘是一圈果岭环围，其宽度 0.9～1.5 m。此区草坪修剪高度高于推球面，低于球道，它可以突出果岭的轮廓。在这里也可以用推杆击球。

果岭环围的外面是果岭裙，也叫落球区，是果岭和球道衔接的坡地部分。果岭周围也可设置沙坑。沙坑的作用是救球或障碍，其外围一般为边丘，是球道的外缘。果岭的周围，与沙坑高草连接地带要有足够的宽度和面积，并流畅地连接过渡，这也便于剪草机能转向或调头。

2. 果岭坪床的建造

果岭的建造工序多、成本高、耗时久，对排水和坪床结构要求高，要按照要求规范建造。果岭的坪床结构由排水管道、砾石、沙子和营养土构成（图 7-2）。

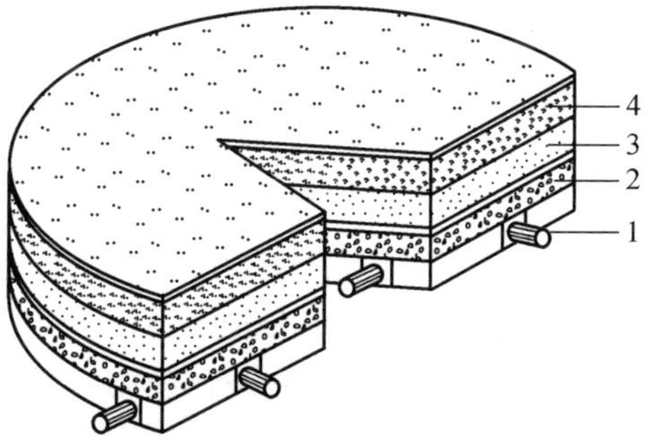

图 7-2　果岭的坪床结构

1. 排水管道　2. 砾石层　3. 粗沙层　4. 营养土层

（1）测量放线　按照果岭设计图，确定果岭中心位置，用木桩标识。以中心桩为圆心，按 4～5 m 间距定桩，测放果岭边界，在木桩上标记桩号和设计高程。

（2）地基造形　地基造形一般按照果岭设计图，利用小型挖掘机或推土机等机械，挖出多余或填埋所需土方，然后对边缘和表面进行镇压、夯实，使地基整体平顺、光滑，以与果岭造形面的最终形状相似。果岭地基最终定型后的高度应低于果岭最后造形面 45～50 cm。

（3）安装排水系统

①放样划线　排水系统多采用鱼骨形或平行形，支管在主管两侧交替排列，支管之间的间距为 4～6 m。根据设计图在地基上可用喷漆、沙、石灰、竹签或木桩定桩放样划线。

②开沟挖土　用机械或人工在地基上开沟挖土，沟的深浅依排水管的大小来决定，沟比管宽和深各多 10～15 cm。如支管直径 100 mm，则沟深、宽各 20～25 cm，上下左右留有足够的空间放砾石，将排水管包围在中间。从主管道进水口到出水口，坡度至少为 1%。

排水沟挖好后，用木板或其他相应的工具拍实沟的三面，使泥土和砾石有较好的分隔。

③沟底铺放砾石　排水沟底放入 5～10 cm 厚、直径 4～10 mm 经水冲洗过的砾石。南方地区雨水较多，砾石可稍大些。

④安放排水管　排水主管直径 200 mm，侧排水管直径 110 mm。排水管一般选用有孔波纹塑料管，其优点是管凹壁有孔，有利于排水和透气；管凸壁和管凹壁的连接使管子具有一定的伸缩和弯曲性，便于现场随地形放管；因其伸缩和弯曲性，不会受地陷影响而裂管或折断。主管和支管的进水口用塑料纱网封口防止沙石冲入管内。主管和支管的连接处用三通连接。

排水管放在沟的中间，在管的左右和上面都填放经水冲洗过的 4～10 mm 砾石，砾石面比地基面略高，呈龟背形。

⑤铺防沙网　在排水管砾石上面，铺盖一层防沙网，以铁线钉将防沙网固定，防止种植层的河沙渗漏到砾石的间隙，造成排水管堵塞，降低透气和排水。防沙网多用塑料纱网或尼龙网，便宜而实用。

（4）铺设坪床　在地基和排水层以上是砾石层、粗砂层和种植层，要逐层进行铺设。

①铺设砾石层　在排水层的基础上，铺上一层厚约 10 cm 经水冲洗过的粒径 4～10 mm 的砾石，将整个果岭地基铺满。使用水冲洗过的砾石是为了减少石粉、脏物对石子间隙的堵塞，以便将来根际区多余的水能迅速地排入排水管道内。

②铺设粗砂层　铺设粗沙前，先在砾石层上面铺一层 16 目塑料纱窗网，纱窗网间重叠 5 cm，用“U”形铁钉将纱窗网固定在果岭边缘。在上铺一层厚度为 5 cm 的粗砂，沙粒直径为 1～3 mm。它能防止种植层的沙子渗流到砾石层，阻塞排水管，同时也可以防止种植层沙子的流失造成的果岭造形改变，稳定果岭结构。

③铺设种植层　在粗砂层之上是 30 cm 厚的种植层，也是果岭草坪草的生长层。种植层由沙和有机质组成，有机质与沙子的比例至少为 1∶10。沙粒直径一般为 0.25～0.5 mm，因沙子保水保肥力差，需要在沙中加入有机质进行改良，有机质的种类很多，如木屑、碎秸秆、泥炭、椰糠、蔗渣等，但需要经过完全腐熟分解并粉碎后加入。在铺放沙子混合物时，要分层边铺边浇水边压实，这样铺设的果岭以后不易变形。

（5）安装喷灌系统　果岭基础造形完成后要进行果岭喷灌管道的安装。而果岭的喷头则要在果岭各层铺装完成后、表面终造形前进行安装。

（6）表面细造形　种植层铺设完毕后，要对果岭表面进行细造形。可用小型履带式推土机，按照果岭设计图的地形、标高，对果岭表面进行局部微调。最后用耙沙机反复多次进行耙平。细造形后的果岭表面应平整、光滑，符合设计要求。

3. 果岭草坪的建植

（1）草种选择　果岭草坪草要求标准极高，必须具有耐低修剪、耐践踏、茎叶细密、色泽一致等特性。

中国北方地区常选用匍匐翦股颖，我国常见的引入品种有 Penn cross、Penn A-1、Penn A-4、Penn G-2、Putter 等。其他如细弱翦股颖、早熟禾（DW184、旭日粗茎早熟禾）、细羊毛等也可用来建植果岭草坪。

南方亚热带和热带地区以杂交狗牙根为宜，常用品种包括矮生百慕大、百慕大 328 草、老鹰百慕大等。此外，结缕草、海滨雀稗中的一些品种也可作为果岭草使用。

在亚热带地区的冬季，常用多年生黑麦草、细羊茅、粗茎早熟禾等作为果岭草坪的补播材料。

（2）草坪建植　果岭草坪的建植多用播种法，也可用铺植法。具体的建植过程简要介绍如下：

①预浇水　在种植前预先浇湿果岭，有利于草根茎的恢复生长，减轻人或机械对果岭表面的挤压、破坏，有利于种植方式（点播、开浅沟等）的实施。

②施入基肥　为使新植的草能尽快恢复生长，在种前施含磷较高、氮适中、钾较低的缓效肥料。用手推离心式施肥车均匀地交叉两遍撒施，用耙沙机带一网格状的铁网拖耙数遍，使肥料能在 1～3 cm 表层与沙均匀混合。

③种植　可以采用多种方式进行种植。

播种　用撒播机进行，播种均匀、快速、成苗一致。为确保均匀，播种通常需要进行“米”字形交叉 2～4 次。我国北方多选用匍匐翦股颖，播种量为 5～10 g/m^2，为了加快成坪，可以适当加大播量。结缕草的种皮有一层很厚的蜡质层，影响种子吸水发芽，通常在播种前 4d 要进行催芽处理。

点植　选取健康的草根茎（包括根状茎、匍匐茎），抖掉根部泥沙，切成 4～6 cm 长的茎段，点插入沙土，茎段露出地表 2～3 cm，点与点之间不必整齐排列，间距 3～4 cm，越密成坪越快。为避免因种植工人行走踩出众多的脚窝，可取一块较宽的木板，将茎段放在木板上，人蹲在木板上逐步向前栽植和向前移动木板，栽过的部分都被人在木板上无意地压平，起到了磙压的作用。此法能较好地保护果岭的造形，但效率慢。在人工便宜、劳动力充足、无机械化种植时较常采用。

条植　用小竹片或小木片在沙层上轻轻划沟，沟宽和深各 2 cm，把撕开的草茎放入浅沟内，再将沙轻轻地回覆，行距 4～5 cm，不宜过宽。栽植时工人最好也踏在木板上进行作业以便保护果岭，使栽植后果岭表层的沙能够保持原有的光滑性。

撒植　把草根茎充分撕开，均匀地撒在果岭表面，撒植的密度以只露出少量沙地为宜。然后用铺沙机覆沙，盖沙厚度不露根茎为宜，因栽后浇水，表面覆盖的沙子可自然下沉渗入根茎间，露出部分根茎。

切压法　将草根茎均匀撒在果岭上，驾驶切压机将草切压入沙层。切压机由拖拉机加一个圆盘切刀和滚筒组成，圆盘切刀将草切压入果岭，滚筒在后随即压实，操作方便、效率高。

铺草皮　将厚度均匀的草皮有序地铺放在果岭上，草皮之间紧密相连，铺设后进行镇压、铺沙。采用铺植法可大大缩短工期，使新建果岭可在短时间内投入使用，并且质量有保证。

④再浇水　种（栽）植后充分浇水以湿润种植层，但地表不宜形成径流。

⑤碾压　适度碾压可促使种子或草根茎与沙子充分接触，利于种子萌发或草根茎生根发新芽，并且能将种植时因人或机械走动留下的痕迹碾压平整，恢复果岭细造形后的表面形状。

4. 果岭草坪的养护管理

（1）修剪

①修剪高度　果岭草坪的质量，应达到表面平坦，无凹凸不平现象。有些草坪草由于留茬太高，往往容易产生垫状、海绵状鼓包，因此必须控制剪留高度。

苗期第 1 次修剪应在草坪草覆盖率达 90%以上、苗高达 10～15 mm 时进行。苗期剪留高度控制在 8～12 mm，以后高度逐步降低至需要的理想高度。成坪后的修剪应遵循“1/3 原则”，果岭草坪剪留高度一般在 3～8 mm，在草坪密度有保证的情况下，剪得越低越好。

果岭环修剪的高度介于果岭和球道之间，一般为 8～12 mm。

②修剪频率　适当的修剪频率可以让草坪保持最佳的场地状态，增加草坪密度、质地。修剪频率过高会导致草坪草受损过度；修剪频率过低会降低草坪的密度和质地，容易产生“慢果岭”，导致无法确定球路和球速。正常情况下成坪后的果岭草坪应每天修剪 1 次，时间在清晨视线可见之下进行。遇上重大比赛时，果岭每天需要修剪 2 次，第 1 次完成后以 90°的旋转角正十字交叉进行第 2 次修剪，以提高球速，迎合职业选手和低差点的选手。

在下列情况下可以不修剪：

a. 铺沙过后的果岭。b. 连续下雨的雨天（除重大比赛外）。c. 封场保养日。营业过重的球场，为了让草坪得以休养生息、恢复生长，常常在一周中选择半天或一天封场停止打球，这一天可以不剪草。d. 冬季草生长缓慢或停止生长时。

③修剪方式　修剪时的行进路线和方向称为修剪方式。每天修剪的第 1 刀应正对着旗杆，直线剪过洞杯到果岭环，调头回来稍压第 1 刀的边缘少许继续剪第 2 刀，直至果岭的一半剪完后，再以与第 1 刀相反的方向将另一半果岭剪完（图 7-3）。完成直线修剪后，绕果岭

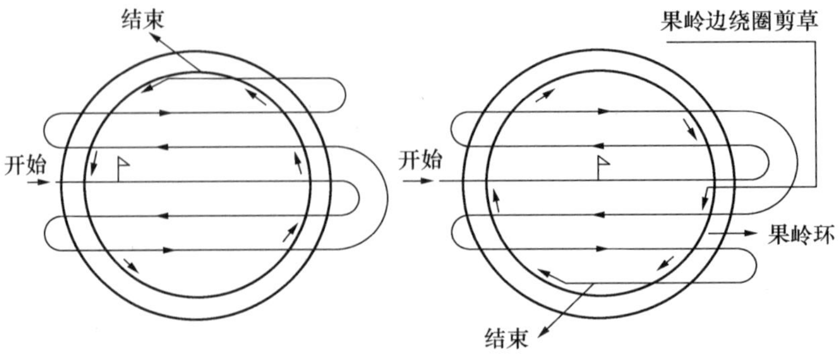

图 7-3　果岭修剪线路示意图

边 1～2 周，将漏剪的边缘草剪掉，也能使果岭剪草更加整齐。无论使用何种修剪机，都要保证在推球面上是直线运动，转弯时一定要离开推球面；在最后或开始时围绕推球面剪成圆形。须注意的是：修剪果岭环围一定要提高剪草高度。

每次修剪用“米”字形交替进行。要避免在同一地点、同一方向进行多次重复修剪，否则容易产生草坪纹理。草坪纹理是剪草机对草坪施加压力，迫使草叶倒向剪草机前进方向而在草坪上产生的条纹，会影响球的顺利、匀速滚动。因此要每次改变剪草路线和方向，以减少草坪纹理现象。

④剪草机　果岭草坪要求修剪相当精细，必须使用专用的修剪机，即滚刀型修剪机。通常使用的有两种，手推式果岭修剪机和坐骑式修剪机。普通手推式修剪机的剪幅为 0.53～0.56 m。坐骑式修剪机又叫三联式修剪机，有三组刀片，剪幅 1.5～1.6 m。使用坐骑式修剪机可提高工作效率，特别是在果岭间转移时很省时间，但它的修剪效果不如手推式修剪机理想。

⑤果岭草坪修剪的注意事项　a. 修剪果岭的工作人员必须穿平底鞋，以免破坏推球面。b. 修剪前应仔细检查推球面，清除异物，如树枝、石子、果壳及其他球员遗留物等。否则，这些杂物会嵌入果岭，影响果岭效果或损伤剪草机刀片。c. 修剪前应清除草叶上的露水，可用扫帚轻扫或用长绳横拖推球面的方法清除。d. 修剪前必须先修复球击痕。e. 剪草机必须带集草箱作业，将碎草收集干净。f. 修剪机须平稳、匀速前进，避免划伤草坪面。g. 当果岭受雨水浸泡草层变软时，可提高剪草高度或减少修剪次数。h. 经常检查剪草机，勿使汽油、机油滴漏在草坪上。

（2）灌溉　灌溉是果岭草坪养护过程中最严格、最困难的管理措施之一。频繁的灌溉是果岭草坪日常养护必不可少的工作内容。果岭草坪因频繁修剪，草坪草容易形成浅根，吸水能力受到限制，同时沙质坪床本身的保水性能差，所以，果岭草坪易受干旱威胁，必须要有充足的灌溉才能保证草坪草生长旺盛，具有较高的外观质量和较强的恢复力。

在天气炎热或气候干燥的生长季节，果岭必须天天浇水。浇水时间宜在晚上或果岭未使用时的清晨进行，一般不需要大水灌溉，水能渗透表层 15～20 cm 土壤即可。在炎热干旱的夏季，为了降温，在每天中午可喷灌几分钟。

在我国的北方地区，冬季干燥而多风，这时无论果岭是否使用都应及时灌水或补水，否则草坪草会因土壤干旱而失水死亡。冬季浇水应选在温暖的中午进行，浇水量以能使水渗入地下又不在推球面形成积水为度。如不慎在推球面形成冰层或遭受暴雪，要及时小心清除。球场使用地埋伸缩式喷头时，要经常进行检查，避免喷头被冻住或被异物卡住不能自由升降，造成局部缺水或积水。

（3）施肥

①施肥原则　果岭需施重肥来保持草坪积极的长势和良好的外观。总的施肥原则是重氮肥、轻磷钾。氮肥的施用量，比磷、钾肥的 2 倍还多。一般情况下，春、秋两季结合打孔可施全价肥，平时追肥多为氮肥。微肥应参照土壤测试结果施用。

②施肥量　施肥量和施肥次数要根据果岭区草坪草的种类和生长情况、坪床的土壤情况、气候条件、肥料种类等因素而定。通常，在草坪草一个生长季内，每月每 100 m^2 草坪氮肥施用量为 0.37～0.74 kg，每 3 周施肥 1 次，选用缓效肥可减少施肥次数。在匍匐翦股颖果岭上，夏季较热时期或冬季来临前要减少氮肥的施用量。狗牙根草坪在生长缓慢的秋季也应减少施肥量。当夏季某些病害发生时，更应限制氮肥的施

用，以免病害加重。

③施肥方法　果岭施肥一般用肥料撒播机撒施。

结合铺沙进行时，可先撒肥后铺沙或将肥与沙混合后同时撒施。结合打孔进行施肥时应先打孔后施肥，肥料颗粒直接落入根系土壤为佳。施肥后应及时浇水，以免灼伤根系及茎叶。肥料进入草垫层后，可以加速枯草层的分解，减少其对果岭造成的不良影响。用肥料和沙混合撒施，除给草坪提供养料外，混入的河沙可积聚在果岭因自然下陷而形成的低洼处，保证了推球面的平整、光滑。果岭追肥一般不用叶面肥。微肥的施用主要依据土壤测试结果进行。在沙床果岭中较易发生缺铁症，严重影响草坪色泽，可施用一定量的硫酸亚铁进行补充。随着果岭使用年限的延长，还需施用其他微量元素。根据土壤 pH 的变化，可施用石灰或硫黄等加以调节。

（4）病虫害及杂草防治

①病虫害防治　果岭草坪由于经常践踏、强低修剪、频繁灌水及过度施肥等，往往会使草长势变弱而易受病菌侵害。在果岭管理中，定期喷洒杀菌剂是一项固定的管理内容。在易于生病的季节，果岭要每 1～2 周喷杀菌剂 1 次。但使用的杀菌剂不能单一长期使用，以防产生抗药性，影响杀菌效果。

虫害的发生与管理质量、气候有关。治虫的关键是及早发现、及早施药。特别是地下害虫大量发生时，很具隐蔽性，会给人以错觉，以为是病菌危害而错过治虫最佳时期。所以，当果岭出现原因不明的变黄、干枯、死亡时，应及时检查地下情况。一旦发现害虫，应立即施用杀虫剂。否则，可能会给果岭造成毁灭性的损坏。虫害发生时，杀虫剂可与杀菌剂一起使用，效果会更好。

②杂草防治　果岭草坪由于频繁的强低修剪，一般杂草难以繁殖生长。但有些低矮的阔叶杂草如繁缕、婆婆纳和白三叶，以及一些一年生的禾草如马唐、狗尾草、牛筋草、稗草、早熟禾等，有时会侵入果岭草坪，降低草坪的质量。偶有少量杂草发生时，可用人工拔除。出现阔叶杂草时，可用选择性除草剂杀除，但应避免重复大量使用。

（5）其他养护措施

①修补球疤　当球落上果岭时，会对草坪向下撞击，形成一个小的凹坑，叫球击痕。在雨季、地面潮湿、土壤松软时，容易造成球疤。它不仅会影响果岭的推球效果，也会影响果岭的美观，因此球疤要及时修补。球击痕的修复方法是用刀子或专用修复工具插入凹痕的边缘，向上托动土壤，使凹痕表面高于推球面，再用手或脚压平即可（图 7-4）。专用修补球疤工具像“U”字形，尖而硬，用塑料、木、铁、不锈钢等材料制作（图 7-5）。

图 7-4　球疤修补示意图

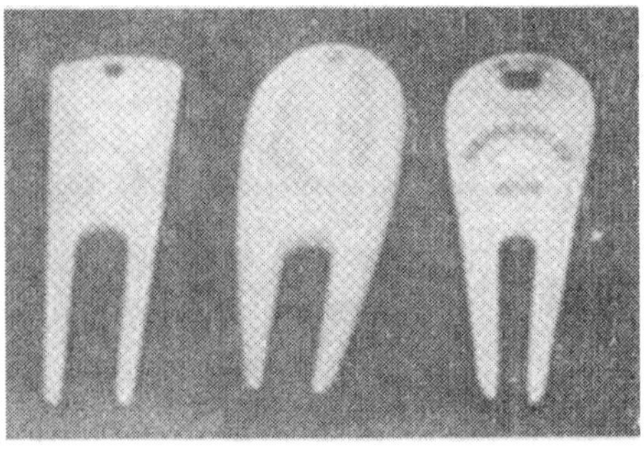

图 7-5　果岭球疤修补工具——“U”形叉

②打孔　由于常年比赛践踏，会使果岭部位的土壤坚实板结，影响草坪草生长，因此，必须每年进行打孔通气，以改善草坪质量。

打孔是用空心管或实心管，借助打孔机的动力垂直打入果岭土在土中留下孔洞，空心管提上来时会带上来圆柱形土条。孔洞的形成使水、肥、气、农药等更容易进入根系层，可有效改良土壤的物理性质，还可切断老根，促进新根的生长，防止草坪老化。根据果岭状况，每年通常打孔 2～3 次，孔深 4.6～10.2 cm，孔径 0.5～1.5 cm 不等。打孔应在草坪草生长季节进行，当土壤过湿、过干或冬季低温时都不宜进行打孔。

③划草　划草是刀片垂直向下切入土表仅深 1.3～2.5 cm、长 5～12 cm、宽不足 0.3 cm 的小孔，是改善草坪通气透水的一种作业。它与打孔不同之处在于，不会带出土条，不用深度铺沙，对果岭破坏性小。划草能减缓土壤表层板结，利于水穿透硬壳状的表层、枯草层、草垫向下到达根部；更重要的是划草有助于根状茎和匍匐茎生长出新枝和根；当土壤表面潮湿、长青苔时，划草能提高表层土壤水分的蒸发和渗透。所以，每年划草的频率应高于打孔，具体次数视天气、土壤表层状况而定。

④切割　切割是三角形的刀片垂直向下切入草坪 5～10.2 cm 深的一种作业。它与划草的作用一样，但它比划草的深度要深很多，对土壤的破坏介于打孔和划草之间。每年切割的次数少于打孔 1 或 2 次。

⑤梳草　梳草是用梳草机清除草坪枯草层的一项作业，通过高速旋转的水平轴上刀片梳出枯草，就好像人用梳子梳头时梳出掉的头发一样。梳草的次数取决于枯草层形成的速度。在每年春、秋季每 3～5 周可以进行轻、中度梳草，夏季深度梳草，冬季低温时不能实施梳草作业。

⑥铺沙和滚压　铺沙和滚压也是果岭养护的重要内容。

铺沙是将沙子或沙肥混合物覆盖在草坪表面的一种作业，目的是防治枯草层、保持果岭的平滑度和草坪的美观。当与施肥结合时，会提高施肥效果、促进草坪生长。通常情况下，修剪、铺沙、滚压可依次完成。

果岭铺沙频率很高，在打孔、梳草、划草、切割等工作后都要辅助铺沙。在冬季无法做更新草坪的特殊工作时，通过少量铺沙能促进草的生长。平时每 3～4 周薄而少量铺沙，每年铺沙至少 12 次。铺沙要用铺沙机进行，铺沙厚度一般为 2～3 mm。铺沙厚度取决于铺沙的性质。打孔铺沙时应加大铺沙量，至少要填满孔洞，在浇水后，沙子下沉，还要再铺沙一两次。梳草铺沙，沙薄而少。铺完沙要用草坪刷刷梳草坪。

滚压可以使用果岭滚压机，生长季节每 10 d 进行 1 次。果岭滚压可强化修剪的花纹效果，并保持果岭表面草坪的致密和坪床的坚实（图 7-6）。

图 7-6　碾压

⑦补草　当果岭局部因病虫害、干旱、肥害、药害、剪草漏油等原因出现草坪死亡时，需要修补草坪。高尔夫球场应备有果岭草储备圃，以备果岭出现损坏时修复使用。修复果岭时应用换草器将斑秃、损毁部分整块切除，露出沙床，然后用换草器从草圃取出大小一致的草皮，铺回果岭，覆盖上一层沙，经浇水、滚压等管护后即可使用。经补草后果岭能很快恢复原状，对果岭推杆没有太大的影响。

⑧染色　染色剂是短时期保持草坪绿色、不伤害草坪的一种化学剂。主要用在：a. 果岭叶面施肥、喷洒农药时，使用染色剂能使工作人员明显地区分喷洒与未喷洒的界线，不至于发生重复或漏喷现象。b. 当冬季举办大赛，果岭草坪颜色不尽如人意时，使用染色剂能给人一个较好的绿色视觉效果。

（二）发球台

发球台是高尔夫球的发球区域。因这块区域一般高于球道，呈台状，故称发球台。

1. 发球台结构

高尔夫球场不同，发球台的形状、面积大小、结构等均有所不同。发球台常用的形状有圆形、半圆形、椭圆形、长方形、正方形，此外还有“S 形”“L 形”等形状。发球台的面积根据球场的利用强度、球道类型、开球使用的球杆等不同而有所差异。一般来说，4 杆洞、5 杆洞和用木杆击球的 3 杆洞发球台最小面积标准为 9.3 m^2；用铁杆击球的 3 杆洞发球台最小面积标准为 18.6 m^2，而应用中，发球台的实际面积常常达到最低标准面积的 2 倍或以上。

2. 发球台坪床建造

发球台的坪床结构同果岭近似，但与果岭不同的是，在完成排水沟建造后，直接将沙子和有机质混合物放到地基上，省去了砾石层和粗沙层。沙子混合物厚 5～25 cm。一些球场为降低成本，常省去下层排水盲管，减少滤水沙层的厚度，选用低养护费用的草坪品种。发球台表面要有 1%～2%的坡度，以利于排水。

3. 发球台草坪的建植

发球台草坪要求平滑、致密、坚实、均匀、有弹性、草层低，以便为球手提供一个良好的打球环境。

（1）草种选择　发球台的草种要求具有的特点包括耐践踏、恢复能力强、耐 0.8～1.5 cm 的低修剪、能形成密集的草坪。冷季型草种可选用匍匐翦股颖、细弱翦股颖、草地早熟禾、一年生早熟禾、多年生黑麦草、紫羊茅等；暖季型草种可选用狗牙根、结缕草、海滨雀稗等，其中结缕草的养护费用最低。

（2）草坪建植　发球台草坪的建植采用直播法、铺植法均可，具体操作方法与果岭一样。

4. 发球台草坪养护管理

（1）修剪

①修剪高度　剪留高度要求足够低，以保证草坪草叶片的生长不会阻碍球杆杆面与球的接触，也能保证球手保持稳定、踏实的击球姿势。发球台留茬高度介于果岭和球道之间，为 0.8～2.5 cm，最常用的范围是 1.0～1.8 cm。

②修剪频率　修剪频率每周 2～4 次，施入氮肥后应适当增加修剪频率。

③剪草方式　每次剪草前要仔细检查、清理球手遗留下来的鞋钉、被打断的球座和其他杂物，以免损伤刀片；并把被打掉草皮的地方补沙填平。剪草机可以使用三联座式或手推式，刀片组比果岭机少，为 7～9 片，通常采用相互垂直的两个方向轮流进行修剪。长期使用三联机会使发球台边缘逐渐下沉，原有的平坦台面日久形成龟背式，中间高四周低。而使用手推式剪草机则不会出现这种现象。

（2）施肥 发球台由于击球造成的草坪损伤较为严重，需施入较果岭草坪更大量的氮肥，以增加草坪的恢复能力。使用频率高、受践踏严重的发球台，相应的施肥次数和数量都要多于其他发球台，以促进草坪的恢复。一般每 30～45 d 施肥 1 次，以保持草坪有足够的密度和美观的颜色，确保发球台草坪质量。

（3）补沙 草皮痕是球手挥杆时，杆头将草皮削去，留下的一个无草的、内凹的痕迹。

修复的措施除了施肥、浇水外，补沙最简单易行。补沙能使裸露的根茎受到覆盖，避免阳光的暴晒，减少水分蒸发，促进根状茎、匍匐茎的恢复生长，保持台面的平坦。补沙多用单纯的沙子，有时也用混合了有机物的沙子。

（4）其他养护措施 打孔、切割、梳草、铺沙的作用和程序与果岭相似，使用的机器不同于果岭。

打孔机多采用空心管而极少用实心管，并且管粗而长；切割、梳草的刀片大；铺沙较果岭厚。

（三）球道

球道是位于发球台与果岭之间的草坪区域，草坪修剪整齐并且剪留高度低于周围高草区。在上果岭之前的正常击球都应落在球道内。球道是高尔夫球场内面积最大的运动区域，18 个球道的总面积可达 12～24 hm^2，约占球场总面积的 18%。球道的长和宽是根据球洞的设计难度而变化的，长度一般为 137～492 m，宽度常在 32～55 m，也有超出该范围的。

1. 球道的坪床建造

（1）测量和定桩 根据球道中心线和永久水准点，测量和计算出各个桩的坐标，每个坐标构成了定桩的平面图，从这些坐标能够在现场准确地定位出球道和高草区的特征。

（2）清理场地 在球道区原覆盖的树木都必须清除掉；在弯曲或转折点，会保留几株树木作为障碍或指示树；在球道边缘和高草区内缘，保留一些重要的树木作为障碍和球洞的隔离；如果球场建在林木地，高草区外边缘的树木、灌木尽可能不要破坏掉，它能形成一个自然的林木景观和有效的分隔林带，并且保护了水土，可防止水土流失。

（3）粗造形 按照设计图和现场的定桩，用大型推土机、挖土机、运载机等对需要填方或挖方的区域进行原始的土地平整、造形。除留存点缀景观的自然岩石和作障碍物的灌木树木植物外，在表土 15 cm 以上的石块、树桩、树根尽可能地清理。在填方的区域，一定要做好压实工作。当球道内有管理通道穿过时，道路两侧的坪床应略高于地面，这样在暴雨时可避免路面积水灌入球道。高于地面的草坪对路面还有隐蔽作用，从远处看时可消除球道被路面分割的感觉。

（4）排水系统 在北方和干旱区域，球道草坪常建在很少或未经改良的自然土壤上，球道区一般仅采用地表排水。依地形合理划分排水区域，汇集到排水井或直接排入水塘。汇集面积不宜过大，尽量减小地表径流。分水岭设计以原地形为基础，避免直硬线条。分水线的平面和立面投影最好都是平滑的曲线，这样的坪床才更优美、自然。

在一些比较陡峭的山坡，可修建拦洪渠、明沟用于排水，一般建在打球者看不到的高草、灌木丛中，出水口流向场内的湖泊。

球道上最理想的排水系统是在每个斜坡底设置集水井，在每个集水井斜坡面上，按鱼骨式铺设排水管道，这样整个球道形成了一个密布排水网的综合排水系统。主管、支管、侧向管、集水井可分别采用不同口径的多孔管，各排水管铺设深度在地面以下 0.5～1 m 处，多孔管四周铺放砾石，砾石上填上粗沙，其上要有至少 15～20 cm 厚的种植层，大量多余的水能通过表面、根层、心土层，多层次流向排水管，渗水、排水效果最好。

（5）灌溉系统　自动喷灌系统是目前较先进、最高效的球场喷灌系统，它能节省人力、省时、方便、易于控制，有效满足草坪灌溉的需要。

球道上喷水，一般独立成一个系统，或与高草区组成一个系统，场地内设有输水管道和喷头。每个电磁阀控制 4～6 个喷头，每个卫星控制箱则管理 20～25 个电磁阀，管辖面涉及整个球洞，包括果岭、发球台、球道、边坡，最终由办公室内的电脑调控分布在球场各处的卫星控制箱。每天由球场负责人将浇水的日期、时间、地点输入到电脑，由电脑通过自动感应线路传输到卫星控制箱，再通过电磁阀控制喷头喷水。

（6）细造形和土壤准备　由于排水、灌溉工程对整个球道和高草区的开挖和回填，原有的造形会受到破坏。一般在完成排水喷灌工程后，用小型造形机、耙拖机将整个区域重新细致浅推、耙、拖，使球道的地表造形平滑、流畅、自然。

球道的土壤准备有两种类型。一是利用现有的地表土，根据土壤分析结果，将有机肥、调整 pH 的农用石灰或硫黄施入土层，只需浅耕、平耙、拖顺、清理地面上各种杂物、石头，最终使表土平整、顺畅，有良好的表面排水造形；二是在原土上铺放 5～10 cm 的新土作为种植层，新土有纯沙、沙＋有机质、肥沃的腐殖土等多种类型，在铺放时球道的土层厚度高于高草区，注意保护喷头、阀门、集水井等设施。

2. 球道草坪的建植

（1）草种选择　球道草种通常需要具有以下特点：密度高、均匀一致、耐践踏、耐低修剪、较强的抗逆性等。在确定草种时，还应考虑球场草种的整体性、层次分布、颜色比较、管理流畅性等因素，大部分球场的球道与发球台、高草区选择同样的草种，以便于管理。

适合在北方和过渡地带作球道草种的有匍匐翦股颖、细弱翦股颖、草地早熟禾、一年生早熟禾、细叶羊茅、扁穗冰草等；适合在南方和过渡地带作球道草种的有狗牙根、结缕草、野牛草、海滨雀稗等。用于南方覆播的草种常用一年生和多年生黑麦草。

（2）草坪建植　球道草坪建植可采用直播法或铺植法。

对于用匍匐茎繁殖的草种多采用条播、撒播、铺草皮 3 种方法相结合进行建植，做法如下：先在集水井、阀门盖、喷头、果岭环外、发球台坡面、沙坑边缘、陡峭的斜坡等地方用草皮围圈铺植保护，防止浇水、下雨对这些地方的侵蚀和破坏；然后在起伏不大的球道边坡上撒草茎（或播种），用切压机将草茎切埋入 3～5 cm 的土层内，磙压一遍；在机械无法到达的坡面区域，用人工进行条植，行距越密成坪越快。

球道草坪很少采用大面积的草皮铺植，虽然铺植法有成坪快、保持造形好的优点，但因球道面积太大，进行草皮铺植成本太高，使投资者很难接受。

3. 球道草坪的养护管理

（1）修剪

①修剪高度　成坪后的球道草坪剪留高度为 1.3～3.2 cm，但较理想的剪留高度是 1.3～1.9 cm。剪留高度因草种不同而异，狗牙根可剪至 1.3 cm，一般剪留高度 1.5 cm，冬季上升到 1.8～2.0 cm；草地早熟禾多数品种只能低剪到 2.5 cm，否则草坪密度会不理想。匍匐翦股颖、结缕草通常剪留高度为 1.8 cm 左右。排水较差的球场，剪留高度会比常规稍

高。冷季型草种在炎热时会将修剪高度提高，以渡过不良气候。

②剪草频率　修剪频率可视草的生长情况而定，一般每周两三次。在举行大型比赛时，可每天 1 次或 2 次交叉重复进行修剪，形成一个美观的球道纹路。

③剪草方式　球道草坪修剪可以纵向进行或横向进行。纵向修剪是指剪草机沿着球道方向进行修剪；横向修剪是指剪草机沿垂直于球道的方向进行修剪（图 7-7）。修剪时剪草机的行进路线也可采用纵横交叉或 45°角斜向交叉，每周轮换 1 次或每次轮换，这样既能促进草坪的直立生长，又能剪出非常漂亮的草坪纹路（图 7-8），还能为球手提供一个准确的击球方向。在球道剪草时，有些球场会在球道和边坡高草区之间围绕着球道留出球道环，剪草高度介于球道和高草区之间。修剪球道要根据球道的形状来确定修剪模式。沿球道的轮廓线修剪时，一定要修剪到位，并保证轮廓线的平滑、清晰、自然，球道内草坪条纹清晰美观。

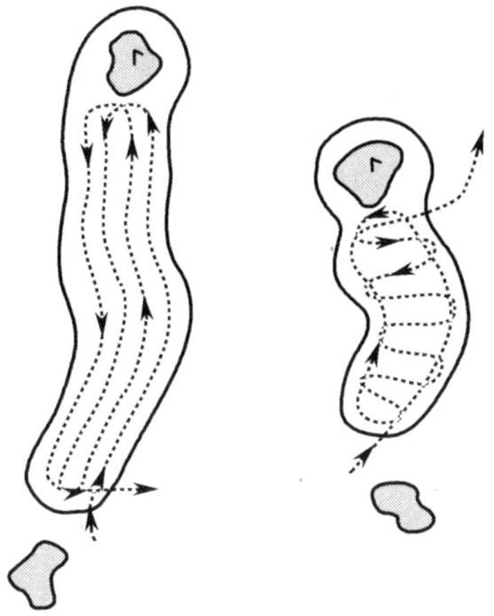

图 7-7　球道修剪方式示意图

左：纵向修剪，右：横向修剪

图 7-8　美国 Winged Food Golf Club

球道剪草纹路

（引自《草坪科学与管理》，胡林，2001）

④剪草机　球道草坪修剪一般用大型滚刀式联合修剪机，有 3 联、5 联、7 联、9 联等，最大剪幅可达 6.1 m。对于大型球场，7 联或 9 联剪草机能大幅度提高工作效率，缩短作业时间。

球道剪草时，剪草机一定要保持合理的前进速度，否则会影响修剪质量；应避免在有露水时剪草，以免剪草机的轮子在草叶上打滑或拖动，影响剪草效果；剪草机转弯时要减慢速度，以免剪草机轮挤伤草坪；避免剪草机轮对草坪的过度磨损、镇压等。

（2）施肥　施肥可采用草坪专用缓效肥，一年施用 2 次，选用速效肥料时，应酌情增加施肥次数。冷季型草坪草氮肥的年需要量为 10～20 g/m^2，磷肥 6.5～13 g/m^2，钾肥 5～9.5 g/m^2。暖季型草坪草由于生长期长，施肥量要大一些。具体施肥量应根据草坪草生长状况确定。固体肥料可以使用离心式施肥机进行施肥，液体肥料可结合灌溉系统进行喷灌施肥。

（3）灌溉　灌溉可以保证草坪草正常生长，也可提供均匀一致的场地，保证击球质量。球道的灌溉系统多采用自动喷灌，能保证经常灌水即可。

（4）病虫害防治　不同草坪草种，施用不同杀菌剂来控制病害。翦股颖和一年生早熟禾需要有规律地施用杀菌剂，狗牙根等其他类型的球道草坪可不施用杀菌剂。对虫害的防治，要全场统一进行，不能治一块留一块，否则治不胜治。

（5）其他养护措施

①打孔　打孔可以解决球道土壤紧实的问题。打孔机多采用空心管，极少采用实心管。空心管有筒状、匙状两种。筒状垂直打孔；匙状旋转式翻转打孔，速度快，孔口密度小，深度浅。打孔后通常进行拖耙，打碎土条。

球道打孔每年1～3次，暖季型草多在4—10月进行。

②划破草坪　球道划破草坪操作简单，不取芯土，只垂直切断草根层，对表层土壤无大破坏。工作程序为：剪草—划破草坪—滚压施肥—浇水。滚压可将划破草坪时翘翻的草坪切口压平，使球道保持原有的平滑。划破草坪的深度为5～8 cm。

③梳草　梳草可有效去除枯草层。球道梳草每年2～3次，时间在4—10月，每次一遍或两遍交叉。暖季型草在盛夏时梳草可深度两遍交叉进行，此时温度高、雨水多，草恢复极快。在冬季和初春梳草对草坪伤害极大，不宜采用。梳草程序：梳草—收草—清洁（吸草）—剪草—施肥—浇水。

④铺沙　在条件允许的情况下，每年进行球道全面性铺沙一两次，可结合打孔、切割或梳草进行，也可单独进行。特别是在初秋（北方）或初冬（南方），枯草层厚，又无法进行打孔、梳草作业时，铺沙可以加速枯草的腐烂，更新草坪生长。

球道铺沙厚度每次4～10 mm，铺沙材料为纯沙或混合了有机物的沙。

⑤补沙　球道上的草皮痕与发球台上的草皮痕一样需要进行修复，球童、球手和球场维护人员都有责任随时随地补沙修复草皮痕。在5杆洞和拐腿洞，经常增设小沙盒，补充沙源。

⑥染色　使用染色剂染色是短时期保持草坪绿色、不伤害草坪的一种化学方法。主要用在：a. 冬季举行大赛而草坪绿色达不到良好的视觉效果时，喷洒染色剂进行草坪染色；b. 草皮痕补沙时，为了与草坪颜色接近，在沙子里掺入染色剂，使沙子的颜色变绿或变蓝。

（四）障碍区

障碍区是高尔夫球场每个球洞除果岭、发球台、球道之外的所有区域，位于球道两侧，面积较大，是错误击球可能落入的区域。该区域常设有沙坑、草坑、水池、障碍树等。它包括需修剪的草坪地带及不修剪的高草、灌木丛、树林等，实际上是球道间的间隔地带。

设置障碍区的目的是增加运动的难度、有效地防止水土流失、减少养护费用。

1. 障碍区草坪的建植

障碍区的坪床一般不做特殊处理，在原土施入有机肥改良后即可进行建坪。

障碍区的草种选择以适应当地气候条件，又可粗放管理的草种为主。在当地城乡绿化中应用的大部分草坪草种和品种都适于高尔夫球场的障碍区。在我国北方常用多年生黑麦草、高羊茅、结缕草、野牛草等；在南方可选用普通狗牙根、沟叶结缕草、细叶结缕草、假俭草等。大部分球场障碍区草种与球道草种一致，这样比较方便管理。

障碍区草坪的建植方法与球道草坪相似，种植时间与球道一致，便于现场施工及种后统一管理，生长同步也有利于球场草坪的整体一致性。

2. 障碍区草坪的养护管理

（1）修剪　一些球场的障碍区草坪仅保持一种修剪高度，而另一些球场则将障碍区细分两级。半障碍区：球道两侧剪草高度高于球道的草坪；远障碍区：半障碍区外边缘有密林、灌木丛分布的留草最高的草坪。

①修剪高度　障碍区草坪管理粗放，质量要求不高。半障碍区留茬高度为 3.5～7.6 cm，远障碍区的留茬高度为 7.6～12.7 cm，再远处甚至可以不修剪。在管理水平高的球场，在靠近球道的地方常采用球道草坪的管理模式，保持合理的修剪高度。

②剪草频率　在半障碍区每周修剪 1 次，生长缓慢的季节，则数周 1 次或停剪。远障碍区可不进行修剪，丛状生长的草坪，每年可修剪 1 次。

③剪草方式　一般为纵向（与球道走向一致）修剪，效率高。横向、斜向受地形、宽度、时间的影响，很少使用。

④剪草机　在半障碍区修剪时，用到的剪草机有牵引五联或七联滚刀式剪草机、三联剪草机、旋刀式剪草机等，几种剪草机相互配合、协调完成整个剪草区域。五联机和七联机主要修剪宽阔、平坦地带的草坪，旋刀式剪草机在粗糙不平地带，三联机在缓坡顶、树头绕圈、沙坑边缘等地较为灵活，甩绳式剪草机则剪掉路边、树木周围、各种设施边缘的草。

(2) 灌溉　障碍区草坪一般很少灌水。安装了喷灌系统的半障碍区，浇水与球道同步。由于球场形状的不规则性，实际上在建造时，球道喷头浇水范围也部分覆盖了半障碍区草坪，两者没有明显界线。

(3) 施肥　在管理水平要求较高的高尔夫球场，半障碍区依然投入相应的资金进行养护，每年施肥 1～3 次，以保持一个整齐、致密、适合剪草的生长状态，为球员提供一个加大了挥杆难度、需要相应技术才能击出球的高草草坪。在远障碍区不进行施肥，随其自然生长。

(4) 打孔、切割　半障碍区每年仅作 1 次打孔和切割（图 7-9），可以和球道同时进行。由于地形变化过大，采用匙形管旋转打孔，不宜采用垂直空心管。

(5) 树叶的清理　对落在障碍区的树叶，每周清理 1～2 次，吹风机、吸草机、收草机（图 7-10）等机械相互结合使用大大地提高了实效性。收集的草屑、树叶等粉碎后可做堆肥。

二、足球场草坪

足球比赛往往被人们称为“绿茵赛事”，由此可见足球场草坪与足球运动的紧密关系。足球场草坪不仅能使运动员充分发挥竞技水平，减少其在运动中受到伤害，而且对观众的眼睛、视野起到良好的作用。

图 7-9　打孔机

图 7-10　收草机

(一) 足球场的类型

1. 专用足球场

专用足球场是专供足球比赛用的运动场，在足球运动发达国家较常见，上海虹口足球场是中国第一个专用足球场。根据国际足球联合会规定，世界杯足球赛决赛阶段使用的足球场地必须是 68 m×105 m（图 7-11），边线和端线外各有 2 m 宽的草坪带，因此标准足球场草坪的面积应为 72 m×109 m。

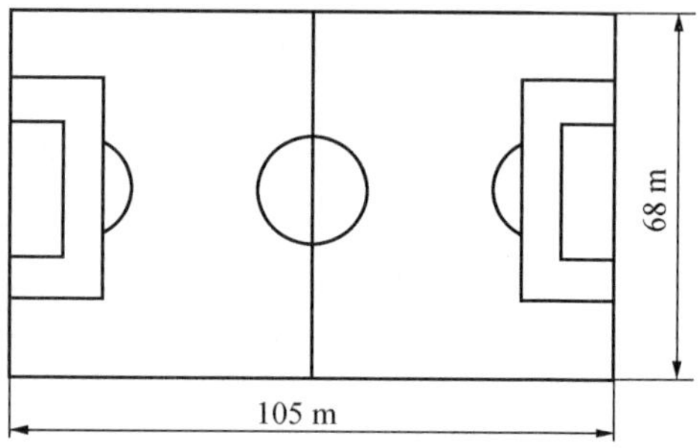

图 7-11 世界杯赛标准足球场

2. 田径足球场

通常的体育场都是将足球场与田径赛场相结合建造，足球场布置在田径跑道中间。田径跑道的最内圈的周长一般要求不少于 400 m，因此，足球场只能在周长 400 m 的椭圆形区域内加以布局。中小学校运动场，因受场地面积限制，足球场常取 45 m×90 m 甚至更小，这类足球场都是非标准的足球练习场。

(二) 足球场草坪的质量要求

足球场草坪对于提高足球的运动质量和球员的安全性十分重要。运动质量决定于场地表面层及下层材料的性质，即足球场表层土壤及其着生的草坪的性质。除了草坪的表观质量以外，足球场草坪的功能质量尤其重要。为了适应运动的要求，足球场草坪需要具备以下特点：

（1）具有较强的忍受外来冲击、拉张、践踏的能力。

（2）表面具有一定的光滑度。

（3）具有良好的弹性和回弹性。

（4）草坪草茎、枝、叶中的机械组织发达，抗压耐磨的能力良好。

（5）生长迅速，植株分蘖力或扩展性强，具有很好的自我修复能力。

(三) 足球场草坪坪床构造

足球场的坪床必须在强烈的践踏和集中降雨的情况下，仍能保持较高的透水性和透气性，并维持适当的软硬度。另外，如果灌溉采用固定式喷灌系统，还须在坪床上预先埋设输水管道。

1. 排水系统

排水系统是足球场草坪最重要、投资比重最大的基础工程。它可以排泄多余水分，保证足球场内无积水；阻隔地下水上升和盐碱危害；有利于土壤通气和透水；便于灌溉管理。

足球场草坪的排水形式分为两种，即地表排水和地下排水。

地表排水是利用足球场表面的坡度自然排水。由于草坪的草土层和枯枝层的吸收阻隔作用，除特大暴雨外，一般草坪不易产生径流。所以在经常有暴雨的地区建足球场草坪，应该中间高四周低，坪床坡度一般保持在 0.5%～1.0%。但由于场地本身的限制，利用这种方式来迅速排出地表积水是不可能的，所以目前较先进的足球场都有了地下排水系统。

地下排水是足球场草坪最主要的排水方式。地下管道的密度、坡度和管径选择都需依当地水文地质条件进行设计。地下排水系统包括排水支管、排水总管和蓄水池。排水支管可用埋碎石盲沟、多孔陶瓷管或有孔塑料管建造。排水主管和暗渠多用混凝土管或铸铁管，在降雨量小，土壤蒸发强的地区，排水主管道的直径一般为 20～30 cm，而在多雨、降雨强度大的地区，其直径多为 50～80 cm。蓄水池是为再利用足球场草坪排泄的废水灌溉草坪而设置的，多设在足球场外地势较低处。

（1）地下盲管排水系统　地下盲管排水系统适用于基础土质不透水、无填方的场地。它由就地开挖的排水沟和回填的块石组成（图 7-12）。沟底需要有 0.5%～1.0%的坡度。块石可使用卵石、碎石，甚至建筑垃圾如废砖头和混凝土等，要求有较大的孔隙，不得下陷。盲管建造成本低，管理简单，但维修困难，地基不稳时常造成草坪塌陷。

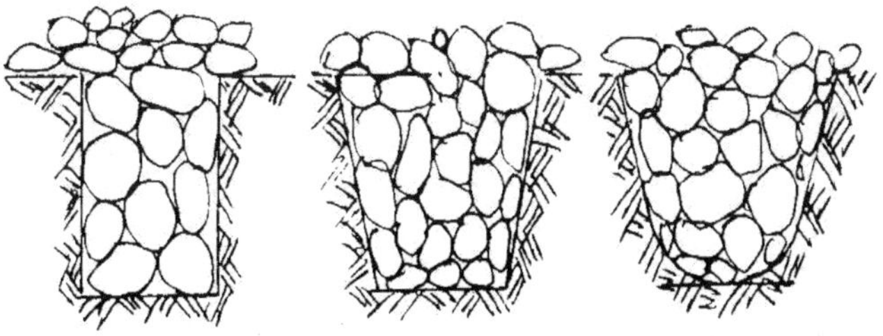

图 7-12　盲管排水沟的结构

盲管的排列间距一般为 3～5 m，降水量大的地区，排列间距较小，而比较干旱的地区则间距大些。盲管的布设形式可采用周边式和鱼骨式（图 7-13）。周边式盲管的出水口向足球场四周均匀分布，水流进入四周的环形暗沟。这种形式适于体育场周边地形平坦、场外设蓄水池的场地。鱼骨式是在球场中心线设一条（向一端）或两条（向两端）主排水盲沟，二次盲沟向两边线延伸，并与主沟呈一定角度相接。鱼骨式盲管适于地势较高、排水较畅的场地。

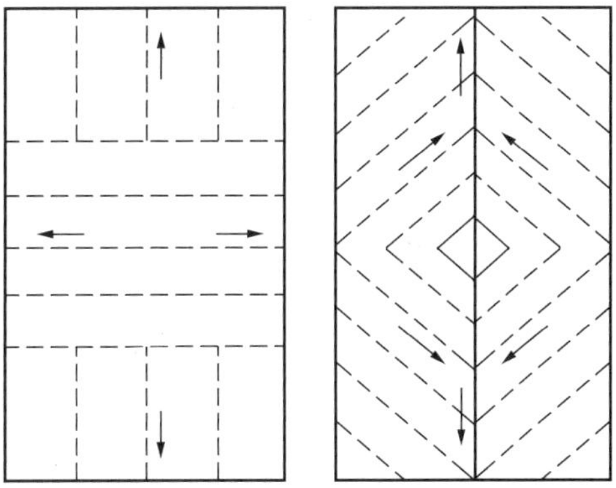

(a) 周边式　　(b) 鱼骨式

图 7-13　排水盲管的布设形式

（2）有孔管道排水系统　常用的排水管材有多孔陶瓷管、有孔水泥预制管或 PV 有孔塑料管。陶瓷管使用寿命长，对环境无污染，但是造价高，适于高标准足球场使用。有孔水泥预制管一般较少用。目前使用较多的是 PV 塑料管材，质地轻、安装简单，可以维修。PV 有孔塑料管的管径有 10 cm、15 cm、20 cm 等，可根据实际情况选用。排水管的布设形式主要是平行布设（图 7-14）和鱼骨形布设（图 7-15）两大类型。排水管的布设密度根据各地的降水量不同而不同，密的间距 3 m，稀的间距 10 m。

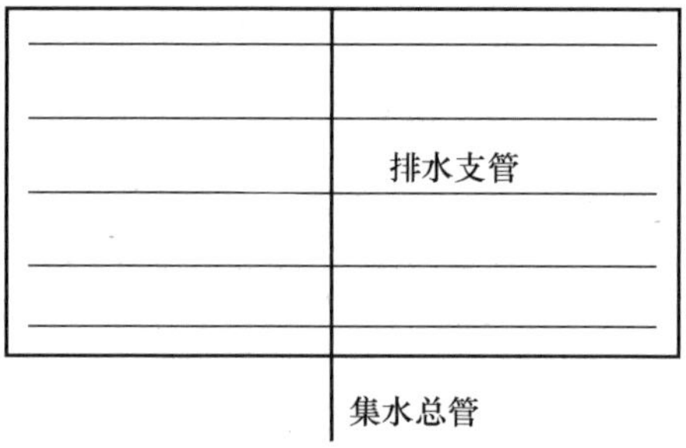

图 7-14　平行排水系统

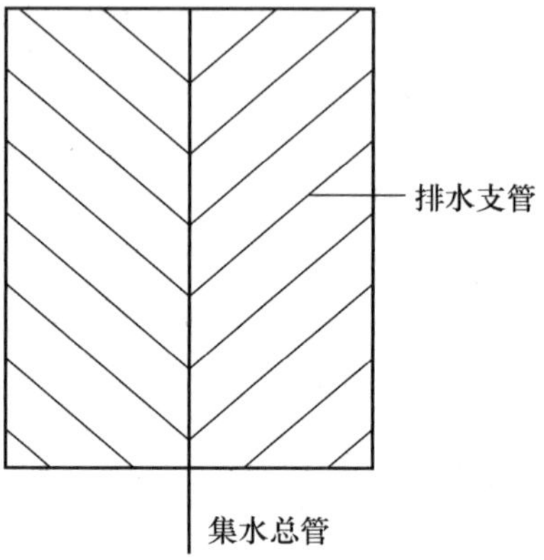

图 7-15　鱼骨形排水系统

排水管安装中要检查坡度使之符合设计要求，中间不能有凹凸不平的地方。排水管壁上部 1/3 的面积上开小孔，安装时小孔要朝上，排水管道四周要填实，回填块石要轻，防止损坏管道。设封堵 PV 管的高起端如果露出地面，应用塑料包裹管口，防止杂物进入管内，需要清淤时撤出封堵，可用高压水冲洗。

2. 灌溉系统

目前足球场草坪常用的灌溉方法有小水漫灌和喷灌。

（1）小水漫灌　小水漫灌是成坪后常用的一种灌溉方法，将水源用可拆卸的水管引入场地，根据地面淹水情况，随时移动水管出水口位置，可根据需要调节灌溉时间长短。

（2）喷灌　喷灌是目前运动场草坪使用最多的一种灌水方法。按照喷头的固定方式可分为移动式和固定式。

①移动式喷灌系统　小型低压移动式喷灌系统比较灵活，可以任意移动喷头位置和调节灌水量，不会出现固定喷头分布不均的现象。但灌溉效率低，灌水后的胶管在草坪上拖拉会影响草坪草的生长。

②固定式喷灌系统　由伸缩式喷头、输水管道、加压水泵和蓄水池组成，这一系统的地下部分在施工开始时要预埋。喷头可根据水压自动伸缩，有水压时自动伸出地面并喷水，喷水结束后又自动缩下，不影响运动。

图 7-16 是三种常见的固定喷灌系统，只因喷头的射程半径不同而在数量和排列上有所不同，但原理都是要全部覆盖。

如果采用高压升降式喷头，喷头射程半径为 20～30 m，只需要安装 4 个喷头。还需要安装一台 25～50 kW 的离心式清水泵、带止水阀的上水管、一个容量 100～200 m^3 的水槽、减压启动闸刀、简易配电盘、机房（约 15 m^2），输水管（承插铸铁管或无缝钢管）等。

如果采用低压升降喷头，射程半径为 15～20 m，则喷头的安装可采用分组式布局。这种方式灌水时需分组启开阀门，灌溉时间较长，但可直接安装在自来水管道上。

管道布置依喷头数量和位置决定。每个喷头的旁边（进水管）均应设观察井，并安装闸阀（或电动遥控阀）。管道的管径要保证喷头的工作压力。

3. 几种典型的坪床构造

（1）上海浦东源深路体育中心足球场坪床构造　上海浦东源深路体育中心足球场没有地

下排水管，而是采用 20 cm 厚的砾石层做排水层，通过多孔砖墙渗入排水沟（图 7-17）。

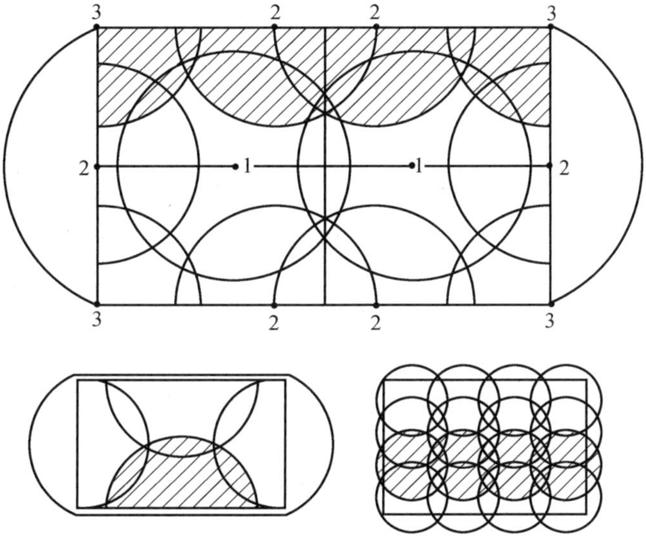

图 7-16 全固定式喷灌系统

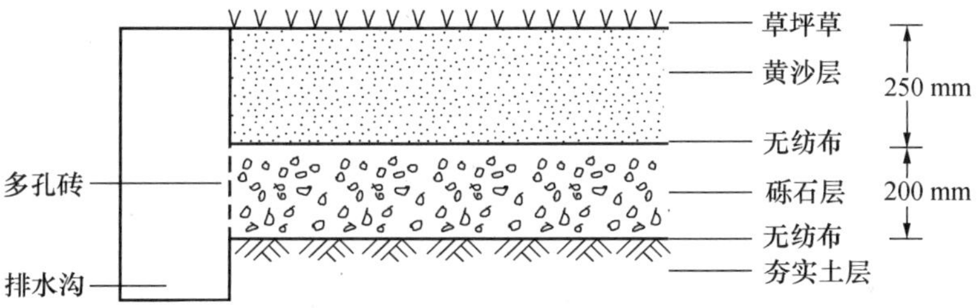

图 7-17 上海浦东源深路体育中心足球场坪床构造

（引自《现代草坪建植与管理技术》，黄复瑞等，1999）

技术参数：

①排水方式：砾石层与多孔砖结合。

②基础坪床的坡度：0.3%。

③基础坪床与砾石层的分隔：使用 200 g/m^2 的无纺布。

④排水砾石层厚度：20 cm。

⑤砾石层与种植沙层的分隔：使用 200 g/m^2 的无纺布。

⑥种植层沙厚：25 cm。

⑦种植层沙的粒径：0.5 mm 以下的占 5%～25%，0.5～1.0 mm 的占 50%～70%，1.0～2.0 mm 的占 10%～25%。

⑧改良剂：有机肥。

（2）美国加利福尼亚大学足球场坪床构造 加利福尼亚大学足球场设有地下排水管，排水管四周用粗沙（粒径 6 mm）填充。上部种植层厚 30 cm，种植层沙的粒径为：0.1～0.5 mm 的占 1%～5%，0.5～1.0 mm 的占 85%以上，1.0～2.0 mm 的占 0～10%（图 7-18）。

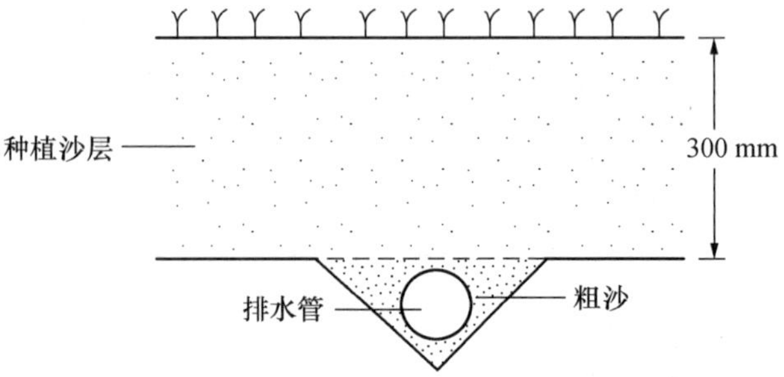

图 7-18　美国加利福尼亚大学足球场坪床构造

（引自《现代草坪建植与管理技术》，黄复瑞等，1999）

（3）加利福尼亚改良式坪床构造（日本国立竞技场方式）　日本国立竞技场是对上一种坪床构造加以改良（图 7-19）而成的。

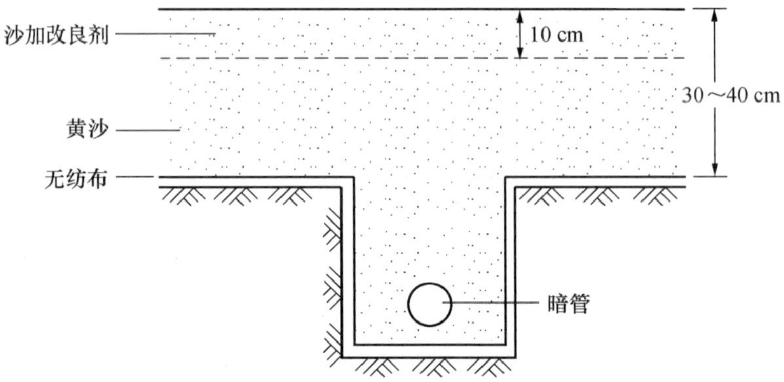

图 7-19　加利福尼亚改良式坪床结构

（引自《现代草坪建植与管理技术》，黄复瑞等，1999）

技术参数：

①基础层与沙层的分隔：无纺布。

②暗管间隔：4.5～5.0 m。

③暗管管径：50 mm。

④暗管周围：较粗均一的沙。

⑤种植层厚度：30～40 m。

⑥种植层沙的粒径：0.1～0.5 mm 的占 1%～5%，0.5～1.0 mm 的占 85%以上，1.0～2.0 mm 的占 0～15%。

⑦改良的种植层厚度：10 cm。

⑧改良剂：有机改良剂、无机改良剂、堆肥。

（4）上海 8 万人体育场的足球场坪床构造　构造如下（图 7-20）。

技术参数：

①多孔管排列方式：改良“人”字形。

②多孔管管径：100 mm。

③多孔管排水坡度：0.7%。

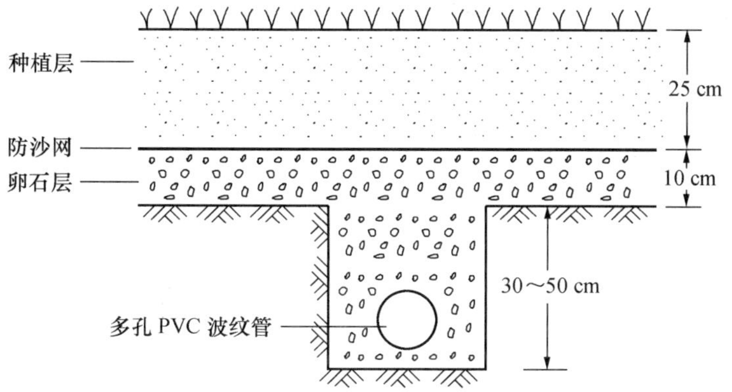

图 7-20　上海 8 万人体育场的足球场坪床结构

④多孔管间隔：7 m。

⑤多孔管周围：粒径 1～2 cm 的卵石。

⑥种植层与卵石层的分隔：防沙网。

⑦种植层厚度：25 cm。

⑧种植层沙的粒径：0.5 mm 以下的不超过 10%，0.5～2.0 mm 的占 85%以上，2.0 mm 以上的不超过 5%。

⑨改良方式：种植沙层全部加以改良，采用有机改良剂、无机改良剂、肥料。

⑩地表排水坡度：0.32%。

（5）美国 USGA 三层式坪床构造　这种方式多见于高尔夫球场果岭区，在足球场及其他运动场地中也常用。坪床通常由砾石层、粗沙层、种植层三层组成，下设排水管（图 7-21）。这种构造施工相对较难，成本也较高。

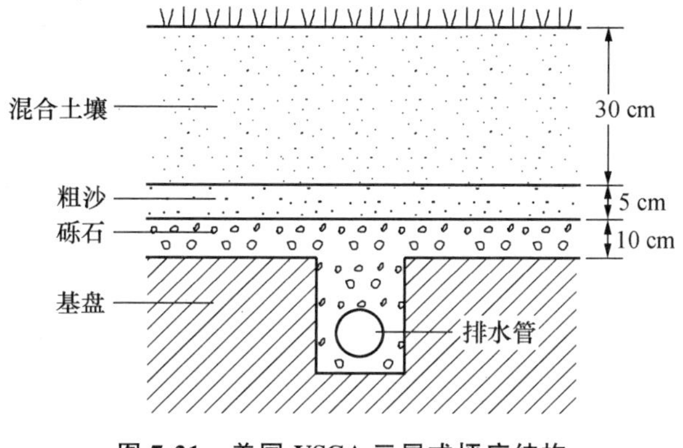

图 7-21　美国 USGA 三层式坪床结构

坪床结构及坪床质地的好坏，直接关系到草坪草的生长状况和草坪的运动质量。沙质坪床虽然拥有透气透水性良好、土壤不易板结等优点，但其保水、保肥性能较差，沙粒黏聚力小，使得草坪根区稳定性差，从而影响坪床的稳定性。国际上越来越多的球场选择在沙质坪床中添加加固材料或采用混合草坪技术对坪床进行加固，以解决沙质坪床稳定性差的问题。常用的加固材料有金属或塑料网格、聚丙烯纤维、尼龙线等。混合草坪技术大体上可以分为两类，一是混合草坪植丝模式，即使用专业机械设备将人造草丝纤维植入沙质坪床中；第二类是以人造草坪为主，在铺设人造草坪基础上填充基质播种天然草。混合草坪技术可以使草坪草根系在生长过程中与人造草纤维互相缠绕，增加草坪稳定性，从而提高坪床的稳定性。

(四) 足球场草坪的建植

1. 草种的选择

足球场草坪的草坪草必须具有耐践踏、抗逆性强的特点。一般北方多选用草地早熟禾、高羊茅、紫羊茅、多年生黑麦草等耐寒的冷季型草种进行混播；南方多选用结缕草、狗牙根、地毯草、假俭草等暖季型草种混播。

2. 建植方法

足球场草坪的建植可以采用播种法，也可以采用栽植法。

(1) 播种　用种子播种建植足球场草坪是最理想的方式，因为便于控制草种组成和密度，缺点是成坪时间较长，幼苗期管理技术要求较高。足球场草坪常用草坪草的播种量可参考下表(表 7-1)。

表 7-1　足球场草坪草的单播量标准

(引自《运动场草坪》，韩烈保等，1999)

草种	单播量/ (g/m^2)	千粒重/g	播种密度/ (粒/cm^2)
多年生黑麦草	40～50	1.50	2.67～3.34
草地早熟禾	20～30	0.37	5.41～8.11
高羊茅	70～80	2.51	2.79～3.18
普通狗牙根	10	0.10	10
邱氏羊茅	30	2.00	1.50
匍匐翦股颖	10	0.10	10

用颜色深浅不同的草坪草种或品种分别种植，或在品种组合中掺入不同比例的混合草种，可获得足球场草坪永久花纹。例如，北方足球场草坪中有一组加入 10%～30%的野牛草，另一组则加入颜色较深的早熟禾或紫羊茅。播种时先在坪床上画出设计的花纹图案，按设计图案进行分别播种。播种后浇水时，喷水水流不能过强，防止种子相互飞溅混杂。

播种后一定要进行覆土和镇压，必要时还要进行种子覆盖，以保持适宜的温度和湿度，保证种子快速出苗。

(2) 穴栽　每穴栽入截短的匍匐枝 2～3 根，培土固定，栽植密度由种苗数量和坪床质量决定，通常密度大成坪快，密度小成坪慢。一般以 (10 cm×10 cm) ～ (20 cm×20 cm) 的株行距开穴，为使栽植后的种苗生长整齐，可用机引播种机在坪床上进行交叉划行，在十字线处栽苗。若人工锄头开穴也要先用划线器在坪床上划出十字线，在十字处开穴。简单的划线器就是用一根较重的长方木，按 10～20 cm 间距装上木质或钢制齿即可。栽植后进行滚压和喷水保湿。狗牙根在气温 25～30℃时，栽后 1 个月便可成坪。

(3) 条植　人工条植时常单行栽植，即开一条沟，放入种苗稍固定后，再开第二条沟，使挖出的土填入第一行的沟中，以后依次条植。为提高条植工作效率也可使用谷物播种机，使开沟器调到最大深度，种苗投入犁沟后再人工覆土，最后磙压和喷水保湿。如果是匍匐茎发达的草坪草，可撕成茎段栽植在沟中。

(4) 撒植 将匍匐茎切成含有 2～3 个节的茎段，并将此材料撒在准备好的坪床上，用量为 0.5 kg/m^2 左右，然后覆沙或营养土 0.5～1.0 cm，要使部分茎叶露出以吸收光照。为控制覆沙或覆土厚度，可用成卷的铁纱网先压在种苗上，然后撒土耙平，移出铁纱网，实践证明这样覆沙或覆土既可以保证覆沙厚度均一，又能大幅度提高工作效率。

(5) 铺植 将培育好的草皮直接铺植在坪床上。1998 年法国世界杯足球赛的草坪多用此法建造。草坪草根系的深度与地上部分的高度成正比，即草越高则根越深。足球场草坪草的高度通常为 2～4 cm，完整的根系深度为 10～15 cm，而且主要分布在 0～5 cm 的土层内。根系浅生长不牢固，运动员踢球时易将草皮掀起。铺砌草皮时草皮块之间要留足一定的缝隙，缝隙越大新生长的草根越多越深，草皮越牢固。因此，铺砌草皮后要留有一定的生长期使草坪草根系充分发育。

(五) 足球场草坪的养护管理

1. 苗期管理

建植后的新草坪需要 4～6 周的特殊养护。新草坪需要经常浇水保持土壤湿润以促进根系活跃生长。采用播种法建植的草坪，当幼苗高度达到 2.5 cm 以后，可逐渐减少浇水次数。采用播茎法或铺草皮建植的草坪，在起初 5～7 d 当新根开始长出时应保持土壤湿润。以后逐渐减少灌水量使土壤经受有规律的干湿变化，从而刺激根系的向下生长。

苗期需供给幼苗充足的肥料以满足活跃生长的需要，从草坪草出现第二真叶开始，需定期施氮肥和钾肥。在新草坪首次修剪之前进行轻度碾压，通过轻微地伤害草的生长点可促进其分蘖与横向生长，同时还可提高表面稳定性。

播种法建坪的冷季型草坪草高度达到 7.5 cm、播茎法建植的暖季型草坪草高达 2.5 cm 时，就可进行首次修剪。用草皮铺植的草坪，能经受剪草机的操作而不被拔起时就可修剪，修剪高度应与移植前草坪的正常剪草高度一致。草坪草较幼嫩时，对化学伤害较敏感，尽量不要施用除草剂。

2. 成坪后的养护管理

(1) 施肥 施肥是保持足球场草坪质量的重要措施，施肥的种类和施用量要依当地气候、土壤条件、草坪使用强度和修剪频率而定。气温高，湿度大，草坪草生长快，需肥多，反之需肥较少。土壤酸性的球场除补充氮、磷、钾等营养元素外，应定期追施石灰粉或硫酸钙。使用强度大，草坪草损伤重的情况下要求的养料多，应增加施肥次数。

足球场草坪施肥的原则是缺什么补什么，缺多少补多少，并且要少量多次施入。所以最好能定期取土样化验，然后制订施肥计划。另外，管理者应随时注意草坪草的长势以决定是否需要施肥，这是直接的判断方法，也是最有效的方法。

对于高强度使用的沙质足球场草坪每年大约需氮 60 g/m^2，磷 8 g/m^2，钾 33 g/m^2，即尿素约 100 g/m^2，复合肥 300 g/m^2，表施肥土（土：沙：有机肥＝2：2：1）5～7 kg/m^2。夏季要少施氮肥，多施磷、钾肥以增加草坪草的韧性和抗践踏性。

(2) 修剪 足球场草坪的修剪高度一般保持在 2～4 cm。修剪时应严格遵循“1/3 原则”。适当的修剪可使草坪保持良好密度、控制杂草、减少病害、维持球场的使用性状。但修剪不当也会削弱草坪草的长势，造成草坪提前衰退。修剪的频率因植株的生长速度而异，春、秋大约每星期修剪 1 次，夏季生长旺期每星期需修剪 2 次。

修剪机械多用宽幅驾驶式旋转剪草机，要求刀片锋利。修剪后叶片无拉伤现象。修剪出的草屑要运出场外进行处理。遗落在草坪上的草屑或尘土可用吸收式捡拾机（清扫车）进行清理。

利用剪草机运行方向的变化可使足球场形成不同的临时性花纹。它是由于草坪草茎叶倒伏方向不同，叶片反射光的差异所形成。花纹的宽度为 2～3m，不能交叉混乱。通常在球赛前一天或当天作业完成。因为经过夜晚或较长时间生长，草坪草恢复垂直状后花纹便会消失。目前常见足球场压花形状有圆形式、方格式、横条式、斜线式和菱形格式等（图 7-22）。

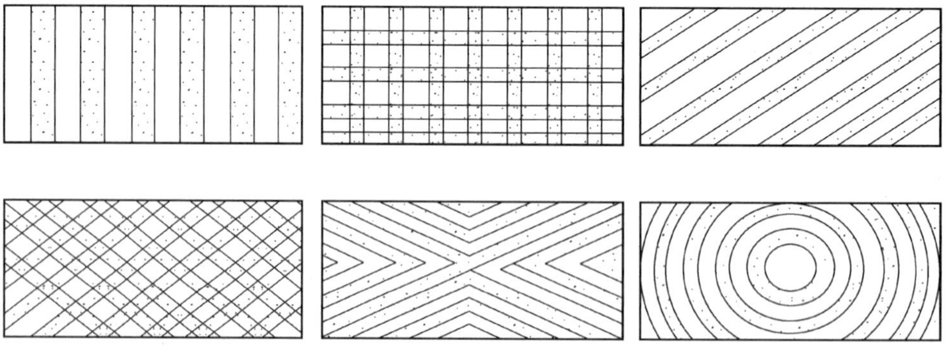

图 7-22　常见足球场草坪压花图式

（3）灌溉　足球场草坪土壤是沙质壤土，保水能力差，加强灌溉是足球场草坪养护管理的关键措施。灌水时间、次数、数量等没有统一标准，可根据草坪草的生长情况等确定灌溉指标。通常应采用少量多次的灌溉办法。

在比赛前 24～48 h 要进行浇水，以保证场地有足够的时间干燥，为比赛提供一个致密、表面坚实、干燥和抗践踏的场地。每一场比赛结束后应立即浇水，以防止受伤害草坪失水干枯，促进草坪修复。灌水时间最好在清晨，夏季为了降温，中午也可以进行喷灌。在入冬前最好冬灌 1 次，保证草坪的安全越冬，冬季干旱时，也需灌水。返青后要及时灌水，有利于草坪草的生长。

（4）打孔　足球场草坪在长期使用后，地面会变得非常坚实，通气透水能力明显降低，此时打孔是最有效的改善措施。一台工作幅 1.8 m 的打孔机 1 h 可完成 1 000～1 500 m^2 的作业。抛在草坪上的芯土经垂直刈割机粉碎和疏耙，再表施肥土和镇压，最后浇水使其恢复生长。打孔要在土壤潮而不湿的情况下进行，打孔时间最好在春季草坪草开始返青时，如果高温时作业对草坪草损伤严重，造成恢复期延长。

另外划破草皮、垂直刈割等作业也可以改善土壤透气性。

（5）覆土　覆土的作用是保护草的越冬芽、平整地面、提高球场表面的弹性、改良土壤结构、增加土壤的透气性和透水性。覆土一般在冬、春、秋季进行。覆土的材料应以细沙为主，适当配以有机肥和缓效化肥如过磷酸钙和磷酸二氢铵。

覆土作业可用谷物播种机或手扶式撒播机，也可手工作业撒完后用拖网耙平，再用圆筒式镇压器碾平，使足球场保持平坦的表面。覆土的厚度每次不得超过 0.5 cm，如有低洼地或小凹陷过深，应分数次进行覆土，避免草坪草因覆土而窒息死亡。

在运动会或球赛结束后，随时用人工进行局部的覆土作业，并用脚踩实。

(6) 镇压 镇压可以增加分蘖和促进匍匐茎的生长，使匍匐茎的节间变短，从而使草坪变得致密；镇压还可以整平局部的凹凸不平，使土壤与草坪草的根系紧密接触以保证草坪草从土壤吸收养分。比赛结束后或者覆土后进行镇压。

(7) 杂草和病虫害防治 一般足球场在强度使用和连续修剪下，杂草不易入侵。只有当土壤结构变劣，草被变稀出现裸地时，一年生杂草才趁机而入。如出现杂草可用人工拔除，也可用除草剂防除，或配合高强度修剪，使草坪中的杂草难以形成群落。在南方地区有香附子、水花生等恶性杂草，在草坪坪床处理时，要尽可能清除这些杂草的种球和根茎。

足球场草坪最常见的病害有锈病、腐霉枯萎病、德氏霉叶枯病等；主要虫害有黏虫、夜蛾等，具体防治方法参见第六章。

三、其他运动场草坪

(一) 橄榄球场草坪

橄榄球运动起源于英国，因其比赛用球呈椭圆形，形似橄榄，在中国被称为“橄榄球”。橄榄球比赛中，可以用足踢、手传等方式传球，也可带球奔跑。该运动现盛行于英国、美国、新西兰、加拿大、澳大利亚、意大利、阿根廷等国家，并派生出英式、美式、加拿大式、澳大利亚式、爱尔兰盖尔式五种类型，不同形式在比赛规则上有所差异，场地大小、形状设计也各不相同。

专用橄榄球场比赛场地宽度为 48.77 m（美式）或 68.58 m（英式），长 109.8 m，四周有 10～20 m 的缓冲区。地基造形时，要以中心线为最高点设置 1%～1.5%的坡降，压实后进行排水系统和灌溉系统的安装，最后铺设种植层。种植层土壤最好是改良后的壤土或沙壤土，要求土层深厚，一般不小于 20～30 cm，厚度要均匀一致。铺设完成后进行灌溉以便土壤自然沉降。最后进行细造形，以与设计要求一致。

橄榄球运动与足球运动类似，对草坪的践踏比较严重，因此，草种选择上要求草坪草具有较强的耐践踏性、耐磨性，弹性、回弹性良好，同时还要有很好的再生性和观赏性。冷季型草坪草可以选择草地早熟禾、高羊茅、紫羊茅、邱氏羊茅、硬羊茅等草种；暖季型草坪草可以选择杂交狗牙根、结缕草、假俭草、西非狼牙草、钝叶草等草种。草坪建植可以通过种子直播、营养体繁殖（沟植、穴植、撒植）和铺设草皮等方法进行。

草坪草种不同，修剪要求也不一样。一般来说，比赛时，草地早熟禾、结缕草草坪修剪高度为 2～2.5 cm，高羊茅为 4～5 cm，杂交狗牙根为 1.5～2 cm，生长旺季需要每周修剪 2～3 次，其他季节每周修剪一次。冷季型草坪一般在春季、夏初季节进行施肥，以氮肥为主，夏季可以适当施入钾肥以增加草坪草的韧性，提高耐践踏能力；暖季型草坪多在 5—6 月进行施肥。草坪草在生长过程中要保证充足水分供应，特别是在修剪和施肥后应立即浇水。球门区域践踏最为严重，当草坪出现局部损坏或枯死时要及时修补。其他养护管理措施与足球场草坪类似。

(二) 网球场草坪

网球运动是一项古老的体育运动，它孕育在法国，诞生在英国，后在美国开始普及并形成高潮，分为硬地网球和草地网球两种。草地网球场呈长方形，分为单打场地和双打场地，单打场地长 23.77 m、宽 8.23 m；双打场地长 23.77 m，宽 10.97 m。坪床建设时表面一定要平整、紧实，以满足网球比赛特殊的技术要求，坪床结构多以沙床排水结构或 USGA 式果岭结构为主。排水系统的优劣对于草地网球场草坪尤为重要，一般多采用多孔层全排水、盲沟排水、地下有孔管道排水。种植前对土壤进行改良以增加其保水性、保肥性，同时对土壤进行药剂处理以防止草坪种植后杂草的危害。

网球运动对草坪的硬度和弹性要求较高，还要求耐践踏、再生能力强、耐低修剪，因此，草种选择上，南方多选用杂交狗牙根、海滨雀稗、细叶结缕草等进行单播；北方多选用多年生黑麦草、紫羊茅、匍匐剪股颖、匍匐紫羊茅等进行单播，也可用草地早熟禾＋紫羊茅、多年生黑麦草＋紫羊茅、匍匐剪股颖＋匍匐紫羊茅等草种组合进行混播。网球场草坪建植方式除种子直播法外，还可以使用营养体移栽法（如杂交狗牙根），无论采用哪种栽植方式，都要保证草坪表面均一、平整。

网球场草坪对草坪质量要求较高，养护管理的重点在草坪的修剪、杂草和病虫害防治以及碾压三大措施上。网球场草坪的留茬高度一般在 2～4 cm，每次修剪都要遵循“1/3 原则”，修剪频率视草坪草种类和生长情况而定。由于草地网球场草坪面积较小，一旦受到杂草或病虫危害后，表现十分明显。杂草生长的各个时期应及时采取人工防治、药剂防治等方法予以清除；病虫害在高湿的夏、秋季节发病比较严重，要针对不同病、虫种类对症下药，及时防治。适度碾压可使草坪草面保持平整、均一，也可以防止土壤变形而影响球的弹性，同时也能起到促进草坪草分蘖和匍匐枝生长、增加草坪密度、抑制杂草入侵的作用。

（三）棒球场草坪

棒球运动起源于英国，其前身为板球，18 世纪从英格兰传入美国并逐渐兴起，慢慢传播到加拿大、澳大利亚、法国、韩国、日本及南美洲一些国家，发展成为一项世界性体育项目。

棒球运动场地呈直角扇形，直角两边是区分界内地区和界外地区的边线，至少长 97.54 m。两直角边线以内为界内地区，边线以外为界外地区，界内、界外都是比赛的有效地区。界内地区又分为内场和外场。内场呈正方形，面积为 27.43 m×27.43 m，四角设四个垒位，尖角上的垒位为本垒。内场中间设一木质或橡胶制的投手板，其前沿中心与本垒尖角之间的距离为 18.44 m。内场以外的界内地区为外场，以投手板前沿中心为圆心，以 64.30 m 为半径画一弧线即为外场边缘，也称本垒打线（图 7-23）。内场部分为土质，外场部分为草皮，也有的棒球场内场、外场均为草皮，但跑垒路线必须为土质。

棒球场应建在四周开阔、地势平坦的地区。大多数棒球场场地都采取龟背形设计，有 1%～2%的坡降，以利于表排水，坪床表面要有一定的紧实度。草种选择上要求有极强的耐践踏性，耐修剪，绿期长，成坪后草叶质地纤细、致密，我国北方常选择草地早熟禾、多年生黑麦草、高羊茅、匍匐紫羊茅等种类，有些地区也使用匍匐剪股颖，但养护费用高；南方地区则以狗牙根、结缕草为主。修剪高度为 2.5～4 cm。

（四）赛马场

赛马场跑道形状和田径场地相似，为带有直线的椭圆形。跑道的周长为 1.4～2.4 km，

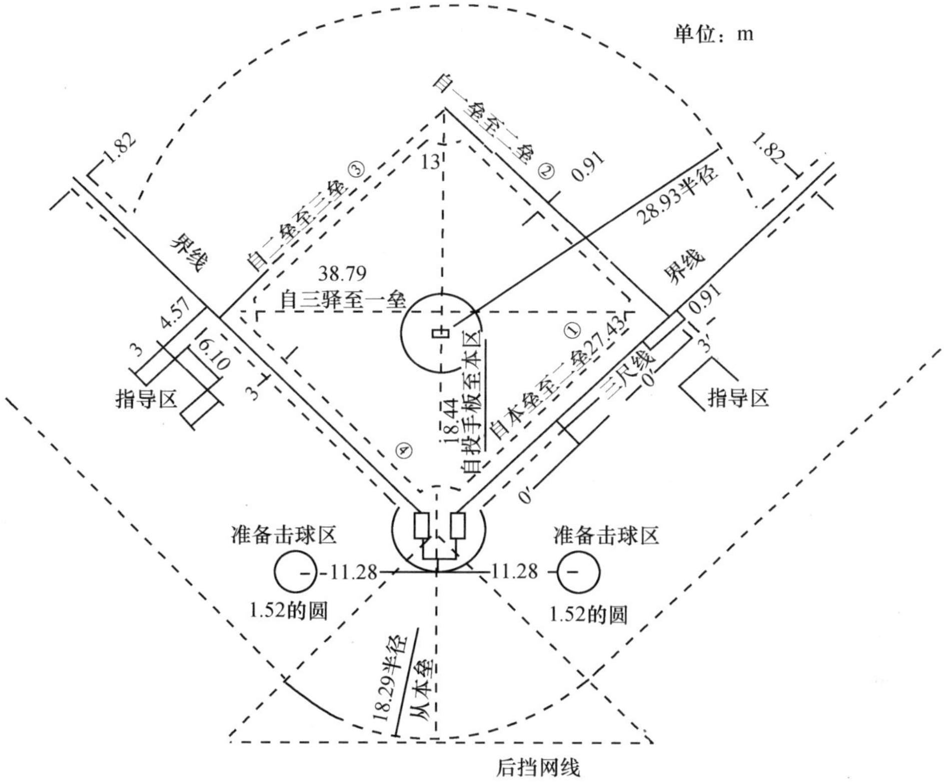

图 7-23　棒球场场地规格

宽 42～50 m，有 2%～5%的坡降以利地表排水。

赛马运动对坪床的要求比较高，为保障马匹和运动员的安全，坪床要有一定的表面强度和平整度，因此，土壤选择时要兼顾排水和坪床稳定性。传统的沙质坪床排水性好，土壤不易积水，减少了马匹因积水引起的速度受限，但沙质坪床的稳固性较差，应适当提高细质土壤的混配比例，也可通过添加固体材料来增加稳定性，如合成纤维、聚丙烯纤维等。

由于赛马运动强度大，对草坪踩踏十分严重，同时考虑到对马蹄的保护，赛马场草坪要求密度大、草层厚、弹性好、耐践踏、根系扩展能力强。坪床建造时，可以适当增加种植层厚度，一般为 40～50 cm，以促进草坪草根系的生长，提高根系强度。草种选择上以混播最为常用，北方多选择草地早熟禾、多年生黑麦草、高羊茅、紫羊茅等品种混合，修剪高度为 5～7 cm；南方多用多年生黑麦草和狗牙根进行混播，修剪高度为 3～4 cm。

养护管理方面，除了适当的灌溉、施肥外，每年要进行 2～3 次打孔通气，防止草坪土壤板结。由于赛马运动十分剧烈，马匹对草坪的损伤较大，比赛后，破坏严重的草皮要及时修复补植。冷季型草坪可在秋季、暖季型草坪在生长季节任意时间可对草坪进行复壮更新，防止跑道草坪退化。

第二节　绿地草坪

绿地草坪是人们生活、工作、学习、劳动、休息、娱乐等环境绿化、美化草坪的总称。

绿地草坪是城市园林绿地的重要组成部分，在保护和美化环境、陶冶情操、防止尘土飞扬和水土流失、调节小气候、清新空气、减轻噪音等方面有重要作用。国际上，常把草坪建设作为衡量现代化城市建设水平的重要标志之一。

常见的绿地草坪有庭院草坪、公园草坪、广场草坪、飞机场草坪等。

一、庭院草坪

庭院草坪是指居民区、学校、工厂、机关等单位建筑物的四周或楼群之间的小面积草坪，主要功能是为人们提供一个安静、舒适、整洁的生活环境，提高人们居住、学习及工作的环境质量。

居民区草坪既是小区的景观部分，也是人们进行户外活动的重要场所，是居民使用率较高的地方，这类草坪通常面积较小，布置灵活。校园草坪不仅美化了学生的学习环境，宜人的绿色还有利于保护学生的眼睛，促进师生的身心健康，提高教学效果。厂区草坪的作用是为员工提供优美、整洁的工作环境，有利于消除工作后的疲劳、提高工作效率，另外还可以降低噪声、防止尘土飞扬，使工厂制品和机械设备少受污染和腐蚀。

庭院草坪按照使用特点可分为观赏式、开放式和兼用式。观赏式庭院草坪的主要功能是用于观赏，采用封闭形式或有绿篱环绕，人们一般不能进入草坪绿地活动。开放式庭院草坪可供人们散步、休闲、游戏或开展其他户外活动，多采用自然式布置，结合道路、桌凳等来安排草坪的区域，是庭院草坪的主要形式。兼用式庭院草坪具有开放性和封闭性的双重特性，除绿地周围留出游步道出入口外，其余均为封闭的。

庭院草坪的建植

1. 草种选择

用作庭院草坪的草坪草种或品种很多。常用的有草地早熟禾、翦股颖、高羊茅、狗牙根、多年生黑麦草和结缕草等，只要它们适合当地的环境条件均可选用。

在楼群或树下遮阴较重的区域，应选择耐阴草种或品种。如冷季型草坪可选紫羊茅与草地早熟禾等混播，暖季型草坪可选钝叶草、地毯草。对于开放性庭院草坪，由于易受人为践踏和破坏，应选择耐践踏、再生能力强的草种，冷季型草坪草常选用高羊茅、草地早熟禾、多年生黑麦草等，暖季型草坪草常用结缕草、狗牙根、假俭草（适于酸性土壤）等。

2. 草坪建植

庭院草坪的建植方法有很多，可因草种不同而选择不同的建植方法。大多数冷季型草种用种子直播最为经济；某些暖季型草种，如野牛草、假俭草，种子难以获得、成坪慢，可选择营养繁殖的方法。在经济条件允许的情况下，直接用草皮铺设的方法，成坪快、质量高。

建坪时应注意使坪床表面略低于周围的路面，以防止雨后路面积水。

3. 庭院草坪的养护管理

（1）修剪　应遵循草坪修剪的“1/3 原则”。

草地早熟禾、细羊茅、多年生黑麦草草坪或它们的混播草坪，修剪高度可控制在 4～6 cm，一般每周修剪 1 次。高羊茅或地毯草草坪，修剪高度应稍高一点。普通狗牙根、假俭草、钝叶草草坪，修剪高度为 4 cm 左右。而杂交狗牙根和结缕草草坪，修剪高度可低至 2.5～3.0 cm。

(2) 施肥　最佳氮肥施用量每年每公顷 90～180 kg。在施肥上应注意以化肥为主或施用无味的有机肥，避免施用有异味或臭味的有机肥，以免影响草坪上空的空气质量和游人的兴致。

(3) 灌溉　适时浇水可以保持草坪草茎叶含水量，使茎叶柔软有弹性，踩踏后不易折断。干旱季节每周浇水 1～2 次，要一次浇透，最好在早晚进行。

(4) 病虫草害防治　庭院草坪中防治马唐和其他杂草的典型处理方法是施用芽前除草剂，液体或颗粒型的芽后除草剂也较为常用。阔叶杂草可以用萌后选择性除草剂防除。庭院草坪病害，如褐斑病、锈病及其他病害可用杀菌剂进行防治。害虫如蛴螬、长蝽、黏虫等可应用杀虫剂来控制。

对于病虫害应预防和根治并重，施用杀菌剂、杀虫剂时应格外小心，不得有异味飘散或危害草坪上游玩的人们。

(5) 其他养护措施　为改善土壤透气性，在大片草坪上可进行打孔或划条，但强度不像运动场草坪那样大。打孔通气在开放性游乐庭院草坪管理中已经越来越普遍。庭院草坪上有条件的可采用梳草或垂直修剪去除枯草层，小面积草坪可以人工用耙子将枯草楼出。草坪生长旺盛时期应用切边机清除草坪边缘的乱草，这样既能使草坪边缘线条清晰，又能清除周围杂草。

一些单位草坪面积较小，缺乏草坪管理技术人员，同时草坪修剪机械、灌溉设备及其他养护设备投资较大，因此，可以考虑把草坪绿地管理委托给专门的草坪养护公司来维护，既节省资金又可以保证草坪的质量水平。

二、公园草坪

公园是人们休闲时游玩或进行文娱活动的场所，也是少年儿童接受科普教育的理想场地，此外，还具有防灾、避难、改善和美化环境的作用。公园内的草坪配置是公园造景的重要组成部分。草坪类型多种多样，功能各异。一般有供人们玩要、休息、散步的游憩草坪，有位于公园正门区或公园中心供游人欣赏的观赏草坪，还有树荫下供游人休息、野餐等遮阴较重的林下草坪，以及在斜坡地或水湖岸边为保持水土而建植的坡地草坪。不同位置的草坪具有不同的功能，其质量要求和养护管理要求也各有差异。

公园草坪的建植

1. 草种的选择

公园内的观赏草坪区，可以建植成单纯草坪或缀花草坪。应选用叶片纤细、生长低矮、绿色期长、较抗病的草坪品种。北方地区可选用草地早熟禾中的某些品种，匍匐翦股颖可也以形成优异的观赏草坪。南方地区可选用杂交狗牙根、沟叶结缕草等。

公园内的游憩草坪，由于面积较大，在建植时大规模的土壤更新往往不太现实。在草种选择时，应选比较耐贫瘠、耐践踏、耐粗放管理的草坪草种。北方地区不但可选择高羊茅、草地早熟禾、多年生黑麦草等冷季型草种，还可选择野牛草、结缕草等暖季型草种。在南方地区可选用假俭草、沟叶结缕草、日本结缕草、钝叶草、狗牙根等。

公园内遮阴的林下草坪区，是游人活动较多且较为集中的区域。此处草坪不但受遮阴影响，而且受践踏较重，土壤易板结，障碍物多，不便修剪。在草种选择上应考虑耐阴、耐践踏、繁殖力强，受损后恢复力强的草坪草种。在北方地区可将紫羊茅、草地早熟禾、高羊茅和多年生黑麦草按适宜比例混播，在使用频繁的地段可选择草坪型高羊茅。在南方地区可选用沟叶结缕草、日本结缕草、钝叶草等。

2. 草坪建植

公园草坪可因草种不同而选择不同的建植方法。大多数冷季型草种用种子直播最为经济；某些暖季型草种，如野牛草、假俭草，种子难以获得、成坪慢，可选择营养繁殖的方法。在经济条件允许的情况下，公园内的观赏草坪区可直接用草皮铺设的方法，成坪快、质量高。

3. 公园草坪的养护管理

(1) 修剪　修剪是为了维护草坪质量，保持草坪平坦、整洁，提高草坪的美观性，以适应人们观赏和游憩的兴趣和需要。

草坪修剪要遵循“1/3 原则”。新建草坪在草长到 7～8 cm 高时，进行第 1 次修剪。修剪的时间、次数应根据不同草种生长旺盛状况及用途不同而定。冷季型草坪草在春季约 10 d 修剪 1 次，4—6 月修剪 6～10 次；在夏季 7—8 月份修剪 4～6 次；在秋季 9—10 月修剪 3～4 次，全年共需要修剪 15～20 次。

一个公园通常包括三类质量水平和管理强度的草坪区域。高质量草坪区，要求经常修剪，1 周修剪 1～2 次，剪留高度在 3～5 cm；中等质量草坪区，平均 1 周修剪 1 次，剪留高度在 4～6 cm；有限使用区，需要最小的维护，每年修剪 2～4 次，剪留高度与高尔夫球场障碍区或路边草坪相似，为 8～12 cm。

(2) 灌溉　公园草坪中要安装喷灌系统，而且应该是伸缩式的，喷灌强度较小，一般呈雾状喷灌。雾状喷灌不仅能保证草坪草的植株正常生长的需要，同时也能使公园的空气保持湿润，有利于树木和其他花卉植物的生长。已建成的草坪每年越冬时，为保证草坪能安全越冬和次年返青，在初冬要灌封冻水，灌水深度要达到 20 cm。早春要灌返青水，灌水深度要达到根系活动层以下。

(3) 施肥　秋季施肥能促进新草坪草的生长和原有植株的恢复。除非土壤肥力太低，一般春季不施肥，以减少修剪次数。夏初少量施肥可以使草坪更绿，提高夏季耐践踏性。暖季型草坪的施肥应安排在践踏最严重的时候。

草坪追肥应采用含氮量高，并且含有适量磷、钾的复合肥料，肥料中氮、磷、钾的比例为 5∶3∶2，也可以追施尿素或含 50%氮的缓效化肥。追肥的施肥量为 10～20 g/m^2，一般情况每年追肥 2～3 次。对于新建的草坪，因根系的营养体还很弱小，所以应采取少量多次的办法进行追肥。

有机肥多用于基肥或表施土壤，一般 1～2 年施用 1 次。每次施用 1 kg/m^2。施用的有机肥一定要腐熟、过筛，并在草坪干燥时施用，当草坪枝叶过于茂密时，应先修剪，过 1 d 后再撒施，施肥后应拖平并灌水。

(4) 杂草防除　杂草不但危害草坪草的生长，同时还会使草坪的品质、艺术价值或功能退化，尤其是在公园中，杂草将大大影响草坪的外观形象。

化学除草剂能有效地防除杂草，如 2,4-D 类，二甲四氯类化学药剂能杀死双子叶杂草，而对单子叶植物很安全。用量一般为 0.2～1.0 mL/m^2。另外，还有许多除草剂如有机砷除草剂、四砷钠等药剂，可防除一年生杂草。

在公园草坪上施用化学除草剂，一定要严格掌握使用剂量，避免重复。使用时要注意不要将除草剂喷洒到其他的树木、花卉上，以免其他园林植物受到药害，并且一定要注意人身安全。

(5) 病虫害防治　在草坪草发生病害时，应及时使用杀菌剂在草坪植株表面喷洒，常用药剂有代森锰锌、多菌灵、百菌清、普力克、福美双等。要交替使用效果相似的多种杀菌剂，以防止抗药菌丝的产生和发展。喷药次数可根据药液的残效期长短和发病情况而定，一般情况下可以 7～10 d 喷一次药。

(6) 草坪的休养生息　对公园中的游憩草坪，尤其是游人活动频繁的草坪，在早春草坪草返青前，应预先采取措施加以保护。例如：设置标志暂停开放，也可以采取轮流开放的办法，让草坪自然得到恢复，待草坪草生长良好后再恢复开放使用。

对使用强度大的草坪，应该制订特别的管理方案，包括每年施用化肥，必要时覆播、打孔通气等。对践踏严重的区域实行草坪更新是公园草坪管理中的重要环节。

三、广场草坪

广场是市民进行休闲文化活动、纪念性活动或其他公共活动的场地，是城市物质文明和精神文明风貌的外在体现，是城市文化的缩影，在城市园林中有重要地位。常见的广场有纪念性广场、文化休闲广场、交通集散广场等。

广场草坪按其组成可以分为单一草坪和复合草坪。单一草坪以大面积的单一品种草坪为主，配以适当的铺装，亦可点缀少量花灌木，给人以开阔、壮观的视觉感受；复合草坪多用于面积较小或形状不规则的广场，以草坪为背景，合理配植花、草、树等园林植物，再配置适量的园林小品和铺装，形成景观丰富、层次分明的生态空间。

广场草坪建植

(1) 草种选择　广场草坪草种选择上，要选用耐践踏、绿期长、质地好的草种。北方常用草地早熟禾、剪股颖、紫羊茅、结缕草、野牛草、白三叶等草种；南方可选择草地早熟禾、剪股颖、狗牙根、天堂草、地毯草、假俭草、白三叶、马蹄金等。

(2) 草坪建植　建坪前，要清除场地中的砖、石块、水泥等建筑垃圾，以免影响草坪草根系的生长。广场土壤质量一般较差，要根据实际情况，进行土壤改良、掺肥土或换新土。种植前可用杀菌剂、杀虫剂、除草剂对土壤进行处理，以减少草坪生长过程中病、虫、草害的发生。

对土壤进行挖高、填低等一系列措施，使广场土层呈中间高、四周低的地势，并设置0.2%～0.3%的坡降，以利于地表排水。粗整平后，可施入基肥，一般使用有机复合肥。细整平可在草坪种植前进行，将土壤整平、耙细，土壤一定要细碎、平坦，整平后及时灌水、镇压，使土壤充分沉降。

草坪建植可以使用播种法、铺设法、植生带法等。

(3) 广场草坪养护管理

①灌溉　灌溉时要一次浇透，至少湿润土层 5 cm 以上，干旱时要增加至 8～10 cm。

②修剪　草坪草长到 4～6 cm 时即可进行修剪，修剪要遵循“1/3 原则”。修剪后及时灌溉。

③施肥　常用于广场草坪的肥料有化肥和有机肥两种。有机肥多用于基肥，草坪种植后，可以每 1～2 年进行一次土壤表施；化学肥料多用于追肥，一般一年两次。如草坪草茎

叶厚密，可先进行修剪再施肥，施肥后应立即灌溉以提高肥效。

为促进草坪草的生长，还可定期对草坪采取打孔、疏草、切边等养护措施。

四、机场草坪

机场草坪是指应用于各类军用机场、民航机场、备用机场和需紧急着陆的机场中具有特殊使用特点的大面积草坪。随着国防和民用航空事业的不断发展，飞机场绿化将成为航空事业的重要内容之一。飞机场草坪是城市大面积绿化的重点工程。大部分机场除跑道之外，全部用草坪覆盖。一些小型机场甚至完全由草坪构成。

飞机场是一个国家或城市的窗口，机场环境的美化反映了城市的风格特点和文明程度。机场草坪，特别是飞机着陆的跑道草坪，必须具有强的承压性和抗断裂性。由于飞机具有高速、冲击力强、重量大、安全保险性要求高的特点，因此，机场草坪要求美观与安全相统一，其中安全功能特别重要。机场草坪的景观设计中，要求宽阔、平坦，不能加入任何乔灌木。飞机场低矮的草坪，减少了鸟类栖息的可能性，从而避免飞机起降与鸟类相撞的恶性事故。绿色的草坪表面、广阔的视野可以减轻飞行员的视觉疲劳，减少事故发生的概率。草坪草根系生长和茎叶的覆盖，可以固定土壤，形成致密而有弹性的草毯，避免土壤被机轮压坏。在飞机起飞和降落时，不但噪声大而且尘土飞扬，会使周围环境受到较大污染，当机场有大面积草坪覆盖的情况下，可以降低噪声，减轻空气尘埃的污染，延长飞机的使用寿命，保证安全。

（一）机场草坪的建植

土壤是建植优质机场草坪的重要因素。机场草坪既要能承受强大的负重，又要能维持土壤的承压结构，不使地面变形和草坪断裂，保持机场地面的坚固和平整。因此，建植机场草坪，要求土壤基础紧实，坪床土壤结构通气性好，肥力高，排水良好，使草坪草能快速生长形成茂密草层和强大根系。通气性好、含腐殖质高的沙壤土是建植机场草坪的优良土壤。

飞机场草坪宜选用植株低矮、茎叶繁茂、根系发达的草坪草，在地表应形成至少 10 cm 厚度的密集草根层。选用的草坪草必须具有较强的耐践踏性、快速的再生性和极高的密度。另外，还需耐瘠薄、耐干旱和耐粗放管理，以降低草坪的养护投入。

机场草坪建植多采用混播的方式。因混播可利用组合中各个草种的优良特性，容易形成密集草丛和强大根层，建成耐践踏的草坪。冷季型草坪草可选用草地早熟禾、匍匐翦股颖、匍匐紫羊茅、多年生黑麦草、无芒雀麦等。草地早熟禾与多年生黑麦草应避免选择易抽穗的品种，以减少鸟类采食和栖息的可能。暖季型草坪草种可采用野牛草、狗牙根、结缕草、假俭草、苔草等。

（二）机场草坪的养护管理

1. 修剪

大部分机场草坪管理较为粗放，修剪高度为 5～8 cm，每年修剪 3～5 次，一般不超过 10 次。对于使用频率高、直接以草坪作跑道的机场草坪，管理强度需适当增加，但留茬高度也不低于 5 cm，并注意要清除修剪后留在草坪上的草屑。机场边缘的草坪留茬高度可以适当提高，可用割灌机修剪或不修剪。有的机场草坪为了防止草坪草抽穗，减少修剪次数，还可以喷洒生长调节剂来抑制草坪草的生长，控制草坪高度。

2. 施肥

机场草坪施肥应根据土壤肥力和草坪草生长情况而定。管理粗放的大面积草坪一般每年施肥 1 次，冷季型草坪草可于每年初秋施入，而暖季型草坪草于初夏时施用。尿素必须在水分充足的条件下施用，厩肥一般不宜使用。有条件的地方可以施用缓效肥为主，来延长养分的供应时间，保证草坪质量。

3. 覆沙镇压

为了保持良好的土壤结构，对于较黏重的土壤，每年都应进行几次覆沙改良，直到土壤结构能长期处于良好状态为止。在寒冷地区草坪霜冻后土壤还需要镇压，使草坪表面平整，利于来年春天草坪根系恢复正常生长。

4. 其他养护工作

机场草坪频繁利用常造成草坪稀疏或缺损斑裸，应及时通过补播或草皮块铺植来修补。杂草应用化学除草剂清除，但除草剂应尽可能只施在杂草生长的地方。利用强度高的草坪，在干旱时必须适量灌溉。

第三节 水土保持草坪

一、概述

水土保持草坪是指建植在高速公路两侧、河湖水库堤岸边的平地或坡地上，主要以水土保持为目的的保护性草坪，也常称为设施草坪，是管理较为粗放的草坪。

随着城市不断发展，草坪护坡已成为城市护坡的重要方法和常见方式。草坪应用于水土保持有很多优点。首先，草坪护坡有利于美化城市景观，草坪成坪后表面与原坡面坡级一致，对原地形破坏小，在设计过程中可与周围环境协调一致，起到美化环境的作用；其次，草坪茎叶致密，有絮结的草根层，保水能力强，固土能力好，可有效保护土壤免受雨水冲刷；最后，我国草坪护坡技术先进，养护技术成熟，可快速高效地完成护坡工作。

园林中常用到的护坡环境有以下几种：一是景观道路两侧，如城市景观路、居住交通岛、高速公路等，这些位置的草坪以固土护坡为主，同时要兼顾美化环境的功能；二是水景工程的池塘、湖泊、溪流等具有斜坡和台地的坡面，这些位置大多是一面临水，坡度在 30°以下；三是一些户外运动场所，如高尔夫球场、滑草场等大型草地工程，这类场所坡面面积大，坡度较缓，对景观质量要求较高。

二、水土保持草坪的建植方法

（一）草种的选择

水土保持草坪植被立地条件较差，与其他区域相比，草坪建植、施工难度大，成坪后维护困难。在地形起伏的地区，土壤侵蚀强度大，易滑坡，土层薄，蓄水少，加之地势陡，降水与灌溉水易流失。与普通地面土壤相比，边坡土壤水分状况差，不利于植物生存。路基堤坝土壤多数情况下是生土，有机质含量低，速效养分贫乏，结构性差，不利于植物特别是幼苗的生长。

因此，与其他草坪相比，水土保持草坪的外观质量如色泽、质地要求相对较低，重要的是草坪要有发达致密的根系、较强的适应性和抗性，以及耐粗放管理的特点。在选择草种时主要依据以下几点。

1. 选择适合当地土壤、气候条件的草种

当地野生草种往往是最好的选择。它是在本地土壤与气候环境中长期进化的结果，对当地的生态环境最适宜。

2. 选择根系发达、发芽快、分生能力强的草种

草坪草的根系直接关系到固土能力。地下部分生物量越大，根系分布越深，固土效果越好。发芽易、出苗快、分生能力强的草种，能减少土壤裸露时间，在短期内覆盖地面，快速形成致密的植物群落，从而减弱降水对土壤的冲刷。

3. 选择抗性强、耐瘠薄的草种

公路堤坝边坡土壤瘠薄、土壤水分条件差，因此要选择耐瘠薄、抗干旱的草种，同时还应对病虫有较强的抗性。冷季型草坪草中高羊茅抗性最强，暖季型的狗牙根和结缕草抗性最好。

4. 选择垂直生长缓慢或生长低矮的草种

草坪草生长太快、太高，会降低景观质量，增加修剪次数，养护费用也随之提高。因而，选择植物类型时应选择垂直生长缓慢或生长低矮的地被植物。

5. 按坡向方位选择草种

南向坡应选用喜光耐旱的草坪草，如高羊茅、无芒雀麦、偃麦草等；而北向坡应选用不耐旱的草坪草，如多年生黑麦草、草地早熟禾、紫羊茅、假俭草等。

在温带和寒带用于公路堤坝护坡草坪的草种有草地早熟禾、细羊茅和黑麦草及其混合配方；半干旱地区有野牛草、冰草和格兰马草；在热带和亚热带地区有普通狗牙根、假俭草和结缕草等；高羊茅可用于亚热带和温带之间的广大过渡地带。

一、二年生和短期多年生草坪草，通常具有发芽易、出苗快、苗期生长迅速，能在短期内覆盖地面等特点，但是寿命短；长期多年生草坪草，往往发芽难，具有出苗慢，苗期生长缓慢，但寿命长，成长后覆盖能力强等特点。因此，根据建植草坪的地点和季节，挑选这两类草坪草中的相宜草种的优良品种，加以组合，互补长短，是解决坡地草坪建植的有效途径。

（二）建植时间

陡坡建植草坪，土壤水分往往不足；而雨量稍大，则会造成径流冲蚀，这是一对经常发生的难题。解决办法在于利用雨季。抓住雨季，迅速建植草坪，建植了草坪就能增加土壤含水量，停止水土冲蚀。

利用雨季建植草坪，应根据不同地区的具体情况加以实施。在干旱与半干旱地区，雨季前夕应努力抢种；雨季之中，则要“顶雨建植”。在湿润地区，雨季前 1～1.5 个月，努力抢种、抢栽、抢铺。在雨季到来时，“保护草种”已迅速覆盖地面达到或超过 70%，可有效防止日降水量≤50 mm 的水土冲蚀。有了这种环境，建坪草种就能在较好的环境条件中发芽、出苗、成长，栽植的分株、铺植的草皮也易于成活、成长。雨季中顶雨铺草皮或分株栽植。

抓住雨季刚过，土壤墒情尚丰之时，抢种、抢铺、抢栽。另外，如果采用喷播法建植草坪，应在雨季前或雨季尾进行较好。

（三）建植方式

护坡草坪在建植时，一定要注意对坡体的保护。下面介绍几种护坡草坪建植方式。

1. 台阶种植

台阶种植是我国民间传统方式之一。凡能起台阶的坡地，都可以起台阶，变“一面坡”为若干个台阶的平面，不论种、栽、铺都可以，管理也方便。天长日久，台阶逐步又变成斜坡。

2. 菱形种植

菱形种植也是我国民间的传统方式之一。在坡地上按斜线交叉种草，将整个斜坡分割成一块块小的菱形。一旦出苗或成活，就可以产生分导水流，起到防止冲蚀的效果。长期多年生草按斜线栽植，形成菱形，再撒上稀稀的“保护草种”，效果较好。

3. 喷播

把草种、肥料、保水剂、黏合剂等混合在一起，用高压水或压缩空气将混合物喷向地表。由于几道工序同时完成，通常效率较高。在坡度较大的地方更为适宜。自我国引进喷播法至今，得到的经验认为，在各地草种适宜的播种季节，只要没有中到大雨或持续干旱，建植效果都不错。

4. 铺植

某些坡陡、侵蚀严重的地方可直接用草皮建植，即把培育好的草皮切成 30 cm×30 cm 的方块，一块一块衔接，铺成草坪。注意在坡度较大的地方，每块草皮铺后应用木桩或竹签加以固定，直到根系扎入土壤为止。

5. 工程护坡建植

在坡度大于 45°、土壤条件较差的地段，应首先采用工程固土，即在边缘用石块或水泥砌成网格，网格砌成菱形或拱形，网格中栽植草坪植物（图 7-24）。

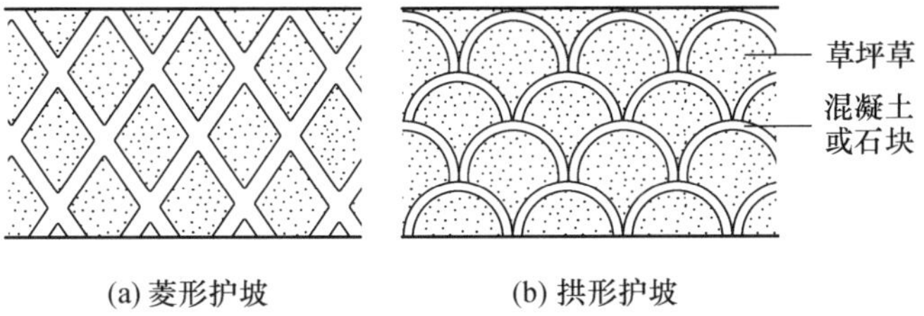

图 7-24　工程护坡与生物护坡相结合

另外，空心混凝土预制块也可以用于护坡工程。空心混凝土预制块的形状有长方形、六棱形、圆形、正方形和椭圆形等多种。具体的植草施工步骤如下：

（1）修整坡面　尽量降低坡度。若为路基则延伸坡脚；若是路侧高坡，剥削坡顶，延长坡面纵线；如为无土基岩，应在坡面炸出若干凹坑，用于承载土壤，使能覆盖一定厚度的土壤。

（2）加固坡脚　用块石或毛石浆砌至一定高度，墙面上每隔一定距离要预留排水孔，以便排泄坡面多余的水。同时筑好坡顶和坡脚的排水沟。

（3）铺砌空心块　为使空心块整齐美观，应拉施工线，按设计严格施工。

（4）填充营养土　空心块内填充配有基肥的营养土至框高的 1/2～3/4。

（5）播种或移栽草坪草　播种后覆以 1～2 cm 细沙或营养土，以种子不露出土表为宜。移栽育好的草苗可呈梅花形分成 5～7 丛栽入。

（6）喷水保苗　根据当地降水量情况，要保证种子发芽的水分，待苗出齐后进入正常管理。

用空心混凝土预制块进行工程护坡，既节省了 50%～70%的混凝土材料，又增加了施工速度，降低了工程投资。空心材料的重量比实体材料轻，降低了坡面承重负荷，提高了护坡的稳定性和安全性。草坪草或防护植物生长后，具有拦蓄雨水、降低地表径流的生态防护效益。工程护坡与生物护坡紧密结合，具有广阔的发展前景。

6. 植生带法

将草坪草种子均匀固定在两层无纺布或纸布之间形成的草坪建植材料，称为草坪植生带。在降水量大的地区为防止种子直播后被雨水冲跑，可用铺设植生带法建植草坪。

在实际应用过程中，各地区针对不同的土壤肥力、降水等情况，对植生带法加以改良形成了一些新型植生带。现简要介绍如下：

（1）稻草种子带　由普通植生纸附着在单层稻草帘上制成的草坪建植材料，与普通植生带相比，稻草具有更好的保温、保湿和防止暴雨冲刷的效果，其抗拉力的性能也更好些。

（2）草种附着袋　该袋是在普通制袋材料的基础上，在袋内附着植生纸制成（图 7-25），袋内可在施工现场装土。因重量较重，且对坡体整理的要求不高，可以任何角度垒起，是塌方应急工程的最适材料。

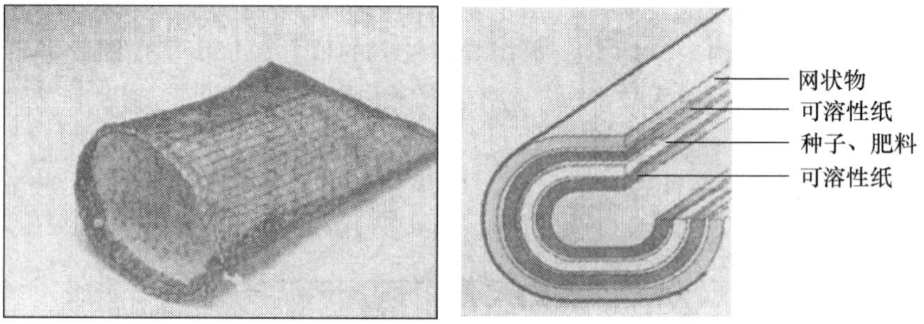

图 7-25　草种附着袋

（3）肥料袋植生网　是在普通植生纸的基础上，增加特殊肥料带和尼龙网等韧性网（图 7-26），因这种网带有缓释肥料袋，因此，在土壤贫瘠、干旱的地区，比普通植生带具有更好的出苗率。铺设方法见图（图 7-27）。

（4）三维土工网　三维土工网是由单层或多层塑料凹凸网和高强度平面网经热熔后黏结而形成的一种稳定的立体网结构。面层外观凹凸不平，材质疏松柔韧，留有 90%以上的空间可充填土壤及沙粒。底层平面网具有延伸率低，强度高的特性，起着防止坡体下滑的作用。植物的根系可从整个土工网中均衡地穿过，深入地下可达 0.5～2 m，这样植被、网垫和泥土三者形成一种牢固的复合力学嵌锁体系，这种复合体系具有较好的柔性，当边坡出现沉降时可随之沉降，不会造成架空，是一种永久性的边坡防护方式。三维植被网的施工方法如下（图 7-28）。

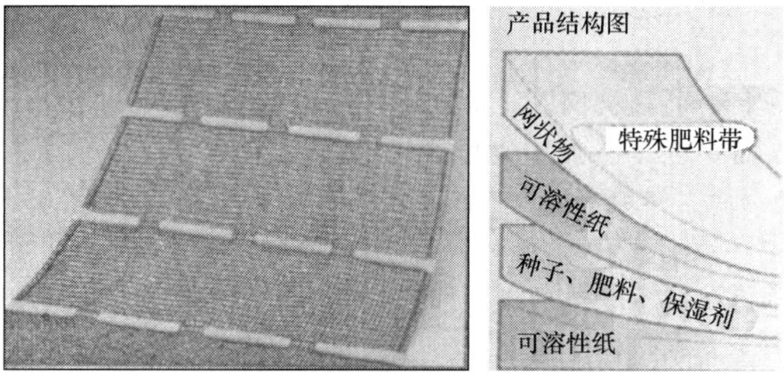

图 7-26 肥料袋植生网

（引自《实用草坪栽植与管理》，龚束芳，2001）

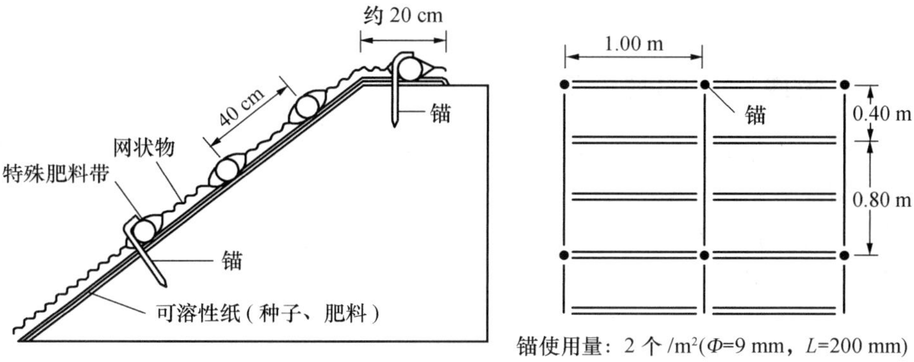

(a) 剖面图　　(b) 平面图

图 7-27 肥料袋植生网铺设示意图

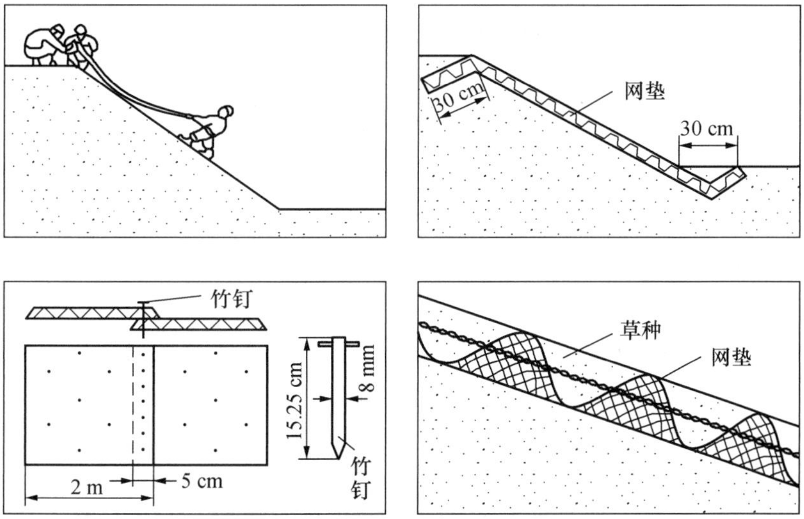

图 7-28 三维植被网的施工示意图

①修整坡面　预备铺设植被网的坡面要修整平并进行降低坡度处理。

②预铺营养土　根据坡度和坡面的光滑度铺上 5～10 cm 肥土或有一定肥力的自然土，修整平滑。

③固定三维植被网　将植被网置于坡面上，搭接宽度不少于 5 cm。用专用固定钉沿网四周以 1.0～1.5 m 间距固定。加固网的上下部，每幅网的上下部各留 1 m 左右埋入深 25 cm，宽 45 cm 的沟内，回填土或块石压紧。

在网垫上均匀覆一层细土，厚度约为半个网高。

将草种均匀地撒在网垫上，边坡靠上部分应适当增加草种用量。播撒完毕后，用扫帚轻扫一遍，以保证草种全部落入网垫内部。

将营养土填入植被网，土的厚度以稍盖住网垫为宜。

④轻压　用长竹竿等轻击植被网表面，使种子和土粒紧密接触。

⑤覆盖　用草帘、稻草或麦秸等进行覆盖，覆盖物应均匀且不宜过厚，以盖住坡面为宜。

三、水土保持草坪的养护管理

水土保持草坪的养护管理一般较为粗放。除播种时施用化肥外，水土保持草坪尽量少施用化肥。多数情况下，两年中每公顷施用 45kg 氮素即可保证正常生长。在一些地方，一旦草坪建植后，则很少施或不施化肥。水土保持草坪一般不灌溉。

在能够修剪的平坦区域，草坪草的高度可控制在 8～15 cm。在坡度低于 15°时，若使用坐骑式剪草车，要顺斜坡上下剪草，而不要横穿坡地；若使用手扶式剪草机，要沿斜坡横线来回修剪，而不要顺斜坡上下剪草。为保证人员和机械的安全，禁止在坡度超过 15°的坡地上使用剪草机剪草，可改用割灌机或人工用镰刀割草。有些坡地上的草坪甚至可以不修剪。为了防止草坪抽穗，减少修剪次数，可施用生长调节剂，如矮壮素、乙烯利、青鲜素等。

杂草防治一般应用化学除草剂来控制各类杂草，常用的除草剂有 2,4-D、二甲四氯、环草隆等。施用时应注意防止除草剂飘移，避免伤害到周围的非目标植物。

第四节　人 造 草 坪

一、概述

人造草坪是以非生命的塑料化纤产品为原料，采用人工方法制作的拟草坪。其建造的主要材料是人造草皮。

由于天然草坪常受到气候条件、地理环境、养护管理水平等因素的影响和限制，美国福特基金会在 20 世纪 60 年代首先用合成纤维材料进行了学校活动场地的铺设。1964 年，美国普罗维登斯市的一所小学成功地建造了第一块人造草坪运动场，这标志着人造草坪的问世。此时的人造草坪主要制作材料为尼龙纤维，草丝柔软，密度较高，草皮呈毯状。

20 世纪 70 年代后，人造草坪的制作模式开始出现多样化。制作材料由尼龙纤维改为聚乙烯或聚丙烯，草束高度和草束间距也有了明显增加，出现了沙填充物的使用模式，人造草坪在世界发范围内已经得到广泛应用。但由于草坪表面摩擦力小，球速过快，人造草坪只应用于曲棍球、棒球、草地保龄球等运动，在足球场上的应用并不成功。

1997 年，FieldTurf 人造草坪的出现，标志着第三代草坪——束状草坪的诞生。第三代草坪草束更长，在外观上与天然草坪非常相似。填充物为橡胶颗粒或沙粒与橡胶颗粒的混合物，大大改变了人造草坪的硬度、弹性和摩擦性，提高了使用质量，人造草坪也逐渐开始应用于足球场。

人造草坪材质安全无毒、环保，可回收再利用；表面平整均一，坚固耐磨，弹性良好，脚感舒适；可在多种基础面上铺设，成品施工，工期短；维护简单，养护费用低，受气候条件和地理环境影响小；品种齐全，使用率高。但与天然草坪相比，人造草坪表面摩擦力小，球速快，增加了控球难度；表面温度变化幅度较大，影响运动员的竞技状态和健康；草坪硬度大，缓冲性差，运动员易受伤。场地建造选择人造草坪还是天然草坪，需要根据诸多影响因素进行彻底分析和对比，在综合评价的基础上进行决策。

二、人造草坪建植

（一）人造草坪基本构造

人造草坪由三层材料组成，包括基础层、缓冲层和草皮层。

1. 基础层

基础层是人造草坪结构中的最底层，通常由夯实土层、碎石层、沥青或混凝土层构成。基础层建造时要求坚实、不变形、表面光滑平整，可分为透水和不透水两种。

原土一定要压实，以防草坪表面变形，在夯实土层上铺设一定厚度的碎石，再铺设沥青或混凝土。沥青基础稳定、耐用、易控制、成本较高，适合北方温差大且冬季气温低的气候环境；混凝土基础较稳定、耐用、技术要求较严格、性价比高，可在我国大部分地区使用，混凝土固化后要切割出膨胀缝，防止变形和开裂。

2. 缓冲层

基础层之上是缓冲层，一般用白乳胶或万能胶牢固地粘贴在基础层上，对运动压力起到良好的缓冲作用。缓冲层要具有良好的缓冲减震功能，既要有弹性，又不能太软，否则运动员腿部肌肉容易疲劳，此外，还要有很好的耐水蚀性能，否则容易老化。缓冲层使用的材料多为橡胶和泡沫塑料，橡胶弹性适中，厚 3～5 mm，泡沫塑料成本低，弹性差，厚 5～10 mm。缓冲层的厚度对人造草坪表面硬度影响较大，过厚，草坪太软易凹陷；过薄弹性小，缓冲性能低，从而影响草坪的安全性。

3. 草皮层

草皮层是一层由化学纤维编织或压缩而成的草毯，它与缓冲层紧密连接为一体，构成人造草坪表层。

草皮层按生产工艺可分为注塑人造草坪和编织人造草坪。注塑人造草坪采用注塑工艺，将塑料颗粒在模具中一次挤压成型，并用打弯技术将草坪弯曲，使草叶等距、等量规律排布，草叶高度完全统一，适用于幼儿园、运动场、阳台、绿化等方面；编织人造草坪是将仿草叶状的合成纤维分割成一组组针状纤维束，使用编织机编织到织垫（载体）的一面均匀固定，然后用小刀将针状纤维束切割整齐。载体通常使用聚酯或聚乙烯纤维制成的纤维毯，起到固定纤维束的作用，同时使草皮具有一定的机械强度和规格尺寸，不易变形，使用寿命延长。编织人造草坪制作过程较为复杂，成本高，可应用于休闲场地、运动场、庭园、绿化地面等。

常见的草皮层类型有两种，非填充型和填充型。非填充型草皮层多使用尼龙纤维，纤维较薄，编织密度大呈毯状，高度一般小于 12 mm，草坪均一性好，结实耐用，但草坪表面硬度大，缓冲性能较差，安装过程中一定要使用人造草专用机械，否则无法达到场地平整度和均匀度的要求，适用于网球、曲棍球、草地保龄球等运动场地；填充型草皮层制作材料多为聚乙烯或聚丙烯，纤维较厚，似天然草坪叶片，高度 12～55 mm，草束间用石英砂、橡胶颗粒或二者混合物填充，草坪缓冲性能好，弹性、摩擦性适中，适用于足球、橄榄球、棒球等运动场地。

（二）人造草坪施工流程

（1）根据场地的具体布置，绘制平面设计图及效果图，按照图纸进行测量、放样。

（2）进行基础层的建造，原土一定要压实，在夯实土层上铺设一定厚度的碎石，再铺设沥青或混凝土。对基础层的平整度、坡度进行验收合格后要进行场地清理，冲洗掉上面的一些化学物质如碱性物质、肥皂水、乳胶、油渍等，还应进行必要的清扫、洗尘、洗刷等，以确保表面没有任何灰尘、油渍、涂料及其他污染物质，保证洁净、平坦的黏结界面。基础层一般在铺设草坪层前 45～60 d 完成。

（3）按照场地要求，将生产好的人造草坪草垫伸展开，检查草卷表面有无褶皱、扭曲等现象，然后将草卷多余的边裁掉。

（4）将人造草坪各接缝处搭接 2～3 cm，使用裁草推刀在搭接处中央切开，使相邻两块草皮尽可能搭接紧凑，然后用裁纸刀进行修剪。

（5）按图纸要求，在所定位置进行人造草坪铺设。将胶均匀地涂在基础层上，在胶水快凝固前（一般为涂胶后 15～30 min），采用人工踩踏或磙压的方法进行草皮层的粘合。草坪接缝口用专用接缝防水胶连接，使整场草坪连成一体，包括所需的标志记号及边线。

（6）冲注填充物（非填充草坪没有此程序）。草坪草安装完成后，经检查牢固度符合要求，并对草坪面进行梳理后，方可进行填充。用专门的注砂机器在草坪中冲注石英砂或橡胶粒，使石英砂或橡胶粒隐藏在草坪的根部，起到保护草束的作用，使草坪更为耐用。要分层填充，每一层都要用刷草机来回铺刷，使填充物下落紧实。冲注石英砂或橡胶粒的厚度按不同高度草坪而定，最好效果是填充面低于草束面 5 mm 左右。填充工作全部完成后，再用刷草机纵横梳理草纤维各一次。

（7）清理现场及验收。核对现场画线的具体尺寸，严格检查草坪黏结是否牢固，处理填充层不均匀现象，进行整场验收。

三、人造草坪的养护管理

定期修整

草坪铺装后 6～8 周内，每周都要对人造草坪进行清扫，使填充物均匀，高度一致。

1. 清除杂物

定期清除草坪表面的尘土、纸屑、塑料碎片等杂物，以保证人造草坪的清洁与使用效果。可用电动吸尘器、真空清洗机或组合型真空清洗机吸去垃圾，还须用清水不定期地对草坪进行冲洗。清除作业每年进行1～2次，过多高强度的刷洗伴随机械的重压会对草坪表面或下垫面造成损伤。

2. 清洗污渍

草坪表面残留的油渍、沥青、口香糖、金属氧化渍、血渍等一旦发现，应及时使用洗涤剂清除。

3. 检查维修

人造草坪铺设后，一年要进行1～2次全面性检查，检查内容主要包括是否有裂缝、脱胶、破损、褶皱等，同时还要检查下垫面的平整性，一旦发现问题，应及时进行修补和维修。如果草坪使用频率过高或使用年限超过5年，检查次数应适当增加。

4. 草坪保湿

人造草坪表面温度变化大，尤其是在炎热气候条件下，会对运动员的健康和竞技状态造成严重影响。可以适当浇水，提高草坪表面蒸发量，以达到降温的作用。喷水一定要均匀、适量，不能在草坪面上形成积水。

单元作业

1. 简述高尔夫球场果岭、发球台和球道对草坪的质量要求。
2. 简述高尔夫球场果岭草坪养护管理的技术要点。
3. 简述足球场对草坪的质量要求。
4. 简述足球场草坪养护管理的技术要点。
5. 建植公园草坪时如何选择草种？
6. 建植广场草坪时如何选择草种？
7. 机场草坪与其他绿地草坪相比具有哪些特殊性？
8. 建植水土保持草坪时如何选择草种？
9. 水土保持草坪的建植方式有哪些？
10. 人造草坪与天然草坪相比有哪些特点？

单元测验

一、单选题

1. 高尔夫球场果岭草坪的修剪高度一般为（　　）。

A. 3～8 mm　　B. 8～12 mm　　C. 15～25 mm　　D. 30～50 mm

2. 以下哪种草坪草最适合应用于北方果岭草坪的建植？（　　）

A. 多年生黑麦草　　B. 草地早熟禾　　C. 匍匐剪股颖　　D. 高羊茅

3. 以下哪种草坪草可应用于北方足球场草坪的建植？（　　）

A. 普通狗牙根　　B. 草地早熟禾　　C. 匍匐剪股颖　　D. 白三叶

4. 以下哪种养护措施的目的是改善运动场草坪的土壤通透性？（　　）

A. 修剪　　B. 施肥　　C. 灌溉　　D. 打孔

5. 绿地草坪修剪时要遵循（　　）原则。

A. 1/2　　B. 1/3　　C. 1/4　　D. 1/5

6. 以下哪种草坪草可应用于南方机场草坪的建植？（　　）

A. 多年生黑麦草　　B. 草地早熟禾　　C. 匍匐剪股颖　　D. 杂交狗牙根

7. 一般要求低修剪的草坪应使用（　　）。

A. 滚刀式剪草机　　B. 旋刀式剪草机　　C. 割灌机　　D. 剪草车

8. 标准的世界杯足球场草坪的面积为（　　）。

A. 105 m×68 m　　B. 107m×68 m　　C. 107m×72 m　　D. 109m×72 m

9. 下列哪类环境下易发生草坪病害？（　　）

A. 水肥适宜　　B. 低洼积水　　C. 土质疏松　　D. 养护合理

10. 坡度大于（　　）度的坡地，建植草坪前要先采用工程固土。

A. 30　　B. 45　　C. 60　　D. 70

二、多选题

1. 一个高尔夫球洞由（　　）部分组成。

A. 发球台　　B. 果岭　　C. 球道　　D. 障碍区

2. 以下哪些草坪属于绿地草坪？（　　）

A. 庭园草坪　　B. 广场草坪　　C. 公园草坪　　D. 飞机场草坪

3. 以下哪些草坪草可用于高尔夫球场果岭草坪的建植？（　　）

A. 多年生黑麦草　　B. 草地早熟禾　　C. 匍匐剪股颖　　D. 杂交狗牙根

4. 足球场草坪建植应选择（　　）的草种。

A. 耐践踏　　B. 弹性好　　C. 自我修复力强　　D. 耐贫瘠

5. 人造草坪坪床建植多采用（　　）坪床。

A. 沙子　　B. 沥青　　C. 混凝土　　D. 碎石

6. 人造草坪养护管理措施包括（　　）。

A. 定期修整　　B. 清除杂物和污渍　　C. 检查维修　　D. 草坪保湿

7. 常用的人造草坪填充物有（　　）。

A. 石英砂　　B. 塑料

C. 橡胶颗粒　　D. 石英砂和橡胶颗粒混合物

8. 常见的植生带的类型有（　　）。

A. 稻草种子袋　　B. 草种附着袋　　C. 肥料袋植生网

9. 果岭草坪在（　　）时可以不用修剪。

A. 草坪铺沙后　　B. 连雨天气

C. 球场封闭日　　D. 草坪停止生长

10. 可用于水土保持草坪的草种有（　　）。

A. 多年生黑麦草　　B. 高羊茅　　C. 野牛草　　D. 普通狗牙根

第八章 草坪景观设计

草坪与园林其他景观合理搭配，共同形成的整片绿色地面，是风景园林的重成美丽的景色供人游玩观赏。但草坪设计不能一味地追求视觉感受，草坪景观是可供观赏或作游憩活动的场地。草坪空间能形成开阔的视野，增加景深和景观层次，并能充分表现地形美，一般铺植在建筑物周围、广场、运动场、林间空地等，供观赏、游憩或作为运动场地之用，设计草坪景观时，需要综合考虑景观观赏、实用功能、环境条件等多方面的因素。

（1）将草坪作为构景元素。草坪是旅游区景观设计的主要素材之一，它本身不仅具有独特的季相，而且极具划分空间的能力。因此应注重草坪植物季相变化与建筑物、山、石、地被植物、树木等其他构景元素的协调关系。如在草坪上配置其他植物，应考虑对整个草坪空间变化的影响，而且能给草坪增加景色内容，形成不同的景观特色。

（2）游憩草坪宜布置在游人易于通达的附近。游憩草坪作为旅游区中游人活动的主要场地，其位置的设置应让人看得到，并利于吸引游人参与。游憩性草地应有良好的排水设施，草地与附近的步道宜在同一标高为宜，避免坡度的突变。

（3）主景草坪有较高的观赏价值。大面积的草坪不仅可以作为游客的休息场所，而且以其平坦、致密的绿色为特征，形成开阔的局部空间，丰富景点内容。草坪可以控制其色相变化，形成抽象的观赏图案，使其更具艺术魅力。如在大型的广场、街心绿地和街道两旁，以及那些缺乏生机和活力的地方，通过铺植优质草种，形成平坦的绿色景观，对改善环境特征起到极大的作用。

第一节 草坪主景设计

草坪本身具有整体性和开阔性，因此在景观塑造中可以作为主景，营造出不同的园林空间和环境氛围。

一、较大空间的草坪主景设计

任何设计都需要注意构图的合理性，园林设计也不例外，在体现层次的同时还要注意空间的布局。在广阔并且平坦的空间上，延展性和开阔性可以通过大面积的草坪体现出来，给人以一种宽阔的视觉感受。如果是一种作为主景的草坪，那就会占地面积较大，如果想呈现出层次得当的视觉效果就在部分树群和花卉植物下进行点缀。一般在广场、公园、植物园这样的场所里，草坪都作为主景出现，因为没有建筑物的遮挡，就能将视觉效果很好的展现出来。可以将大块草坪用地分为规则性的用地和不规则用地两周类型。而规则性用地又分为圆形、方形、三角形等几何图形，不规则用地通常要根据地形地貌的特点用来布置和点缀。

在开阔的草坪作为主景，需进行空间的划分以获得不同的园林艺术效果和满足不同的功能需求。特别是当需要创造某种特殊意境景观时，往往利用丰富多彩的植物，结合周围特定地形地貌划分空间层次。草坪平坦致密美观的绿色平面，视线通透而不郁闭。开朗柔和的视觉空间，不仅具有较高的绿色景观效应，还为游客提供安静的游憩场所。作为主景的草坪通常与孤植树、树丛、花灌木、山石结合，或以分隔不同层次空间，或以这些为背景，或以其为点缀，增加观赏效果，形成疏林草地或缀花草坪的草地景观。如为丰富草坪景观，可在草坪上植一棵色彩亮丽的孤植树，形成视线焦点，或配具有季相景观的观赏树丛于草地边缘，增加草坪的空间层次。又如用石景点缀草坪是常见的手法，在草坪上或道路转弯的草坪边缘，散置几块顽石，半露土面，以石代山体现山林野趣，给草坪绿地增添雅趣。草坪作为绿色基调，成为树木、花草、建筑、山石、小品、水体等的陪衬，起到突出与美化景观的艺术效果。如草坪上的雕塑，在绿色草坪为基调的陪衬下，更显柔和的美感。见图 8-1。

图 8-1　较大空间的草坪主景设计

二、较小空间的草坪主景设计

在一些较小空间的布置上，为了使设计空间具有一定的变化节奏，并且满足小而不紧的景观要求，可以采用草坪作为设计的主景，以达到简洁、明快、开朗的效果。尤其是在小庭院当中，如果用树木、小品等其他景观来处理，会使原本狭小的空间更加局促，如果借鉴中国古典园林的布局手法，利用景石、回廊等处理，造价又太高，而且难度较大。这种情况下，可用草坪来布置。目前，在高级住宅区的私家花园设计中，草坪作为主景的设计较为流行。部分小空间往往作为空间的转换和过渡使用，较为复杂的绿化设计会使得景观过于“满”，用草坪来做为主景可以很好地解决设计中的难点。但并不是简单的铺种草坪，建议可以和地形，其他灌木和小乔木，或者山石或小品结合设计，增加景观空间的层次，不至于过“空”。也可以采用缀花草坪的设计形式来进行小空间的草坪设计。见图 8-2。

图 8-2　较小空间的草坪主景设计

三、四合空间的草坪主景设计

四合空间是指四面都有景物形成的空间，四面的景物可以是山体、建筑或者高大的乔木。在布局中，草坪布置在四合空间中做主景，最为常用的是用在大乔木围合而成的四合空间中，如南京玄武湖公园的梁洲草坪，位于梁洲中央，四面有悬铃木、雪松等高大乔木围绕，形成一个四合空间，而中央草坪则成为这个空间的主景。在园林景观中该种草坪设计基本除了具有观赏的功能外还兼具了其他的功能，在草坪的设计中还需考虑满足其他功能的需求。例如四合空间的草坪往往还有休憩及运动的功能，需考虑地形和排水的设计，基本设计时地形变化不宜太大，便于排水。

四、规则空间的草坪主景设计

规则式绿地中通常出现圆形、方形、三角形等几何图形或其他规则图形，在这种情况下，可以用草坪来布置。草坪最适宜于表现面的特点，各种形状都可以用草坪来表现，而且面积大小比较随意。例如许多广场、宾馆、办公楼前后、停车场都采用不同规则形状的地砖和草坪建成，既满足了广场、停车场供人们游憩、停车等功能的需要，又增加了绿量，提高了美感。尤其是在配合其他绿化景观设计时，部分地形的边角和衔接部分均可采用草坪来处理，不但较好的处理较难处理的地块，同时也可调整植物组团的节奏和韵律问题。

第二节　草坪配景设计

一、草坪与乔、灌木配置

从整体设计上来说，草坪景观设计中想体现出园林景观设计的层次就要把草坪与乔木、灌木结合在一起进行使用，将其与其他灌木、乔木等植物进行排列，会出现不同层次的绿色、错落高低的视觉冲击力，这样才能构建出绿化中很好的艺术效果。

草坪与植物造景的手法上来说，通常有 4 种手法，即孤植、对植、丛植和群植。

孤植常被用作主景，能营造一种宁静祥和的氛围。在一片空旷的草地上种植姿态优美的乔木或灌木，称为孤植。这样的植物常作为主景，能够营造出一种宁静祥和的氛围。孤植树应满足一定要求，如树形优美，或挺拔雄伟，或端庄典雅，或具有美丽的果花。常见的适合在草坪孤植的植物有雪松、白皮松、日本金松、油松、南洋杉、广玉兰、木棉等。而成丛的花灌木，如枝繁叶茂、花朵艳丽，同样可以看作孤植。常见的有金丝桃、月季、杜鹃、美人蕉等。

对植要求对植树应在姿态与大小方面有一定的差异，或一仰一俯，或一斜一直，或一高一低，以显得生动活泼。

丛植要求姿态各异，相互趋附，几种植物成从种植，则讲究多种搭配，如常绿树与落叶树，观花树与观果树，乔木与灌木，喜荫树与喜阳树，针叶树与阔叶树等，这样才会有十分宽广的选择范围和灵活多样的艺术效果。

草坪树群配置目的是在小面积草坪上创造林的意境。以 1～2 种乔木为主，与数种乔木和灌木搭配，组成较大面积的数目群体，与草坪构成虚实相间，对比度较强的园林景观图。

群植成片的树林可以形成阴暗对比，同时它所形成的垂直景观与地平线形成方向上对比，树冠起伏使天际轮廓线发生变化，树群四周若用灌木装饰树缘与林间空地，结合地形，则可使园林增添许多山林野趣。树群常作为树丛的背景，植于草坪和整个绿地的边缘。草坪与其他植物的配置除种植方式不同外，设计师们通常将草坪上的其他植物修剪成各种规则形态或动物造形，用不同的草坪表示植物景观的人工美，不仅有一定的时代气息，而且更使景观人性化。

从空间比例上说，大部分草坪都需要通过植物配置来界定空间，形成特定的景观格局。充分考虑景观心理，草坪宽度和周边乔木高度比例不超过 10，这种情况下游人的垂直观景视角会更为舒适，美学效果佳。对于大面积空旷草坪的比例不宜过高。空旷草坪、疏林草坪、密林草坪之间要有一个合理比例，一般控制在 2∶4∶4，这样可以让各种种植类型维持在相对平衡上。见图 8-3。

图 8-3　草坪与乔、灌木配置

二、草坪与建筑、小品配置

建筑是设计中利用率高，景观明显，位置和体量均很大的要素。草坪低矮，具有一定的空旷性，可用反衬建筑的设计及特点，利用草坪的可塑性，软化建筑的设计及特点，丰富景观设计的艺术构图。要创造对身体健康有益的生产生活环境与景观环境，这就要求建筑与周围环境相协调，而草坪由于成坪快，效果明显，常被用作协调建筑与环境的主要素材之一。以草坪作为景观建筑的背景时，要以建筑的特色对草坪的样式进行设计，做到协调统一。从另一个视觉元素色彩上来看，建筑通常会选用红、白、黑等结合在一起的多样颜色，这样用草坪作为背景就会把主体的建筑更好地衬托出来，带给人们更好的视觉感受。需要指出的是草坪一般用在现代园林中，需要助于其他的植物一起设计园林景观。

通常情况下，小品在造形及色彩上都极富变化，将其布置在草坪上，利用草坪的色彩及表面的特点，能够更好地衬托出小品的色彩及造形的美感。同时，园林小品在园林布局中一般可起到局部主景的作用，它的配景通常用草坪来布置，也就是将小品放置在草坪上。无论是抽象的还是写实的，人物的还是动物的，小型建筑甚至一块石头都可以是草坪上的主景。这种布置经常应用于公园、广场、小区和庭院绿化当中。见图 8-4。

图 8-4　草坪与建筑、小品配置

三、草坪与山石、水体配置

在景观设计中，草坪与水体的结合设计较为普遍。清澈，明镜的水体是园林景观设计中重要的构景要素，通常在水体附近的区域地势都是比较低的，如果露出土地会显得很空，合理的把将草坪和水体结合在一起，会有一定的过渡，这样就会相互衬托，将各自的特点更好地体现出来。亭台、楼阁、榭等常常处于湖水中央，在配合水体的过程中，草坪也是带动水体到建筑等人造景观过渡的重要材料，让人感觉颜色、感观上的审美衔接更加自然，布局更加合理。草坪空间设计与水体搭配比例协调合理，能够形成鲜明的对比，将蓝天、草地和水体结合起来，创造出一幅自然美丽风景画卷。例如福建厦门恒禾七尚灵动、清澈的水体，是园林中不可或缺的要素。古人有云："仰视垣上草，俯视阶下露"，草坪和水的配置由来久矣。园林中水景分为静态水和动态水，平静的水池，可以映照出周围的景物，蓝天、绿地、碧水，格外让人心旷神怡。草坪与流水的组合，一动一静对比凸显鸟鸣山更幽的意境，不但平添园林艺术美，更别有一番诗情画意。见图 8-5。

图 8-5　草坪与水体配置

景石因其独与乔灌木之间搭配合理，充分发挥出独特的造形常使人浮想联翩，具有很高的观赏价值。几块景石，远处看去，草丛中隐约露出的石尖仿佛让人看到山的余脉，给人产生一种置身山林之中的野趣，景石的搭配极大地丰富草坪立体空间上的层次变化。草坪上布置山石，必须反复考究，研究山石的形状、体量、色泽以及与周边地形、建筑、植物、铺装等的关系，才能再现自然山林之美，达到"虽由人作，宛若天开"的境界，增加园林的野趣。值得注意的是，将山石融入草坪中，需要利用草木来装饰，不仅可以掩饰其缺陷，又可避免层次过于单薄。例如安徽阜阳欧苏文化园。

四、草坪与其他园林要素配置

（一）草坪与地形

当草坪与地形配合使用时，草坪与地形融为一体。用草坪来烘托地形变化的美感，通常使用在公园、风景区、小游园、小区及庭院布置之中，尤其是通过微地形改造处理，使地形发生微小变化，表面整齐、视觉柔和的草坪能更好地加以表现。另外一种情形是当地形变化较大时，与一块平坦、开阔的草坪相配合，更能体现出地形的复杂，这时主要是通过它们之间的对比，来突出地形的变化。草坪与地形见图 8-6。

图 8-6　草坪与地形

（二）草坪与道路

草坪与道路相配合，一种应用形式是道路布置在草坪上，另一种应用形式是草坪与预制块、石板等材料共同形成道路，也称之为嵌草路。与草坪配合的道路一般为小型游步道，宽度在 1.5 m 以内，主要供游人漫步游览、观赏景物，同时道路的图案、材料及造形也自成一景，给游人带来美的享受和舒适的感觉。这类道路一般布置在公园的安静休息区和观赏游览区、庭院、小区及小游园当中，铺路材料可以直接在草坪上铺成路面，如冰纹路、虎皮路等，也可以与草坪形成嵌草路。另外还可以用卵石、石块、玻璃片、瓷片等嵌于水泥当中形成各式图案的路面，在草坪上更富于变化和观赏性。草坪与道路见图 8-7。

图 8-7　草坪与道路

（三）草坪与挡土墙

挡土墙风格追求朴素，以周边环境融合为佳。因此，简约、单一的挡土墙材质，能与草坪完美融合，并通过草坪肌理、挡土墙造形丰富景观多样性，将园林的艺术性和境界都得到提高。挡土墙可直可曲、可滑可糙，与草坪创造起伏的景观地形，既可以解决高差的问题，也可以成为独特的景观，为空间增加情趣。草坪与挡土墙见图 8-8。

（四）草坪与铺装

在路面绿化中，石缝中嵌草或草皮上嵌石，浅色的石块与草坪形成的对比，可增强视觉效果。还可根据石块拼接不同形状，组成多种图案，如方形、人字形、梅花形等图案，设计出各种地面景观，以增加景观的韵律感。草坪与铺装见图 8-9。

图 8-8　草坪与挡土墙

图 8-9　草坪与铺装

单元作业

1. 简述景观草坪作为主景主要有哪些形式？
2. 阐述一下如何综合运用草坪的优点完成景观设计？

单元测验

一、单选题

1. 草坪在四合空间中作为主景除了考虑起景观作用和运动休憩的功能外，还需要注意（　　）。

A. 排水和地形　　B. 植物搭配　　C. 草种选择　　D. 杂草排除

2. 与草坪配合的道路一般为（　　）。

A. 主干道　　B. 次干道　　C. 游步道　　D. 车行道

3. 草坪与乔木搭配主要有 4 种手法，其中（　　）可作为主景。

A. 对植　　B. 孤植　　C. 丛植　　D. 群植

综合技能实训

技能训练一　草坪草种子识别与检验

(一) 训练目的

(1) 熟悉并掌握草坪草及地被植物不同属间草种的基本特点。

(2) 掌握草坪草种的一般质量鉴定方法。

(二) 训练场所、用具及材料

(1) 训练场所：实验室或实训基地。

(2) 用具及材料：市场上销售的各种类型草坪草种子或标本、小镊子、毫米尺、滤纸、体视显微镜、放大镜、电子天平、坐标纸。

(三) 训练内容

种子属间识别与鉴定：通过观测种子间的形态、大小、附属物特征等，对早熟禾、羊茅、黑麦草、剪股颖、白三叶、偃麦草、冰草、狗牙根、结缕草、马蹄金等各草坪草种进行属间特征的观察与鉴定。

(1) 种子的长度：即种子先端至末端的长度。

(2) 背腹扁：种子宽度大于厚度。

(3) 两侧扁：种子厚度大于宽度。

(4) 腹面形状：不同种类的植物其种子腹面各不相同，大体有平凸、凸、平坦、具沟、凹陷等。

(5) 立体轮廓：梭形、长梭形、纺锤形、心形等。

(6) 粒重。测量种子千粒重。

(四) 训练步骤方法

(1) 把草地早熟禾、羊茅、紫羊茅、高羊茅、黑麦草、剪股颖、白三叶、红三叶、冰草、狗牙根、结缕草、马蹄金、野牛草、百脉根、小冠花等草坪草种子放在坐标纸上置于体视显微镜下进行种子长度、背腹扁、两侧扁、腹面形状、立体轮廓的观察。

（2）在电子天平上进行千粒重的称量。

（3）观察总结：整理观察结果，完成以下不同属间草坪草种子形态表。

草坪草种子形态观察

草种科属	草种名称	英文名	种子长度	两侧扁	背腹扁	腹面形状	立体轮廓	芒	色泽	千粒重	种子标本

技能训练二　草坪草种类识别及形态特征观测

（一）训练目的

使学生熟悉并掌握常见草坪草植物的形态特征和基本特点，掌握草坪草的生长与环境适应情况，掌握草坪草的应用。

（二）训练场所、用具及材料

（1）训练场所：实验室或实训基地。

（2）用具及材料：数码相机、体视显微镜、钢卷尺、直尺、卡尺、铅笔、笔记本、常见草坪草活体或标本。

（三）训练内容

常见草坪草植物的形态特征和基本特点。

（四）训练步骤方法

（1）营养体观测与描绘：禾本科草坪草包括叶舌、叶耳、叶环、叶鞘、叶片的形状、大小、质地，草的分生形式（根茎、匍匐茎、丛生等）等。

（2）花序的类型、大小、形态的观察。

（3）测量植株的高度、横向分布情况。

（4）利用数码相机记录典型标本。

（5）完成以下实训表。

禾本科草坪草形态观察

草坪草名称	叶舌	叶耳	叶环	叶鞘	叶片	叶脉

观赏地被植物的形态观察

名称	叶片形状	株高	花序类型	花颜色	花朵大小	生长环境	应用

技能训练三　草坪追肥

（一）目的要求

（1）通过实训，了解掌握追肥对补充草坪养分、促进草坪健壮生长的重要作用。

（2）学会追肥肥料种类的选择、搭配及施用方法，并能够根据草坪的生长发育状况制定施肥方案。

（3）掌握所选用化肥施用时的注意事项。

（二）材料用具

（1）根据草坪的生长发育状况，选择和准备适宜的 N、P、K 化肥种类及数量。

（2）准备相关器具：称取化肥器具；盆、桶或者是施肥机械。

（三）方法步骤

1. 课前准备

提前一周，学生分组，教师下发实训任务单，学生通过熟悉教材、查阅相关资料、现场调查，撰写现场环境分析报告，并经小组讨论，教师指导制定草坪追肥方案。

2. 现场实训

（1）各组按照预定方案中确定的肥料种类、施用量和比例称取化肥。

（2）按要求将化肥，搅拌均匀，均匀撒施在坪面上。

（3）结合施肥进行灌水，施肥完成后马上进行灌水。

（四）实训作业

（1）结合实际操作，对照原计划书，提出原施肥方案存在的问题，并进行修订，使其更合理。

（2）写出实训报告。

技能训练四　剪草机的使用

（一）目的要求

（1）了解旋刀式剪草机的基本结构。

（2）熟悉旋刀式剪草机的正确使用步骤及注意事项。

（二）材料用具

1. 场地

待修剪草坪场地一处，每组至少 50 m^2。

2. 机械

旋刀式剪草机。

3. 油料

汽油、机油。

(三) 方法步骤

1. 准备工作提前一周，学生分组，教师下发实训任务单，学生通过熟悉教材、查阅相关资料掌握旋刀式剪草机使用的注意事项，并观察旋刀式剪草机的简单构造。

2. 现场实训

(1) 检查机器　启动前，一定要先检查机油、汽油是否充足，将草坪内所有的小石块、砖头、树枝等垃圾拣出去。空气滤清器是否干净，刀片是否损坏，螺栓是否锁紧等。必须先检查，后开机。否则可能损坏机器、危及人身安全。此外，机油油面不要超过“高位”标志，加油需在停车状态下通风良好的地方进行，操作者须穿长裤，保护鞋，戴防护镜。

(2) 启动　启动前，应根据草坪修剪的“1/3 原则”来调节剪草高度。具体操作如下：首先，将化油器上的燃油阀门从①推至②的位置。再将节流杆（油门）推至阻风门(CHOKE)位置。然后，提起启动索，快速拉动。注意，不要让启动索迅速缩回，而要用手送回，以免损坏启动索。启动后，要将节流器（油门）迅速扳至“高速”(HIGH)，使发动机平稳运转。

(3) 剪草　将离合器杆靠紧手柄方向搬动时，剪草机会自动前进；松开离合器杆时，剪草机会停止。如果剪草机出现不正常震动或发生剪草机与异物撞击时，应立即停车。重新调节剪草高度须停止发动机。剪草时，要将节流杆（油门）置于“高速”（HIGH）的位置，以发挥发动机的最佳性能。另外，剪草时，只许步行前进，不得跑步，不得退步。换挡杆有两种位置“快速（FAST）”和“慢速（SLOW）”可使剪草机的刀片以两种旋转速度切割草坪。但是，行进间不能换挡。

(4) 关机　缓慢将节流杆推至“停止（STOP）”位置，再将化油器的燃油阀门从②推至③的位置，即可关机。

(5) 清洁机具　剪草作业结束后，应将剪草机清理干净，长时间不用时，还应将刀片等部位上油保护。

(四) 实训作业

撰写实训报告。

技能训练五　草坪病害调查与防治

(一) 目的要求

通过对草坪病害的实地调查和病害症状观察，了解当地主要病害的种类构成及发生为害的情况；掌握常见草坪病害症状的识别要点；掌握具体病害的防治方法。

（二）材料用具

（1）实地调查：发生病害的草坪、镊子、笔记本、铅笔、放大镜、数码相机、标本夹等。

（2）室内观察：病害挂图、标本、实物标本、照片、放大镜、显微镜、镊子、刀片、挑针、盖玻片、载玻片等。

（3）防治试验：喷雾器、小型压力喷壶、常用杀菌剂（教师可根据情况选用，如多菌灵、百菌清、代森锰锌、粉锈宁等）。

（三）实训内容

1. 现场调查

在草坪易发病的季节，组织学生到发病的草坪现场调查，采集病害标本，拍摄症状。针对调查的病害情况作出记录，记录内容如下：

（1）草坪状况调查　包括草坪类型（冷季型或暖季型）、草坪品种、面积、长势、杂草情况、地势等内容。

（2）病害情况调查　包括病害类型（锈病、白粉病、褐斑病等）、发生面积、为害程度、主要病害种类等内容。

（3）防治情况调查　包括防治方法、杀菌剂应用情况（包括使用的品种、浓度、用药时间、次数、防治效果等）等内容。此项内容可向草坪管理人员咨询并结合现场观察来进行。

2. 室内鉴定

对于在现场难以识别的病害种类，需带进实验室，在教师的指导下，完成进一步的调查鉴定工作。

3. 防治试验

在每年易发生病害的草坪或在室内培养的草坪上，夏秋季节进行草坪病害药剂防治试验，对一种或几种草坪病害在发病初期采取不同的药剂处理（不同药剂、同一药剂不同浓度、喷药与不喷药），定期观察防治效果，并记录。

（四）实训作业

（1）根据调查的情况查阅相关资料，写出调查报告。

（2）写出草坪草病害药剂防治实习报告，并分析防治效果。

技能训练六　草坪主要害虫调查与防治

（一）目的要求

通过对当地草坪主要害虫的实地调查和识别，能够清楚地了解和掌握主要害虫的种类及危害情况，掌握害虫的识别要点及危害症状，掌握具体害虫的防治方法。

(二) 材料用具

(1) 实地调查：发生虫害的草坪、毒瓶、捕虫网、标本采集袋、数码相机等。

(2) 室内观察：挂图、草坪害虫标本、照片、实地采集的活体害虫。

(3) 防治试验：喷雾器或小型压力喷壶及常用杀虫剂。

(三) 实训内容

1. 现场调查

教师组织学生到发生虫害的草坪现场调查，观察草坪害虫危害状、为害适度、害虫形态，采集病害标本，拍摄害虫危害状（实地调查可结合病害调查一起进行）。针对调查的虫害情况作出记录，记录内容如下：

(1) 草坪状况调查　包括草坪类型（冷季型或暖季型）、草坪品种、面积、长势、杂草情况、地势等内容。

(2) 虫害情况调查　包括害虫类型（地下害虫、食叶害虫或刺吸害虫）、发生面积、为害程度、主要害虫种类等内容。

(3) 防治情况调查　包括防治方法、杀虫剂应用情况（包括使用的品种、浓度、用药时间、次数、防治效果等）等内容。此项内容可向草坪管理人员咨询并结合现场观察来进行。

2. 室内鉴定

对于在现场难以识别的害虫种类，需带进实验室，在教师的指导下，查阅有关资料，完成进一步的调查鉴定工作。

3. 防治试验

在发生虫害的草坪上，结合现场草坪害虫的识别与危害症状观察，对某一种或几种害虫，在药剂防治的适期采取不同的药剂处理（不同药剂、同一药剂不同浓度、喷药与不喷药），定期观察防治效果，并记录。

(四) 实训作业

(1) 根据调查的情况，列表描述所观察到的草坪害虫的形态特征、危害部位与危害状。

(2) 写出草坪草虫害药剂防治实习报告，并分析防治效果。

技能训练七　草坪常见杂草的调查及防除

(一) 目的要求

通过实地调查，了解当地草坪杂草的主要种类、为害程度及防除的基本情况，掌握常见草坪杂草的识别要点。针对杂草种类进行药剂防除试验，掌握防除方法。

(二) 材料用具

(1) 实地调查：长有杂草的草坪、标本夹、铅笔、数码相机等。

(2) 室内杂草识别：挂图、杂草标本、采集的新鲜杂草、照片等。

（3）除草试验：喷雾器或小型压力喷壶及常用除草剂（可根据杂草种类选用）。

（三）实训内容

1. 现场调查

教师可根据不同种类草坪杂草发生的季节有计划地组织学生到杂草危害较重的草坪现场，进行草坪杂草一般情况调查，记录内容如下：

（1）草坪状况调查　包括草坪类型（冷季型或暖季型）、草坪品种、面积、长势、地势、草坪的建植时间、养护管理情况（精细管理或粗放管理）等内容。

（2）杂草基本情况调查　包括杂草的类型（一年生杂草、二年生杂草或多年生杂草；禾本科杂草、莎草科杂草或阔叶杂草）、发生面积、为害程度、主要杂草的种类等内容。

（3）防除情况调查　包括防除方法（化学防除、人工拔除、机械除草或生物防除等）、除草剂应用情况（包括使用的品种、浓度、用药时间、次数、防治效果等）等内容。此项内容可向草坪管理人员咨询并结合现场观察来进行。

2. 室内鉴定

对于在现场难以识别的杂草种类，需带进实验室，在教师的指导下，查阅有关资料，完成进一步的调查鉴定工作。

3. 草坪常见杂草的药剂防除试验

观察杂草危害较重的草坪，确定杂草种类，将草坪划分为几个相同面积的小区，进行杂草药剂防除试验（可分为不同药剂、同一药剂不同浓度、喷药与不喷药），定期观察防治效果，并记录。

（四）实训作业

（1）根据调查的情况，列表描述所观察到的草坪杂草，包括科属、形态特征及其发生特点。

（2）写出草坪杂草药剂防除实习报告，并分析防除效果。

技能训练八　打孔机的使用

（一）目的要求

（1）了解打孔机的简单构造。

（2）熟悉打孔机的正确使用步骤及注意事项。

（二）材料用具

1. 场地

待打孔草坪场地一处，每组至少 50 m^2。

2. 机械

打孔机。

（三）方法步骤

1. 准备工作

提前一周，学生分组，教师下发实训任务单，学生通过熟悉教材、查阅相关资料了解打孔机使用的注意事项，并观察了解打孔机的简单构造。

2. 操作步骤及注意事项

（1）检查　开机前，一定要先检查机油、汽油、是否充足，火花塞帽是否装在火花塞上等，否则，可能毁坏机器。

（2）启动　首先打开燃油开关、电路开关，阻风阀视情况可全关、半关、全开（但启动后必须把阻风阀放在全开位置），然后，适当加大油门，迅速拉起动手把，将汽油机启动。注意，打孔机必须在手把拉起、孔锥脱离地面的状态下启动。

（3）打孔　汽油机需在低转速下运转 2～3 min 进行暖机。然后，加大油门，使汽油机增速。慢慢放下打孔机手把，双手紧握手把，跟紧打孔机前进，即可进行草坪打孔作业。

（4）关机　工作完毕，先将打孔机操纵手把拉起，减小油门，让汽油机在低速状态下运转 2～3 min，再将电路开关关上，汽油机即熄火，最后，将燃油开关关上。

（5）清洁机具　打孔完毕，将打孔机清理干净，空气滤清器芯要用煤油清洗。火花塞帽要从火花塞上取下来，以防止误启动。火花塞每运转 100 h 要从汽油机上取下并清洗。

（四）实训作业

撰写实训报告，写出打孔机的操作步骤及注意事项。

技能训练九　草坪养护日志

（一）训练目的

了解草坪养护管理作业的内容及常见机具特性；掌握草坪日常养护管理的技术。

（二）训练场所、用具及材料

（1）训练场所：实训基地或应用坪地。
（2）用具及材料：建好草坪场地一块、肥料、剪草机、沙、腐殖土、农药等。

（三）训练内容

草坪日常养护管理内容、时期及方法技术。

（四）训练步骤方法

（1）踏勘坪地，了解草坪草生长现状及周边环境条件。
（2）根据当地草坪生长情况及气象资料，制订相应的养护管理内容和措施日程表。
（3）现场实施
修剪：掌握时间、原则、高度、质量。

施肥：掌握时间、种类、量。

灌溉：掌握时间、次数、方式。

表层覆土：掌握土质、时间、范围。

病虫及杂草控制：观察草坪的病虫及杂草，并进行防控。

参考文献

[1] 胡叔良，等．高尔夫球场及运动场草坪设计建植与管理［M］．北京：中国林业出版社，1999.

[2] 孙本信，等．绿地草坪［M］．北京：中国林业出版社，1999.

[3] 胡林，等．草坪科学与管理［M］．北京：中国农业大学出版社，2001.

[4] 潘文明．草坪建植与养护［M］．北京：高等教育出版社，2006.

[5] 孙吉雄．草坪学［M］．北京：中国农业出版社，2006.

[6] 鲁朝辉，等．草坪建植与养护［M］．重庆：重庆大学出版社，2006.

[7] 赵燕．草坪建植与养护［M］．北京：中国农业大学出版社，2007.

[8] 左昆．高尔夫球场果岭建造研究［D］．兰州大学，2009.

[9] 郑长艳．草坪建植与养护［M］．北京：化学工业出版社，2009.

[10] 杨秀珍，王兆龙．园林草坪与地被［M］．北京：中国林业出版社，2010.

[11] 韩烈保，等．运动场草坪［M］. 2 版北京：中国林业出版社，2011.

[12] 赵燕．草坪建植与养护［M］．北京：中国农业大学出版社，2012.

[13] 周兴元．草坪建植与养护［M］．北京：中国农业出版社，2014.

[14] 张清丽．草坪建植与养护［M］．武汉：华中科技大学出版社，2014.

[15] 刘南清，周兴元．草坪建植与养护［M］．北京：中国林业出版社，2015.

[16] 周鑫，郭晓龙．草坪建植与养护［M］．郑州：黄河水利出版社，2015.

[17] 张巨明，等．运动场与高尔夫球场草坪［M］．北京：中国林业出版社，2016.

[18] 吴冠仑．混合草坪植丝方式对两种草坪草生长及坪床加固影响研究［D］．北京林业大学，2018.

[19] 孙廷．草坪建植与养护［M］．北京：中国农业出版社，2019.

[20] 徐荣，赖娜娜．草坪及地被植物栽培与园林应用［M］．北京：中国林业出版社，2019.